面向新工科普通高等教育系列教材

多媒体技术基础与应用教程

李　建　山笑珂　周　苑　邢晓川　编著

机 械 工 业 出 版 社

本书以应用型本科教育理念为出发点，根据高校"多媒体技术"课程教学的要求，结合当前多媒体领域新技术编写。全书共 8 章，主要内容包括多媒体技术概述、音频信息处理、数字图像处理技术、数字视频编辑、二维动画制作技术、三维动画制作技术、三维建筑漫游动画实例，以及 MOOC 教学视频的策划与制作等。

本书内容深入浅出，利用案例串联各知识点，突出应用性，强化读者对多媒体技术的实际应用能力，是学习和掌握多媒体技术、多媒体制作工具的实用教材。本书适用于应用型本科院校及高职高专院校，同时也适用于多媒体制作技术的自学者。

本书配有授课电子课件、案例配套素材、课后习题答案和案例制作演示视频等，需要的教师可登录 www.cmpedu.com 免费注册，审核通过后下载，或联系编辑索取（微信：15910938545，电话：010-88379739）。

图书在版编目（CIP）数据

多媒体技术基础与应用教程 / 李建等编著．—北京：机械工业出版社，2021.1（2024.7 重印）
面向新工科普通高等教育系列教材
ISBN 978-7-111-67314-9

Ⅰ．①多… Ⅱ．①李… Ⅲ．①多媒体技术-高等学校-教材 Ⅳ．①TP37

中国版本图书馆 CIP 数据核字（2021）第 015130 号

机械工业出版社（北京市百万庄大街 22 号 邮政编码 100037）
策划编辑：胡 静 责任编辑：胡 静
责任校对：张艳霞 责任印制：邓 博
北京盛通数码印刷有限公司印刷

2024 年 7 月第 1 版·第 6 次印刷
184mm×260mm·18.75 印张·463 千字
标准书号：ISBN 978-7-111-67314-9
定价：69.00 元

电话服务　　　　　　　　　　　网络服务
客服电话：010-88361066　　　　机　工　官　网：www.cmpbook.com
　　　　　010-88379833　　　　机　工　官　博：weibo.com/cmp1952
　　　　　010-68326294　　　　金　　书　　网：www.golden-book.com
封底无防伪标均为盗版　　　机工教育服务网：www.cmpedu.com

前　言

多媒体技术是计算机领域实用性最强、发展最快、应用最广泛的技术之一,是新一代信息技术发展和竞争的热点。多媒体技术利用计算机处理文本、声音、图形、图像、动画和视频等信息,具有集成性、实时性和交互性的特征。它的应用几乎覆盖了计算机应用的绝大多数领域,而且还开拓了涉及人类生活、娱乐、学习等方面的新领域,使人机交互界面更接近人们自然的信息交流方式。

百年大计,教育为本。习近平总书记在党的二十大报告中强调"教育、科技、人才是全面建设社会主义现代化国家的基础性、战略性支撑",首次将教育、科技、人才一体安排部署,赋予教育新的战略地位、历史使命和发展格局。

近年来,随着 5G、移动通信、虚拟现实、人工智能、云计算等新一代信息技术的快速发展,人们与各种媒体的交互方式也不断改变,一些新型的媒体融合模式不断涌现,融媒体、富媒体通信等技术快速发展。最终将实现电视、计算机、手机等多种终端均可完成信息的融合接收(三屏合一),任何人、任何时间、任何地点以任何终端获得任何想要的信息(5W)。

本书由长期从事多媒体技术课程教学的一线教师编写,符合相应的教学大纲和应用型人才培养的需求。本书集多年的教学经验与科研成果于一体,案例丰富,侧重应用,突出实践,强调理论与实践相结合。教材深入浅出地阐述了理论知识,利用图表、案例进行形象化表达,并适当补充相关知识,引导读者扩展视野、开拓思路。教材内容的选取注重帮助读者建立完整的知识架构,关注新一代信息技术的发展,教学案例采用当前多媒体技术领域较流行的软件版本进行开发和制作。

全书共 8 章,第 1 章介绍了多媒体技术的基本概念和基础知识;第 2 章介绍了音频信息的编辑及 Adobe Audition CC 软件的使用;第 3 章介绍了图像的相关知识及 Photoshop CC 操作;第 4 章介绍数字视频的基础知识,然后以 Adobe Premiere CC 和 After Effects CC 软件为例,介绍了数字视频的非线性编辑、视频特效及字幕的制作;第 5 章介绍了二维动画相关知识及 Adobe Animate CC 的基本操作;第 6 章介绍了三维动画的概念,以及使用 3ds Max 2018 进行三维动画制作;第 7 章通过三维建筑漫游动画的制作案例,介绍了三维动画作品的制作流程和方法;第 8 章通过"MOOC 教学短视频的策划与制作"案例介绍了教学短视频的开发制作流程。

本课程教学的学时安排,建议总学时为 64 学时,其中理论授课为 32 学时,实验课时为 32 学时。教学内容及学时分配如下。

章　节	内　容	建 议 学 时
第 1 章	多媒体技术概述	2
第 2 章	音频信息处理	4
第 3 章	数字图像处理技术	8

章　节	内　容	建 议 学 时
第 4 章	数字视频编辑	10
第 5 章	二维动画制作技术	12
第 6 章	三维动画制作技术	14
第 7 章	综合案例：三维建筑漫游动画	8
第 8 章	综合案例：MOOC 教学视频的策划与制作	6
合计		64

　　本书由李建、山笑珂、周苑、邢晓川编著。其中第 1 章、第 2 章由李建编写；第 3 章、第 4 章由周苑编写；第 5 章、第 6 章、第 7 章由山笑珂编写；第 8 章由李建、邢晓川共同编写。

　　本书适用于国内应用型本科院校及高职高专院校。教材内容充分考虑学生的知识水平、理解能力和教学要求，遵循由浅入深、循序渐进的原则，适合学生自学和教师教学。同时，本书提供了立体化的教学资源，包括电子教案、案例配套素材、课后习题答案和案例制作演示视频等，可以通过二维码等多种形式下载查看，便于教师、学生使用。

　　由于多媒体技术正处在蓬勃发展阶段，部分资料收集不够完整，且时间仓促，书中难免存在不足和错误之处，恳请读者批评指正。在编写本书的过程中，机械工业出版社给予了大力的支持与帮助，胡静编辑及部门负责同志对本书的编写提出了许多具体的意见和建议，在此表示衷心的感谢。

编　者

目　　录

第1章 多媒体技术概述

多媒体技术形成于 20 世纪 80 年代，是计算机、广播电视和通信这三大领域相互渗透、相互融合，进而迅速发展的一门新兴技术，是当今信息技术领域发展最快、最活跃的技术之一，它正潜移默化地改变着人们的生活。

教学目标
- 了解多媒体的基本概念
- 了解多媒体元素
- 掌握多媒体技术的定义、特点
- 了解多媒体数据压缩的基本原理和基本方法
- 了解多媒体技术的关键技术
- 了解多媒体技术的应用领域及发展趋势

1.1 多媒体的基本概念

多媒体技术使计算机由处理单一文字信息发展到能够综合处理文字、图形、图像、动画、音频和视频等多种媒体，它以丰富的声、文、图信息和方便的交互性，极大地改善了人机界面，改变了人们使用计算机的方式，从而为计算机进入人类生活和生产的各个领域打开了方便之门，给人们的生活和娱乐带来了深刻的变化。

1.1.1 媒体与多媒体

媒体一词源于英文 Medium，是指人们用于传播和表示各种信息的手段。我们通常所说的"媒体"（Media）包括两个方面的含义：一方面是指信息的物理载体（即存储和传递信息的实体），如书本、挂图、磁盘、光盘、磁带以及相关的播放设备等；另一方面是指信息的表现形式（或者说传播形式），如文字、声音、图像、动画等。

按照国际电信联盟（ITU）的定义，媒体通常分为以下 5 类。

1. 感觉媒体

感觉媒体是指直接作用于人的感觉器官，从而使人产生直接感觉的媒体。感觉媒体包括人类的语言、音乐和自然界的各种声音、活动图像、图形、曲线、动画及文本等。

2. 表示媒体

表示媒体是指为了传送感觉媒体而人为研究出来的媒体。表示媒体包括各种语音编码、音乐编码、图像编码、文本编码、活动图像编码和静止图像编码等。

3. 显示媒体

显示媒体是指用于通信中电信号和感觉媒体之间转换所用的媒体。显示媒体有两种：输入显示媒体（包括键盘、鼠标、摄像机、扫描仪、光笔和话筒等）和输出显示媒体（包括显示器、扬声器和打印机等），如图 1-1 所示。

图 1-1　显示媒体

4．存储媒体

存储媒体是指用于存储表示媒体的物理介质。存储媒体有硬盘、U 盘、光盘、磁盘阵列等，如图 1-2 所示。

图 1-2　存储媒体

5．传输媒体

传输媒体是指用于传输表示媒体的物理介质。传输媒体的种类很多，如电话线、双绞线、同轴电缆、光纤、无线电和红外线等，如图 1-3 所示。

图 1-3　传输媒体

多媒体的英文单词是 Multimedia，它由 media 和 multi 两部分组成。从字面上看，多媒体可以理解为多种媒体的综合。一般来说，多媒体的"多"是指多种媒体表现、多种感官作用、多种设备、多学科交汇、多领域应用；"媒"是指人与客观事物的中介；"体"是指综合、集成一体化。目前，多媒体大多只利用了人的视觉和听觉，虚拟现实中也只用到了触觉，而味觉、嗅觉尚未集成进来，对于视觉也主要在可见光部分。随着技术的进步，多媒体的含义和范围还将扩展。

多媒体集文字、声音、影像和动画于一体，形成一种更自然、更人性化的人机交互方式，从而将计算机技术从人要适应计算机向计算机要适应人的方向发展。特别是计算机硬件和软件功能的不断提高，客观上为多媒体技术的实现奠定了基础。

1.1.2　多媒体元素

多媒体常用的媒体元素如下。

1．文字

文本是计算机文字处理程序的基础，由字符型数据（包括数字、字母、符号）和汉字组成，它们在计算机中都用二进制编码的形式表示。

在计算机中，西文可直接通过键盘输入，在计算机内部由 ASCII 码表示。ASCII 是美国信息交换标准代码（American Standard Code for Information Interchange）的英文缩写。它是由 7 个二进制位组成的字符编码系统，包括大小写字母、标点符号、控制字符等共 128 个字符。目前，ASCII 码已在计算机领域中得到了广泛的应用。

汉字不能直接通过键盘输入。要使用键盘输入汉字，就必须考虑相应的输入编码方法、汉字在计算机内部的内码表示方法、汉字的输出编码方法。

（1）汉字输入编码

当前采用的编码方式主要有数字编码、音码、形码及音形码 4 类，其中，音码和形码最常用，如各类拼音输入法、五笔字型输入法等。

（2）汉字内码

汉字内码是用于汉字信息的存储、交换、检索等操作的机内代码。当前的汉字编码有 2 B、3 B 甚至 4 B 的，其中，国家标准 GB 2312—1980（信息交换用汉字编码字符集）中规定汉字及符号以 2 个字节表示，用两个 7 位二进制数编码表示一个汉字。

在计算机内部，汉字编码和西文编码是共存的。为了能够相互区别，国标码将两个字节的最高位都规定为"1"，而 ASCII 码所用字节的最高位为"0"，然后由软件（或硬件）根据字节最高位来判断。

（3）汉字字形码

字形码是用点阵表示汉字的代码。简易汉字为 16×16 点阵，大多数汉字为 24×24 点阵、32×32 点阵，甚至更高。16×16 点阵的每个汉字要占用 32 B，而 32×32 点阵的每个汉字要占用 128 B。

目前的文字输入方法还有：通过手写输入设备直接向计算机输入文字，通过光学符号识别（OCR）技术自动识别文字进行输入，通过语音进行输入等。

Word、WPS 是最常用的文字编辑处理软件。在文本文件中，如果只有文本信息，没有其他任何格式的信息，则称该文本文件为非格式文本或纯文本文件。

2．数字音频

"音频"也称"音频信号"或"声音"，其频率范围在 20 Hz～30 kHz 之间，主要包括波形声音、语音和音乐 3 种类型。波形声音是声音的最一般形态，包含了所有的声音形式；语音是一种包含有丰富语言内涵的波形声音，它的文件格式是 WAV 或 VOC 文件；音乐是符号化了的声音，乐谱可转化为符号媒体形式，对应的文件格式是 MID 或 CMF 文件。对音频信号的处理，主要是编辑声音和声音不同存储格式之间的转换。

（1）数字音频

数字音频是指用一系列数字表示的音频信号，是对声音波形的表示。波形描述了声音在空气中的振动，波形最高点（或最低点）与基线的距离为振幅；波形中两个连续的波峰间的距离称为周期；每秒钟内出现的周期数称为波形的频率。在捕捉声音时，以一定的时间间隔对波形进行采样，产生一系列的振幅值，将这一系列的振幅值用数字表示，就产生了波形文件。

（2）MIDI

MIDI 是乐器数字接口（Musical Instrument Digital Interface）的英文缩写。MIDI 信息实际上是一段音乐的描述，当 MIDI 信息通过一个音乐或声音合成器进行播放时，该合成器对一系列的 MIDI 信息进行解释，然后产生相应的一段音乐或声音。

MIDI 是 20 世纪 80 年代提出来的，是数字音乐的国际标准。它定义了计算机音乐程序、合成器及其他电子设备交换信息和电子信号的方式，所以可以解决不同电子乐器之间不兼容的问题。利用 MIDI 文件演奏音乐所需的存储量最少。

3．图形与图像

（1）图形

图形是由点、线、面以及三维空间所表示的几何图。在几何学中，几何元素通常用矢量表示，所以图形也称为矢量图形。矢量图形是以一组指令集合来表示的，这些指令用来描述构成一幅图所包含的直线、矩形、圆、圆弧、曲线等的形状、位置、颜色等各种属性和参数。在显示图形时，需要相应的软件读取和解释这些指令，将其转换为屏幕上所显示的形状和颜色。绝大多数计算机辅助设计软件和三维动画软件都使用矢量图形作为基本图形存储格式。图形技术的关键是制作和再现，图形只保存算法和特征点，占用的存储空间比较小，打印输出和放大时图形的质量较好。

（2）图像

图像是指由输入设备录入的自然景观，或以数字化形式存储的任意画面。静止图像是一个矩阵点阵图，矩阵中的各项数字用来描述构成图像的各个像素点的亮度与颜色等信息。位图图像适合表现细致、层次和色彩丰富以及包含大量细节的图像。当放大位图时，由于构成图像的像素个数并没有增加，只能是像素本身进行放大，所以可以看见构成整个图像的无数个方块，从而使线条和形状显得参差不齐。

在位图中影响作品质量的关键因素是颜色的数目和图像的分辨率。例如，彩色图像，R（红）、G（绿）、B（蓝）三基色每色量化 8 bit，则称颜色量化位数为 24 bit 真彩色图像，在一幅图中可以同时拥有 16 万种颜色，这么多的颜色可以较完美地表现出自然界中的实景。

图像文件在计算机中的表示格式有多种，如 BMP、PCX、TIF、TGA、GIF、IPG 等，一般数据量比较大。对于图像，主要考虑分辨率（屏幕分辨率、图像分辨率和像素分辨率）、图像灰度以及图像文件的大小等因素。

随着计算机技术的进步，图形和图像之间的界限已越来越小，这主要是由于计算机处理能力提高了。无论是图形或图像，由输入设备扫描进入计算机时，都可以看作是一个矩阵点阵图，但经过计算机自动识别或跟踪后，点阵图又可转变为矢量图。因此，图形和图像的自动识别，都是借助图形生成技术来完成的，而一些有真实感的可视化图形，又可采用图像信息的描述方法来识别。图形和图像的结合，更适合媒体表现的需要。

4．动画和数字视频

动态图像包括动画和视频信息，是连续渐变的静态图像或图形序列沿时间轴顺次更换显示，从而构成运动视感的媒体。当序列中每帧图像都是由人工或计算机产生的图像时，常称为动画；当序列中每帧图像都是通过实时摄取自然景象或活动对象时，常称为影像视频，或简称为视频。动态图像演示常常与声音媒体配合进行，二者的共同基础是时间连续性。

（1）动画

动画是指采用逐帧拍摄对象并连续播放而形成运动的影像技术。动画是通过把人物的表情、动作、变化等分解后画成许多动作瞬间的画幅，再用摄影机连续拍摄成一系列画面，给视觉造成连续变化的图画。它的基本原理与电影、电视一样，都是视觉暂留原理。即人的眼睛看到一幅画或一个物体后，在 0.34 s 内不会消失。利用这一原理，在一幅画还没有消失前播放下一幅画，就会给人造成一种流畅的视觉变化效果。

动画可以分为二维动画和三维动画两大类。二维画面是平面上的画面，通过纸张、照片或计算机屏幕显示，无论画面的立体感有多强，终究只是在二维空间上模拟真实的三维空间效果。三维动画又称 3D 动画，是利用计算机软件或是视频等工具将三维物体运动的原理、过程等清晰简洁地展现在人们眼前，常用工具有 3ds Max、MAYA 等。

（2）数字视频

数字视频具有时序性与丰富的信息内涵，常用于交代事物的发展过程。数字视频类似于大家熟悉的电影和电视，有声有色，在多媒体中充当起重要的角色。视频图像信号的录入、传输和播放等许多方面继承于电视技术。国际上，彩色电视主要有 3 种体制，即正交平衡调幅制（NTSC）、逐行倒相制（PAL）和顺序传送彩色与存储制（SECAM），当计算机对视频信号进行数字化处理时，就必须在规定的时间内（如 1/25 s 或 1/30 s）完成量化、压缩和存储等多项工作。

计算机动画和视频的主要区别类似于图形与图像的区别，即帧画面的产生方式有所不同。计算机动画是用计算机表现真实对象与模拟对象随时间变化的行为和动作，是利用计算机图形技术绘制出的连续画面，是计算机图形学的一个重要的分支；而数字视频主要是指模拟信号源（如电视、电影等）经过数字化后的图像和同步声音的混合体。

1.1.3　多媒体技术及其特点

所谓多媒体技术，就是采用计算机技术把文字、声音、图形、图像和动画等综合一体化，使之建立起逻辑连接，并能对它们获取、压缩编码、编辑、处理、存储和展示。

多媒体技术的发展经历了起步阶段、标准化阶段、应用发展阶段。

- 起步阶段：起源于 20 世纪 80 年代初期，以第四代计算机的诞生、声卡和鼠标的问世、图形窗口界面的出现为主要特征。
- 标准化阶段：从 20 世纪 90 年代开始，以静态图像压缩、运动图像压缩、音频压缩、CD—ROM 和 DVD 存储编码标准的产生为主要特征。
- 应用发展阶段：从 20 世纪 90 年代中后期开始，以多媒体通信、多媒体集成工具、超媒体的使用为其主要特征。

多媒体技术极大地改变了人们获取信息的传统方法，符合人们在信息时代的阅读方式。与报纸、杂志、无线电和电视等大众信息传媒相比，多媒体具有以下 4 个特点。

1. 集成性

传统的信息处理设备具有封闭、独立和不完整性，而多媒体技术综合利用了多种设备（如计算机、照相机、录像机、扫描仪、光盘刻录机、网络等）对各种信息进行表现和集成。

2．多维性

传统的信息传播媒体只能传播文字、声音、图像等一种或两种媒体信息，给人的感官刺激是单一的，而多媒体综合利用了视频处理技术、音频处理技术、图形处理技术、图像处理技术、网络通信技术，扩大了人类处理信息的自由度，给人的感官刺激是多维的。

3．交互性

人们在与传统的信息传播媒体打交道时总是处于被动状态，而多媒体是以计算机为中心的，它具有很强的交互性。借助于键盘、鼠标、声音、触摸屏等，人们可以通过计算机程序控制各种媒体的播放。因此，在信息处理和应用过程中，人具有很大的主动性，这样可以增强人对信息的理解力和注意力，延长信息在人脑中的保留时间，并从根本上改变以往人类所处的被动状态。

4．数字化

与传统的信息传播媒体相比，多媒体系统对各种媒体信息的处理、存储过程是全数字化的。数字技术的优越性使多媒体系统可以高质量地实现图像与声音的再现、编辑和特技处理，使真实的图像和声音、三维动画以及特技处理实现完美的结合。

总之，多媒体技术是一种基于计算机技术的综合技术，它包括信号处理技术、音频和视频技术、计算机硬件和软件技术、通信技术、图像处理技术、人工智能等，是处于发展过程中的一门跨学科的综合性高新技术。

1.1.4　新媒体、自媒体与融媒体

近年来，随着移动通信、虚拟现实、人工智能、云计算等新一代信息技术的快速发展，人们与各种媒体的交互方式也发生了改变，一些新型的媒体融合模式不断涌现，如数字杂志、数字报纸、数字广播、手机短信、移动电视、网络、桌面视窗、数字电视、数字电影、触摸媒体等。相对于报刊、户外媒体、广播、电视四大传统意义上的媒体，新媒体被形象地称为"第五媒体"。

新媒体是一个宽泛的概念，是指利用数字技术和网络技术，通过互联网、宽带局域网、无线通信网、卫星等渠道，以及计算机、手机、数字电视机等终端，向用户提供信息和娱乐服务的传播形态。因此，严格地说，新媒体应该称为数字化新媒体。

自媒体有别于由专业媒体机构主导的信息传播，它是由普通大众主导的信息传播活动，由传统的"点到面"传播，转化为"点到点"的对等传播概念。

融媒体通常指媒介信息传播采用文字、声音、影像、动画、网页等多种媒体表现手段（多媒体），利用广播、电视、音像、电影、图书、报纸、杂志、网站等不同媒介形态（业务融合），通过融合的广电网络、电信网络以及互联网进行传播，最终实现用户以电视、计算机、手机等多种终端均可完成信息的融合接收（三屏合一），实现任何人、任何时间、任何地点、以任何终端获得任何想要的信息（5W）。

融媒体是充分利用媒介载体，将广播、电视、报纸等既有共同点又存在互补性的不同媒体，在人力、内容、宣传等方面进行全面整合，实现"资源通融、内容兼容、宣传互融、利益共融"的媒体形式，是人类掌握的信息流手段的最大化的集成者。

因此，融媒体是信息、通信及网络技术条件下各种媒介实现深度融合的结果，是媒介形态大变革中最为崭新的传播形态。融媒体通过提供多种方式和多种层次的各种传播形态来满

足受众的细分需求，使得受众获得更及时、更多角度、更多听觉和视觉满足的媒体体验。

1.1.5 富媒体通信

富媒体通信是全球移动通信系统协会在 2008 年提出的一种通信方式，融合了语音、消息、位置服务等通信服务，用以丰富通话、短信、联系人等手机系统原生应用的客户体验。

5G 时代将是视频内容大时代，是万物互联时代。随着 5G 时代的到来，普通文字版的短信已经不能满足用户的通信需求，富媒体信息通信呼之欲出。富媒体信息简称为富信，有人也称它为 5G 消息，其支持快速传递、图片、音视频等多媒体信息到手机，相比传统信息，其具有图文并茂、支持互动、赋能场景等优势。它可以基于运营商、手机厂商、社交网络以及操作系统等多渠道传输，是企业与客户的新型沟通方式。

简单地说，富信=短信签名+文本内容+详细内容链接+图片内容+视频内容+交互。

富信兼具传统短信的优势，更适应 5G 时代的需求。目前即时通信服务产品形态包含传统短信、社交 APP 以及富信，对比这 3 种产品形态，富信兼具传统短信的实名登记优势，同时更适应 5G 时代的多媒体需求，有望成为 5G 时代 B2C 通信的主要方式，将与 5G 共同开启产业互联时代的新蓝海。

富信与传统短信相比。传统短信仅包含文字内容或者短链接，内容单一，而富信包含图片、文本、视频等多媒体信息，内容更丰富；传统短信是"到达即结束"，发送信息到达手机用户即完成本次传统短信的商业行为，而富信是"到达即开始"，发送信息到达手机用户侧，将提供链接或者互动，形成富信发送方与手机用户方之间的新的商业行为。相同的地方：同样具备手机号码实名登记功能，具备法律效力。

富信与社交 APP 即时通信工具相比。社交 APP 需要相互认证并添加联系才能实现消息发送，而富信是通过认知接收方的手机号码进行消息发送，将具备更高的信息到达度；社交 APP 发送消息并不需要实名认证，而富信的消息发送以手机号码为目标，具有实名登记功能。

5G 催生内容富媒体化需求。5G 网络是富媒体通信生产力，而富媒体通信则是代表新的生产关系。5G 带来的大带宽、低延迟以及大容量特性让文本短信升级为集手机通讯录、图片、声音、视频、IM、公众号为一体的富媒体信息，而富媒体信息也将成为新的流量入口。

1.2 多媒体系统

多媒体系统是指能把视、听和计算机交互式控制结合起来，对音频信号、视频信号的获取、生成、存储、处理、回收和传输等综合数字化后所组成的一个完整的计算机系统。

多媒体系统的基本构成如图 1-4 所示。

图 1-4 多媒体系统的基本构成

在多媒体系统中，第一层为多媒体外围设备，包括各种媒体、视听输入/输出设备及网络。

第二层为多媒体计算机硬件系统，主要配置与各种外围设备的控制接口卡，其中包括多媒体实时压缩和解压缩专用的电路卡。

第三层为多媒体核心系统软件，包括多媒体驱动程序、操作系统等。该层软件除与硬件设备打交道（驱动、控制这些设备）外，还要提供输入/输出控制界面程序，即 I/O 接口程序；而操作系统则提供对多媒体计算机的硬件、软件控制与管理。

第四层是多媒体开发工具，支持应用开发人员创作多媒体应用软件。设计者利用该层提供的接口和工具采集、制作媒体数据。常用的有图像设计与编辑系统，二维、三维动画制作系统，声音采集与编辑系统，视频采集与编辑系统以及多媒体公用程序与数字剪辑艺术系统等。

第五层为多媒体应用软件，如影音播放、电子图书、网络多媒体应用平台等。

在以上 5 层中，第一、二层构成多媒体硬件系统，其余 3 层是软件系统。

1.2.1 硬件系统

1990 年 11 月，在 Microsoft 公司的主持下，Microsoft、IBM、Philips、NEC 等计算机厂商召开了多媒体开发者会议，成立了多媒体计算机市场协会（Multimedia PC Marketing Council，INC），进行多媒体标准的制定和管理。该组织根据当时计算机的发展水平，制定了多媒体计算机的基本标准 MPC1，对多媒体计算机硬件规定了必需的技术规格。1995 年 6 月，该组织更名为"多媒体 PC 工作组"（Multimedia PC Working Group），公布了新的多媒体计算机标准，即 MPC3。

MPC3 规定的多媒体计算机配置示意图如图 1-5 所示。

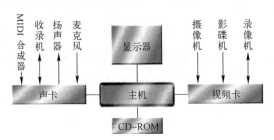

图 1-5　多媒体计算机配置示意图

MPC3 的基本要求如下。

- 微处理器：Pentium 75 MHz 或更高主频的微处理器。
- 内存：8 MB 以上内存。
- 磁盘：1.44 MB 软驱，540 MB 以上的硬盘。
- 图形性能：可进行颜色空间的转换和缩放，视频图像子系统在视频允许时可进行直接帧存取，以 15 位/像素、352×240 分辨率、30 帧/秒播放视频，不要求缩放和裁剪。
- 视频播放：编码和解码都应在 15 位/像素、352×240 分辨率、30 帧/秒（或 352×288 分辨率、25 帧/秒），播放视频时支持同步的声频/视频流，不丢帧。
- 声卡：支持 16 bit 声卡、波表合成技术、MIDI 播放。
- CD-ROM：4 倍速光驱，平均访问时间为 250 ms，符合 CD-XA 规格，具备多段式能力。

MPC 3 标准规定了多媒体计算机的最低配置，同时对主机的 CPU 性能、内存容量、外存容量及屏幕显示能力等做了相应的规定。

目前，计算机厂商为了满足用户对多媒体功能的需求，采用两种方式提供多媒体所需的硬件设备。一种是把各种多媒体部件都集成在计算机主板上，如显卡、声卡等，大部分微型计算机都将其集成在主板上。另一种是有很多厂商生产各种多媒体硬件的接口卡和设备，这些具有多媒体功能的接口卡可以很方便地插入到计算机的 PCI（Peripheral Component Interconnect）总线或直接连接到标准接口（如 USB、HDMI、DisplayPort）中。

由于虚拟现实系统对计算机的内存及 CPU、显卡的图形处理和 3D 显示功能要求较高，因此想要体验虚拟现实，除了必备的虚拟现实设备，另外还需要一套高端硬件配置的计算机。其中，计算机配置要求如下。

- 处理器 Intel 酷睿 i5-4590 或 AMD FX8350 同档或更高配置。
- 显卡 NVIDIA GTX970 或 AMD R9 290 同档或更高配置。
- 内存 4 GB 或更大。
- 视频输出 HDMI 1.4，DisplayPort 1.2 及以上。
- USB 接口 2.0 及以上。
- 操作系统 Windows 7 SP1 及以上。

1.2.2 软件系统

构建一个多媒体系统，硬件是基础，软件是灵魂。多媒体软件的主要任务是将硬件有机地组织在一起，使用户能够方便地使用多媒体信息。多媒体软件按功能可分为多媒体系统软件和多媒体应用软件。

多媒体软件的分类如图 1-6 所示。

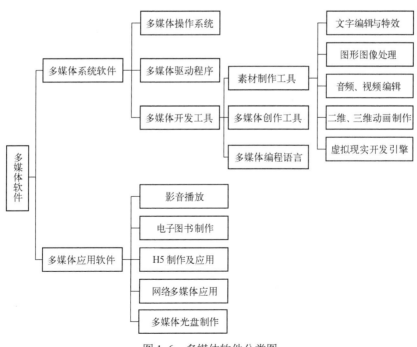

图 1-6　多媒体软件分类图

1．多媒体系统软件

多媒体系统软件主要包括 Windows/macOS/iOS/Android 等操作系统、各种相应的多媒体驱动程序、多媒体开发工具等三类。

（1）多媒体操作系统

多媒体操作系统必须具备对多媒体数据和多媒体设备的管理和控制功能，具有综合使用各种媒体的能力，能灵活地调度多种媒体数据并能进行相应的传输和处理，且使各种硬件和谐地工作。

（2）多媒体驱动程序

多媒体驱动程序是多媒体计算机软件中直接和硬件打交道的软件，它完成设备的初始化，完成各种设备的操作以及关闭等。驱动程序一般常驻内存，每种多媒体硬件均需要一个相应的驱动程序。

（3）多媒体开发工具

多媒体开发工具是多媒体开发人员用于获取、编辑和处理多媒体信息，编制多媒体应用程序的一系列工具软件的统称。它可以对文本、图形、图像、动画、音频和视频等多媒体信息进行控制和管理，并把它们按要求连接成完整的多媒体应用软件。多媒体开发工具大致可分为多媒体素材制作工具、多媒体创作工具和多媒体编程语言 3 类。

1）多媒体素材制作工具是为多媒体应用软件进行数据准备的软件，其中包括文字编辑与特效制作软件 Word、COOL 3D 等；图形图像处理与制作软件 CorelDRAW、Photoshop、FreeHand 等；音频编辑与制作软件 Wave Studio、Audition、Sound Forge 等；二维和三维动画制作软件 Flash、3ds Max 等；视频采集编辑软 Premiere、After Effects 等；虚拟现实开发引擎 Unity3D 等。

2）多媒体创作工具是利用编程语言调用多媒体硬件开发工具或函数库来实现的，并能被用户方便地编制程序，组合各种媒体，最终生成多媒体应用程序的工具软件。常用的多媒体创作工具有 PowerPoint、Authorware、ToolBook、网页制作软件 Dreamweaver、移动终端多媒体应用开发，以及虚拟现实应用开发平台 Unity3D、Unreal Engine 等。

3）多媒体编程语言可用来直接开发多媒体应用软件，对开发人员的编程能力要求较高，但它有较大的灵活性，适用于开发各种类型的多媒体应用软件。常用的多媒体编程语言有 Visual C++、C#、Java、Python 等。

2．多媒体应用软件

多媒体应用软件又称多媒体应用系统或多媒体产品，它是由各种应用领域的专家或开发人员利用多媒体编程语言或多媒体创作工具编制的最终多媒体产品，是直接面向用户的，如影音播放软件、各种多媒体教学软件、声像俱全的电子图书、网络电视软件等。

1.3 多媒体数据压缩编码技术

信息时代的重要特征是信息的数字化，数字化了的信息带来了"信息爆炸"。计算机面临的是数值、文字、语言、音乐、图形、图像、动画、视频等多种媒体承载的由模拟量转化成数字量信息的吞吐、存储和传输的问题。数字化了的视频、音频和多维的虚拟现实场景数据量大得惊人。

【案例 1.1】 数字化后未经压缩的视频和音频等媒体信息的数据量。

双通道立体声激光唱盘，采样频率为 44.1 kHz，采样精度 16 bit，其一秒钟时间内的采样数据量为：44.1×1000×16×2÷8=176.4 KB。此规格一个小时的音乐文件大约是 620 MB。

一部 1080P 画质的视频文件，其分辨率是 1920×1080 像素，24 位（bit）真彩色，如果不压缩，按每秒 30 帧来说，1 分钟是 1920×1080×24÷8×30×60 约 10 GB，而达到 4K 标准的 2 小时影视作品，压缩前的文件数据量竟然达到 50 TB。

巨大数字化信息的数据量对计算机存储资源和网络带宽有很高的要求，解决的办法就是要对视频、音频的数据进行大量的压缩。播放时，传输少量被压缩的数据，接收后再对数据进行解压缩并复原。研究结果表明，选用合适的数据压缩技术，有可能将字符数据量压缩到原来的 1/2 左右，语音数据量压缩到原来的 1/10～1/2，图像数据量压缩到原来的 1/60～1/2。

多媒体数据压缩技术的目的是将原先比较庞大的多媒体信息数据以较少的数据量表示，而不影响人们对原信息的识别。多媒体数据压缩技术是多媒体技术中的核心技术，揭示了多媒体数据处理的本质，是在计算机上实现多媒体信息处理、存储和应用的前提。

1.3.1 数据压缩的基本原理

数据压缩一般由两个过程组成：一是编码过程，即将原始数据经过编码进行压缩，以便存储与传输；二是解码过程，此过程对编码数据进行解码，还原为可以使用的数据。

目前，编码理论已日趋成熟，在研究和选用编码时，主要有两个问题：一个是该编码方法能用计算机软件或集成电路芯片快速实现；另一个是一定要符合压缩/解压缩编码的国际标准。

1. 压缩编码的历史

1948 年，Oliver 提出 PCM（脉冲码调制编码）。

1952 年，Huffman 提出根据字符出现的概率来构造平均长度最短的异字头码字，有时称为最佳编码。

1977 年，Lempel 和 Ziv 提出基于字典的编码。

20 世纪 80 年代初，第一代压缩编码已成熟，并进入实用阶段。

20 世纪 80 年代中期，开始了第二代压缩编码的研究。

1989 年，研制出数据压缩集成电路。

2. 数据压缩技术的指标

在多媒体信息中包含大量冗余的信息，把这些冗余的信息去掉，就实现了压缩。数据压缩技术有 3 个重要指标。

● 一是压缩前后所需信息存储量之比要大。

● 二是实现压缩的算法要简单，压缩、解压缩速度快，尽可能地做到实时压缩和解压缩。

● 三是恢复效果要好，要尽可能完全恢复原始数据。

3. 数据冗余

（1）冗余的基本概念

实际上多媒体数据之间存在着很大的相关性，利用数据之间的相关性，可以只记录它们之间的差异，而不必每次都保存它们的共同点，这样就可以减少数据文件的数据量。在信息论中，将信息存在的各种性质的多余度称为冗余。

数字化后的数据量与信息量的关系为

$$I = D - du$$

式中，I 为信息量；D 为数据量；du 为冗余量。

由上式可以知道，传送的数据量中有一定的冗余数据信息，即信息量不等于数据量，并且信息量要小于传送的数据量。这使得数据压缩能够实现。

（2）冗余的分类

一般而言，图像、音频、视频数据中存在的数据冗余类型主要有以下几种。

1）空间冗余。同一景物表面上各采样点的颜色之间往往存在着空间连贯性，但是基于离散像素采样来表示物体颜色的方式通常没有利用景物表面颜色的这种空间连贯性，从而产生了空间冗余。空间冗余如图 1-7 所示。

2）时间冗余。图 1-8 所示是序列图像（电视图像、运动图像）表示中经常包含的冗余。

序列图像一般为位于同一时间轴区间内的一组连续画面，其中的相邻帧往往包含相同的背景和移动物体，只不过移动物体所在的空间位置略有不同，所以后一帧的数据与前一帧的数据有许多共同的地方。这些共同的地方是由于相邻帧记录了相邻时刻的同一场景画面，所以称为时间冗余。

图 1-7　空间冗余

3）信息熵冗余。信源编码时，要求分配给某个码元素的位数使编码后单位数据量等于其信源熵，即达到其压缩极限。但实际中各码元素的先验概率很难预知，位分配不能达到最佳，实际的单位数据量大于信源熵时，便存在信息熵冗余。

图 1-8　时间冗余

4）视觉冗余。事实表明，人类的视觉系统对图像场的敏感性是非均匀和非线性的。然而，在记录原始的图像数据时，通常假定视觉系统是线性和均匀的，对视觉敏感和不敏感的部分同等对待，从而产生了比理想编码（即把视觉敏感和不敏感的部分区分开来编码）更多的数据，这就是视觉冗余。

5）听觉冗余。人耳对不同频率的声音的敏感性是不同的，并不能察觉所有频率的变化，对某些频率不必特别关注，因此存在听觉冗余。

6）结构冗余。在有些图像的纹理区，图像的像素值存在着明显的分布模式，例如，方格状的地板图案等，即可称为结构冗余，如图 1-9 所示。

图 1-9 结构冗余

7）知识冗余。有些图像的理解与某些知识有相当大的相关性。例如，人脸的图像有固定的结构，即嘴的上方有鼻子，鼻子的上方有眼睛，鼻子位于脸的中线上等。这类规律性的结构可由先验知识和背景知识得到，称此类冗余为知识冗余。

根据已有的知识，对某些图像中所包含的物体，可以构造其基本模型，并创建对应各种特征的图像库，使图像的存储只需要保存一些特征参数，从而可以大大减少数据量。知识冗余是模型编码主要利用的特性。

【案例 1.2】 对字符串 "aa bb cccc dddd eeeeeeee" 进行编码。

上述字符串的每一个字符，在 ASCII 码表中都可以查到，每一个字符对应一个 8 位二进制码，存储时占用 1 B。字符与其 ASCII 编码的对应关系见表 1-1。

表 1-1　字符的 ASCII 编码表

字　　符	ASCII 编码	字　　符	ASCII 编码
空格	00100000	c	01100011
a	01100001	d	01100100
b	01100010	e	01100101

可以采取以下几种编码方式。

1）方式 1：ASCII 码直接编码。对每一个字符直接写出其 ASCII 编码，分别如下。

01100001 01100001 00100000 01100010 01100010…

上述字符串的编码总长度为：24（字符个数）×8（每个字符的编码长度）=192 bit。

2）方式 2：等长压缩编码。取每一个字符 ASCII 码的后 3 位进行观察，可以看出它们各不相同（即可以通过这 3 位唯一识别），如只取每个字符的后 3 位直接编码，则新的码字序列可写为

001 001 000 010 010…

编码总长度为：24（字符个数）×3（每个字符的编码长度）=72（bit），数据压缩比为37.5%。

3）方式 3：不等长编码。查看字符串中不同字符出现的概率并对其重新定义一个编码见表 1-2。

表 1-2 字符与其新定义的编码表

字 符	出 现 次 数	出 现 概 率	新 编 码
e	8	1/3	0
d	4	1/6	100
c	4	1/6	101
空格	4	1/6	110
a	2	1/12	1110
b	2	1/12	1111

则其编码的总长度为：8×1+4×3×3+2×4×2=60（bit），数据压缩比达到 31.2%。

与之对应，数据经过压缩编码后，如果要解开压缩的数据，则可采取相应的解压缩方法得到（如查编码表）。对于等长压缩编码方式来说，解压缩过程比较简单，只要从压缩编码中取出 n bit，就可以得到对应的一个原始字符；而对于不等长编码来说，解压缩过程相对复杂一些。

1.3.2　数据压缩方法

数据压缩的核心是计算方法，不同的计算方法，产生不同形式的压缩编码，以解决不同数据的存储与传送问题。数据冗余类型和数据压缩算法是对应的，一般根据不同的冗余类型采用不同的编码形式，再采用特定的技术手段和软硬件，以实现数据压缩。

根据解码后数据是否能够完全无丢失地恢复原始数据，将压缩方法分为无损压缩和有损压缩两大类，如图 1-10 所示。

- 无损压缩：无损压缩方法利用数据的编码冗余进行压缩，保证在数据压缩中不引入任何误差，在还原过程中可完全恢复原始数据，多媒体信息没有任何损耗或失真。典型算法有行程编码、哈夫曼编码、算术编码、LZW 编码等。
- 有损压缩：有损压缩方法利用了人类视觉对图像中的某些频率成分不敏感的特性，采用一些高效的有限失真数据压缩算法，允许压缩过程中损失一定的信息，大幅度减少多媒体中的冗余信息，虽然不能完全恢复原始数据，但是所损失的部分对理解原始图像的影响较小，却换来了大得多的压缩比，例如预测编码、变换编码等。在通常情况下，数据压缩比越高，信息的损耗或失真也越大，这就需要根据实际情况找出一个较佳的平衡点。

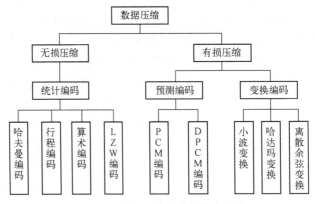

图 1-10　数据压缩技术的基本分类

1. 常用无损压缩编码

（1）哈夫曼编码

哈夫曼编码（Huffman Coding）是一种用于无损压缩的熵编码（权编码）算法。在计算机资料处理中，哈夫曼编码使用变长编码表对源符号（如文件中的一个字母）进行编码，其中变长编码表是通过一种评估源符号出现概率的方法得到的，出现概率高的字母使用较短的编码，反之出现概率低的字母则使用较长的编码，这便使编码之后的字符串的平均长度、期望值降低，从而达到无损压缩数据的目的。

例如，在英文中，e 的出现概率最高，而 z 出现概率则最低。当利用哈夫曼编码对一篇英文进行压缩时，e 极有可能用 1 bit 来表示，而 z 则可能用 25 bit（不是 26 bit）来表示。用普通的表示方法时，每个英文字母均占用一个字节（byte），即 8 bit。两者相比，e 使用了一般编码的 1/8 的长度，z 则使用了 3 倍多。倘若能实现对于英文中各个字母出现概率的较准确的估算，就可以大幅度提高无损压缩的比例。

哈夫曼编码过程如下。

① 将信源符号按概率递减顺序排列。

② 把两个最小的概率加起来作为新符号的概率。

③ 重复①和②，直到概率和达到 1 为止。

④ 在每次合并消息时，将被合并的消息赋予 1 和 0 或赋予 0 和 1。

⑤ 寻找从每一信源符号到概率为 1 的路径，记录下路径上的 1 和 0。

⑥ 对每一符号写出从码树的根结点到终结点的 1、0 序列。

例如，信源符号有集合{X1，X2，X3，X4，X5，X6，X7，X8}，对应的概率为{0.40，0.18，0.10，0.10，0.07，0.06，0.05，0.04}，采用哈夫曼编码的过程如图 1-11 所示。

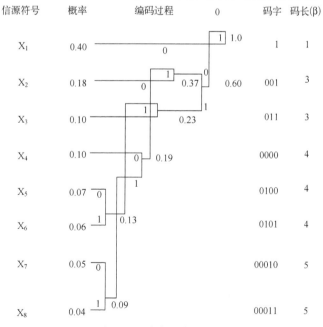

图 1-11 哈夫曼编码过程

哈夫曼编码的特点如下。

- 哈夫曼编码字长参差不齐，硬件实现困难。因此译码时间较长，使得哈夫曼编码的压缩与还原相当费时。
- 哈夫曼编码对不同信源的编码效率是不同的。在信源概率分布很不均匀时效率高，所以当信源概率比较均匀时，不用哈夫曼编码。
- 对信源进行编码后，形成对应的信源符号编码表；在解码时，必须参照此编码表才能正确译码。
- 为保证解码的唯一性，短码字不构成长码字的前缀。
- 由于"0"与"1"的指定是任意的，故由上述过程编出的最佳码不是唯一的，但其平均码长是一样的，故不影响编码效率与数据压缩性能。

（2）算术编码

算术编码方法的原理是将被编码的信息表示成实数 0 和 1 之间的一个间隔。信息编码越长表示它的间隙就越小，表示这一间隙所需的二进制位就越多。大概率符号出现的概率越大对应于区间越宽，可用较短码字表示；小概率符号出现概率越小区间越窄，可用较长码字表示。

算术编码的工作原理：在给定符号集和符号概率的情况下，算术编码可以给出接近最优的编码结果。使用算术编码的压缩算法通常先要对输入符号的概率进行估计，再编码。这个估计越准，编码结果就越接近最优的结果。

算术编码的特点如下。

- 算术编码有基于概率统计的固定模式，也有相对灵活的自适应模式，自适应模式适用于不进行概率统计的场合。
- 算术编码是一种对错误很敏感的编码方法，如果有一位发生错误就导致整个消息译错。
- 当信号源符号的出现概率接近时，算术编码的效率高于哈夫曼编码。
- 算术编码的实现比哈夫曼编码复杂，但在图像测试中表明，算术编码效率比哈夫曼编码的效率高 5%左右。

（3）行程编码

行程编码（run-length encoding，RLE）又称游长编码、变动长度编码法（run coding），它的原理是通过检测统计数据流中重复的位或字符序列，并用它们出现的次数和每次出现的个数形成新的代码，从而达到数据压缩的目的。行程编码是一种简单的非破坏性资料压缩法，加压缩和解压缩都非常快。假定有一幅灰度图像，其第 n 行的像素值如图 1-12 所示，一共有 70（7+5+45+13）位。若选用行程编码方法对其进行编码，得到的代码为 7051458131 共 10 位，压缩比为 7∶1。即原来要用 70 位（bit）存储空间才能表示的信息，只要 10 位就可以表示清楚了。

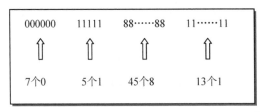

图 1-12　行程编码示例

行程编码的特点如下。

● 压缩比的大小取决于图像本身的特点。如果图像中具有相同颜色的图像块越大、数目越多，则压缩比就越高；反之，压缩比就越低。

● 连续精确的编码。如果其中一位符号发生错误，就影响整个编码序列，使行程编码无法还原。在实际中，常采用同步措施来限制错误的作用范围。

2．常用有损压缩编码

有损压缩广泛应用于语音、图像和视频数据的压缩。常见的声音、图像、视频压缩基本都是有损的。

（1）预测编码

预测编码（Predictive coding）是根据离散信号之间存在着一定关联性的特点，利用前面一个或多个信号预测下一个信号，然后对实际值和预测值的差（预测误差）进行编码。如果预测比较准确，误差就会很小，在同等精度要求的条件下，就可以用比较少的位进行编码，达到压缩数据的目的。

预测编码中典型的压缩方法有脉冲编码调制 PCM、差分脉冲编码调制 DPCM、自适应差分脉冲编码调制 ADPCM 等，它们较适合于声音、图像数据的压缩，因为这些数据由采样得到，相邻的样本值之间的差相差不会很大，可以用较少的位来表示。

1）PCM 编码。脉冲编码调制（Pulse Code Modulation，PCM）是概念上最简单、理论上最完善、最早研制成功、使用最为广泛的编码系统，但也是数据量最大的编码系统。它的输入是模拟信号，首先经过时间采样，然后对每一样值都进行量化，作为数字信号输出。

量化有多种方法，最简单的是只应用于数值，称为标量量化。另一种是对矢量（又称向量）量化。标量量化可归纳为两类：一类为均匀量化；另一类为非均匀量化。理论上，标量量化也是矢量量化的一种特殊形式。采用的量化方法不同，量化后的数据量也就不同。因此，可以说量化也是一种压缩数据的方法。

① 均匀量化。如果采用相等的量化间隔处理采样得到的信号值，那么这种量化称为均匀量化。均匀量化就是采用相同的"等分尺"来度量采样得到的值，也称为线性量化，如图 1-13 所示。

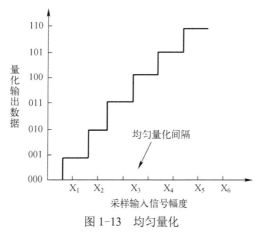

图 1-13　均匀量化

② 非均匀量化。用均匀量化方法量化输入信号时，无论对大的输入信号还是小的输入信号一律都采用相同的量化间隔。为了适应幅度大的输入信号，同时又满足精度要求，就需

要增加量化间隔，这将导致样本位数增加。但是，有些信号（例如语音信号），大信号出现的机会并不多，增加的样本位数就没有充分利用。为了克服这个不足，就出现了非均匀量化的方法，这种方法也叫作非线性量化，如图 1-14 所示。非线性量化的基本想法是，对输入信号进行量化时，大的输入信号采用大的量化间隔，小的输入信号采用小的量化间隔，这样就可以在满足精度要求的情况下用较少的位数来表示。量化数据还原时，采用相同的规则。

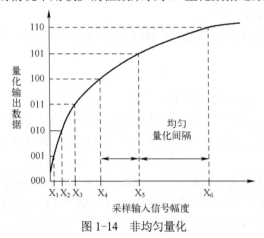

图 1-14　非均匀量化

2）DPCM 编码。模拟信号数字化处理中，就语音信号而言，经常存在变化较为平缓的局部时段；而活动图像（Video）的前后画面（帧）之间也有很大的相同性。在这些情况下，抽样样本序列的相邻样本间，显现出一定或较大相关性，即相邻样本间的变化比整个信号进程中的变化要小。当利用 PCM 编码时，这些相邻样本很可能在一个量化级，或只差1、2 个量化级，这样的 PCM 码序列，就产生了"冗余"信息。如果设法在编码前就去掉这些相关性很强的冗余，则可进行更为有效的信息传输。

在 PCM 系统中，原始的模拟信号经过采样后得到的每一个样值都被量化成为数字信号。为了压缩数据，可以不对每一个样值都进行量化，而是预测下一个样值，并量化实际值与预测值之间的差值，这就是差分脉冲编码调制 DPCM。1952 年贝尔（Bell）实验室的 C. C. Cutler 取得了差分脉冲编码调制系统的专利，奠定了预测编码系统的基础。

为实现 DPCM 目标，应当具有一定的"预测"能力，或至少能在编码本位样本时估计到下一样本是否与本位样值有所差别，或没有什么不同，如果能做到这种近似估计，就相当于在一个样本编码前大体"知道"了该样本值。

（2）变换编码

变换编码也称转换编码，指欲编码的数值经过一种数学转换后映射至另一值域后再进行编码处理。常用于音频信号编码和图像/视频信号编码。变换编码经常与量化一起使用，进行有损数据压缩。

下面以图像信号为例说明变换编码过程。此方法不是直接对原图像信号压缩编码，而是首先将图像信号进行某种函数变换，从一种信号（空间）映射到另一个域中，产生一组变换系数，然后对这些系数量化、编码、传输。在空间上具有强相关性的信号，反映在频域上是某些特定的区域内能量常常被集中在一起，或是变换系数矩阵的分布具有规律性。可利用这些规律，在不同的频域上分配不同的量化位数，从而达到压缩数据的目的。模拟图像经采样后，成为离散化的亮度值。假如把整幅图像一次进行变换，则运算比较复杂，所需时间也较长。通常把图像在水平方向和垂直方向上分成若干子区，以子区为单位进行变换。每个子区通常有8×8个像素，每个子区的全部像素值构成一个空间域矩阵。

还有一个例子是彩色电视机。由于人眼对亮度的敏感性远远大于对色度的敏感性，所以将最初的基于 RGB 颜色空间的色彩转换到 YCbCr 空间，并利用较低的分辨率来表示色差（Cb 和 Cr）信号（也属于某种量化）。这使得彩色电视机可以使用与黑白电视机相同的约 6 MB 的带宽来传送，而人眼感觉不到太大差别。实际上一般的彩色电视机的亮度分辨率约为 350 扫描线，而 Cb 信号约为 50 扫描线，Cr 信号约为 150 扫描线。复杂的人眼系统能够在这样的基础上重建完整的彩色图像。

在视频和音频信号数字化后，变换编码就更常用了。从最常见的 JPEG 静止图像压缩标准到 MPEG 等运动图像压缩标准，都使用了变换编码。最常用的变换是离散余弦变换，其次还有小波变换、Hadamard 变换等。离散余弦变换在性能上接近 K-L 变换（Karhunen-Loève 变换），能够很好地实现能量集中，应用于几乎所有的视频压缩标准中。

3．有损压缩编码的优点与不足

有损压缩方法的一个优点就是在有些情况下能够获得比任何已知无损压缩方法小得多的文件大小，同时又能满足系统的需要。当用户得到有损压缩文件时，为了节省下载时间，解压文件与原始文件在数据位的层面上可能会大相径庭，但是从实用角度来说，人耳或者人眼并不能分辨出两者之间的区别。有损视频编解码总能达到比音频或者静态图像好得多的压缩比。音频能够在没有察觉到质量下降的情况下实现 10∶1 的压缩比，视频能够在稍微观察到质量下降的情况下实现如 300∶1 的压缩比。

有损压缩图像的特点是保持颜色的逐渐变化，删除图像中颜色的突然变化。生物学中的大量实验证明，人类大脑会利用与附近最接近的颜色来填补所丢失的颜色。例如，对于蓝色天空背景上的一朵白云，有损压缩的方法就是删除图像中景物边缘的某些颜色部分。当在屏幕上看这幅图时，大脑会利用在景物上看到的颜色填补所丢失的颜色部分。利用有损压缩技术，某些数据被有意地删除了，而被删除的数据也不再恢复。

有损静态图像压缩通常能够得到原始数据大小的 1/10，是会影响图像质量的，尤其是在仔细观察时，质量下降更加明显。另外，使用了有损压缩的图像仅在屏幕上显示，可能对图像质量影响不太大，至少对于人类眼睛的识别程度来说区别不大。但是，如果要把一幅经过有损压缩技术处理的图像用高分辨率打印机打印出来，图像就感觉有明显的受损痕迹。

1.4 多媒体的关键技术

除多媒体数据压缩技术以外，多媒体的关键技术还有数据存储技术、数据库技术、网络与通信技术、信息检索技术及虚拟现实技术等。

1.4.1 多媒体数据存储技术

多媒体的音频、视频、图像等信息虽经过压缩处理，但仍需相当大的存储空间。此外，多媒体数据量大且无法预估，因而不能用定长的字段或记录块等存储单元组织存储，这大大增加了存储结构的复杂度。只有在大容量存储技术问世后，才真正解决了多媒体信息存储的空间问题。

光盘存储器 CD-ROM 以存储量大、密度高、介质可交换、数据保存寿命长、价格低廉以及应用多样化等特点成为多媒体计算机的存储设备。利用数据压缩技术，在一张 CD-ROM 光盘上能够存取约 74 min 全运动的视频图像或者十几个小时的语音信息或数千幅静止图像。DVD（Digital Video Disc）是 1996 年年底推出的光盘标准，它使得基于计算机的数字视盘驱动器能从单个盘片上读取 4.7～17 GB 的数据量，而盘片的尺寸与 CD 相同。蓝光光碟（Blue-ray Disc，BD）是 DVD 之后的新一代光盘格式之一，用以存储高品质的影音以及高容量的数据存储。蓝光光碟的命名是由于其采用波长为 405 nm 的蓝紫色激光来进行读写操作（DVD 光碟采用波长为 650 nm 的红色激光进行读写操作，CD 光碟则是采用波长为 780 nm 的近红外不可见激光进行读写数据）。一个单层的蓝光光碟的容量为 25 GB 或是 27 GB，足够录制一个长达 4 小时的高解析度影片。

硬盘（Hard Disk Drive，HDD）是计算机最主要的存储设备，由一个或者多个铝制或者玻璃制的碟片组成。目前硬盘容量从几百吉字节（GB）到十几个太字节（TB）不等。按原理可以将硬盘分为：机械硬盘（HDD）、固态硬盘（SSD）以及混合硬盘（SSHD）3 种。按接口可以将硬盘分为：IDE、SATA、SCSI 和光纤通道 FC 四种，IDE、SATA 接口硬盘多用于家用产品中，也部分应用于服务器，SCSI 接口的硬盘则主要应用于服务器市场，而光纤通道 FC 只应用在高端服务器上，价格昂贵。

U 盘是 USB（Universal Serial Bus）盘的简称，是闪存的一种，有时也称作闪盘。当前 U 盘的存储容量小的有几个吉字节（GB），大的可以达到 1～2 TB。U 盘与硬盘的最大不同是，它不需物理驱动器，即插即用，且其存储容量远超过软盘，便于携带。现在的 U 盘都支持 USB 2.0 标准，最高的传输速率为 20～40 MB/s，而一般文件的传输速度大约为 10 MB/s。

除了常用的硬盘、U 盘和光盘等存储设备之外，近年来还出现了如 NAS 和 SAN 等先进的存储设备。NAS（Network Attached Storage，网络附加存储）是连接在网络上具备资料存储功能的装置，也称为网络存储器或者网络磁盘阵列。SAN（Storage Area Network，存储区域网络）是一种通过光纤集线器、光纤路由器、光纤交换机等连接设备将磁盘阵列、磁带等存储设备与相关服务器连接起来的高速专用子网。它可实现大容量存储设备间的数据共享、高速计算机与高速存储设备间的高速互联，具有灵活存储设备配置要求、数据快速备份等功能，提高了数据的可靠性和安全性。

随着多媒体技术的发展，多媒体数据的多样性、地理位置的分散性，重要数据的安全、共享、管理等都对数据存储技术提出了更多的挑战。

1.4.2 多媒体数据库技术

多媒体的数据量巨大，种类繁多，每种媒体之间的差别十分明显，但又具有种种信息上的关联，这些都给数据与信息的管理带来了新的问题。多媒体数据的管理就是对多媒体数据的存储、编辑、检索、演播等操作。目前对多媒体数据的管理主要有以下几种方法。

1. 文件系统管理方式

为了方便用户浏览多媒体数据，出现了很多图形、图像浏览工具软件。文件系统管理方式存储简单，当多媒体数据较少时，浏览查询还能接受，但演播的数据格式受到限制。当多媒体数据的数量和种类相当多时，查询和演播就不方便了。所以，文件系统管理方式一般只适用于小的项目管理或较特殊的数据对象，所表示的对象及相互之间的逻辑关系比较简单，如管理单一媒体信息，像图片、动画等。文件系统的树形目录的层次结构也能反映数据之间的部分逻辑关系，因此，用文件系统管理多媒体数据前应根据具体情况建立合理的目录结构。

2. 关系数据库的方式

用关系数据库存储多媒体资料的方法一般有以下 3 种。

① 用专用字段存储多媒体文件。

② 多媒体数据分段存储在不同的字段中，播放时再重新构建。

③ 文件系统与数据库相结合，多媒体数据以文件系统存储，即若关系中元组的某个属性是非格式化数据，则以存储非格式化数据的媒体类型、应用程序名、媒体属性、关键词等代替，这是一种比较简单的实现方式。

3. 面向对象数据库的方式

面向对象数据库的方式最适合于描述复杂对象，通过引入封装、继承、对象、类等概念，可以有效地描述各种对象及其内部结构和联系。面向对象数据库的方式是将面向对象程序设计语言与数据库技术有机地结合起来，是开发多媒体数据库系统的主要方向。

面向对象数据库系统更适合于多媒体，它具有以下特点。

1）面向对象模型支持"聚合"与"概括"的概念，从而能够更好地处理多媒体数据等复杂对象的结构语义。

2）面向对象模型支持抽象数据类型和用户定义的方法，便于系统定义新的数据类型并支持相关操作。

3）面向对象数据库系统的数据抽象、功能抽象与消息传递的特点使对象在系统中是独立的，具有良好的封闭性，封闭了多媒体数据之间的类型及其他方面的巨大差异，并且容易实现并行处理，也便于系统模式的扩充和修改。

4）面向对象数据库系统的类、类层次和继承性，不仅减少了冗余和由此引起的一系列问题，还非常有利于版本控制。

5）面向对象数据库系统中实体是独立于值存在的，因而避免了关系数据库中讨论的各种异常。

6）面向对象数据库系统的查询通常是沿着系统提供的内部固有联系进行的，避免了大量的查询优化工作。

面向对象的数据模型比较复杂，在实现技术方面，还需要解决模拟非格式化数据的内容和表示、反映多媒体对象的时空关系、允许有类型不确定对象存在等问题。

1.4.3 多媒体网络与通信技术

在日常上网的过程中，经常与五彩缤纷的网页交互。从本质上分析，在网页上看到的文字就是一种超文本，而在网页中嵌入的动画、图片、视频等是一种超媒体。

1. 超文本

超文本是一种新型的信息管理技术，它以结点为单位组织文本信息，在结点与结点之间通过表示它们之间关系的链加以连接，构成表达特定内容的信息网络。超文本组织信息的方式与人类的联想记忆方式有相似之处，从而可以更有效地表达和处理信息。

2．超媒体

超文本与多媒体的融合产生了超媒体。允许超文本的信息结点存储多媒体信息（图形、图像、音频、视频、动画和程序），并使用与超文本类似的机制进行组织和管理，就构成了超媒体。超媒体强调的是对多种媒体信息的组织、管理，面向对这些信息的检索和浏览。超媒体技术广泛应用于与各种信息查询有关的方面，如教学、信息检索、字典和参考资料、商品介绍展示、旅游和购物指南及交互式娱乐等。

3．流媒体技术

互联网的普及和多媒体技术在互联网上的应用，迫切要求能解决实时传送视频、音频、计算机动画等媒体文件的技术，在这种背景下，产生了流式传输技术即流媒体。通俗地讲，在互联网上的音视频服务器将声音、图像或动画等媒体文件从服务器向客户端实时连续传输时，用户不必等待全部媒体文件下载完毕，而只需延迟几秒或十几秒，就可以在用户的计算机上播放，而文件的其余部分则由用户计算机在后台继续接收，直至播放完毕或用户中止操作。这种技术使用户在播放音视频或动画等媒体的等待时间成百倍地减少，而且不需要太多的缓存。

流媒体技术是多媒体和网络领域的交叉学科。流媒体是从英语 Streaming Media 中翻译过来的，流媒体指"流化"（Streaming）过的媒体。到目前为止，Internet 上最通用的流媒体系统包括 Microsoft Windows Media Player、Apple QuickTime、Real Networks 等，Windows Media Player、Real Networks 等流式媒体播放器已经成为 PC 的标准配置。

4．流媒体的播放方式

（1）单播

在客户端与媒体服务器之间需要建立一个单独的数据通道，从一台服务器送出的每个数据包只能传送给一个客户机，这种传送方式称为单播。每个用户必须分别对媒体服务器发送单独的查询，而媒体服务器必须向每个用户发送所申请的数据包拷贝。这种巨大冗余给服务器带来沉重的负担，响应需要很长时间，甚至会停止播放。

（2）组播

组播是指在网络中将数据包以尽力传送（best-effort）的方式发送到网络中的某个确定结点子集，以实现网络中点到多点的高效数据传送。组播自 1988 年提出已经经历多年的发展，许多国际组织对组播的技术研究和业务开展进行了大量的工作。尽管目前端到端的全球组播业务还未大规模地开展起来，但是具备组播能力的网络数目正在增加。一些主要的 ISP（网络服务提供商）已运行域间组播路由协议进行组播路由的交换，形成组播对等体。在 IP 网络中多媒体业务日渐增多的情况下，组播有着巨大的市场潜力，其业务也将逐渐得到推广和普及。

组播技术涵盖了地址方案、成员管理、路由和安全等各个方面，其中，组播地址的分配方式、域间组播路由以及组播安全等仍是研究的热点。

5．流媒体的网络环境

多媒体网络与通信技术是多媒体计算机技术和网络通信技术结合的产物。与普通数据通信不同，多媒体数据传输对网络环境提出了苛刻的要求，由于多媒体数据对网络的延迟特别敏感，所以多媒体网络必须采用相应的控制机制和技术，以满足多媒体数据对网络实时性和同步性的要求。

由于公共交换电话网（PSTN）信息传输速率较低，适合传输话音、静态图像和低质量的视频图像等；局域网（LAN）传输延迟大，只适用于文本、图形、图像等非连续媒体信息的数据传输；窄带网 N-ISDN 能实现综合业务的传输，基本速率接口和基群速率接口能满足压缩视频、音频信号的带宽要求，它是支持可视会议、可视电话和传输静止画面的一种有效技术；宽带网 B-ISDN 以异步转移模式（ATM）作为传输与交换方式，充分利用光纤提供巨大的信道容量进行各种综合业务的传输与交换，因其有电路交换延迟小、分组交换效率高及速率可变的特点，成为多媒体通信核心技术之一。

1.4.4 多媒体信息检索技术

多媒体技术和 Internet 的发展给人们带来了海量的多媒体信息，导致超大型多媒体信息库的产生，所以凭借关键词难以形象和准确地对多媒体信息进行检索。要有效地帮助人们快速、准确地找到所需要的多媒体信息成了多媒体技术待解决的核心问题之一。

基于内容的信息检索（Content-Based Retrieval）作为一种新的检索技术，是对多媒体对象的内容及上下文语义环境进行检索，如对图像中的颜色、纹理、形状或视频中的场景、片断进行分析和特征提取，并基于这些特征进行相似性匹配。基于内容的查询和检索是一个逐步求精的过程，检索经历了一个特征调整、重新匹配的循环过程。

基于内容的检索系统结构如图 1-15 所示，由特征分析子系统、特征提取子系统、数据库、查询接口、检索引擎和索引过滤等子系统组成，同时需要相应的知识辅助系统支持特定领域的内容处理。下面对部分子系统进行简要说明。

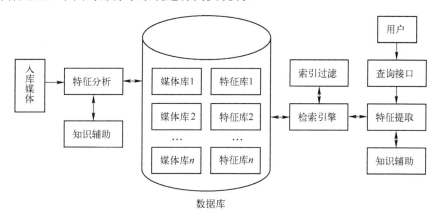

图 1-15　基于内容的检索系统结构

1）特征分析：该子系统负责将需要入库的媒体进行分割或节段化，标识出需要的对象或内容关键点，以便有针对性地对目标进行特征提取。特征标识可通过用户输入或系统定义。

2）特征提取：对用户提供或系统标明的媒体对象进行特征提取处理。提取特征时需要知识辅助子系统的协助，与标准化的知识定义直接相关。

3）数据库：数据库包含多媒体数据库（简称媒体库）和特征数据库（简称特征库），分别存储多媒体数据同对应的特征数据，它们之间存在着一定的对应关系。特征数据库中包含了由用户输入的和预处理自动提取的特征数据，通过检索引擎组织与媒体类型匹配的索引来达到快速搜索的目的。

4）查询接口：即人机交互界面，由于多媒体内容不具有直观性，查询基于示例方式，必须提供可视化手段，可采用交互操纵、模板选择和样本输入三种方式提交查询依据。

5）检索引擎：检索要将特征提取值和特征库中的值进行比较，得到一个相似度。不同的媒体具有不同的相似度算法，这些算法也称为相似性测度函数。检索引擎使用相似性测度函数集进行比较，从而确定与特征库的值最接近的多媒体数据。

6）索引过滤：在大规模多媒体数据检索过程中，为了提高检索效率，常在检索引擎进行匹配之前采用索引过滤方法，取出高维特征用于匹配。

1. 基于内容的图像检索

20 世纪 90 年代，研究者们提出了基于内容的图像检索（Content Based Image Retrieval，CBIR），这种方法成为现有图像检索技术研究的主流。就图像特征的作用域而言，CBIR 系统可分为基于全局特征的检索和基于区域特征及其空间关系的检索。基于全局特征的检索不区分图像的前景和背景，通过整幅图像的视觉特征进行图像相似度匹配；而基于区域特征及其空间关系的检索需先进行图像分割，图像的整体相似性不仅要考虑到分割出的区域间的相似性，还要考虑区域空间关系的相似性。CBIR 的主要特点是只利用了图像本身包含的客观的视觉特征，图像的相似性不需要人来解释，体现在视觉相似性上。这导致了 CBIR 不需要或者仅需要少量的人工干预，在需要自动化的场合取得了大量的应用。在各种网站的搜索引擎中，图像检索系统成为重要工具；医学 CT、X 射线检索系统中，可以为医生诊断提供重要的参考；商标检索系统中，可在收录了已注册商标库中查找是否有与欲注册商标类似的商标，防止雷同；公安系统中，根据嫌疑犯面部特征在照片库中查找类似人员等。

基于内容的图像检索常用的关键技术有颜色特征提取、纹理特征提取、形状特征提取、相关反馈技术等。

2. 基于内容的视频检索

视频是多媒体数据库中的一种重要数据，它由连续的图像序列组成。视频主要是由镜头组成的，每一个镜头包含一个事件或一组连续的动作。要对视频序列进行检索，可以通过全局和局部两种特征来进行。全局特征包括视频的名字、制作人、拍摄时间、地点等，这些可由人工注释。局部特征包括镜头关键帧的颜色、纹理等。要获得局部特征，首先必须将视频序列分割为镜头，在镜头中找到若干关键帧来代表镜头的内容，再提取关键帧的视觉特征和运动参数并存入特征库中作为检索的依据。为完成镜头分割，必须检测出镜头的切换点。镜头的切换有两种方式：一种是突变，即镜头间没有过渡；另一种是渐变，即镜头间是缓慢过渡的，包括淡入、淡出、慢转换、扫描等。

基于内容的视频检索常用的关键技术有关键帧抽取与镜头分割、视频结构重构等。

基于内容的视频检索是一个新兴的研究领域，国内外都在探索和研究，虽然已有一些基于内容的检索算法，但存在着算法处理速度慢、检索率低、应用局限性多等问题。随着多媒体内容的增多和存储技术的提高，对基于内容的视频检索的需求将日益上升。

3. 基于内容的音频检索

由于音频媒体可以分为语音、音乐和其他声响，基于内容的音频检索自然也必须进行分类。音频内容可分为样本级、声学特征级和语义级。从低级到高级，内容的表达是逐级抽象和概括的。音频内容的物理样本可以抽象出如音调、旋律、节奏、能量等声学特征，进一步可抽象为音频描述、语音识别文本、事件等语义。

基于内容的音频检索中，用户可以提交概念查询或按照听觉感知来查询，即查询依据是基于声学特征级和语义级的。音频的听觉特性决定其查询方式不同于常规的信息检索系统。基于内容的音频查询是一种相似查询，它实际上是检索出与用户指定的要求非常相似的所有声音。查询中可以指定返回的声音数或相似度的大小，还可以强调或忽略某些特征成分，甚至可以利用逻辑运算来指定检索条件。

作为一门交叉学科，基于内容的多媒体信息检索不仅需要利用图像处理、模式识别、计算机视觉、图像理解等多领域的知识做铺垫，还需要人工智能、数据库管理技术、人机交互等知识对媒体数据进行表示，从而设计出可靠、高效、人性化的检索系统。

1.4.5　虚拟现实技术

虚拟现实（Virtual Reality，VR）是利用数字媒体系统生成一个具有逼真的视觉、听觉、触觉及嗅觉的模拟现实环境，受众可以用人的自然技能与这一虚拟的现实环境进行交互，与在真实现实中的体验相似。虚拟现实是多种技术的综合，包括实时三维计算机图形技术、广角立体显示技术，对观察者的头、眼和手的跟踪技术，以及触觉/力觉反馈、立体声、语音输入/输出技术等。

虚拟现实具有以下 3 个重要特征，分别是沉浸感（Immersion）、交互性（Interaction）和构想性（Imagination），常被称为虚拟现实的 3I 特征。

1．沉浸感

沉浸感是指用户感受到被虚拟世界所包围，好像完全置身于虚拟世界之中一样。虚拟现实技术最主要的技术特征是让用户觉得自己是计算机系统所创建的虚拟世界中的一部分，使用户由观察者变成参与者，沉浸其中并参与虚拟世界的活动。

2．交互性

交互性是指用户对模拟环境内物体的可操作程度和从环境得到反馈的自然程度。交互性的产生，主要借助于虚拟现实系统中的特殊硬件设备，如数据手套、力反馈装置等，使用户能通过自然的方式，产生与在真实世界中一样的感觉。虚拟现实系统比较强调人与虚拟世界之间进行自然的交互，交互性的另一个方面主要表现在交互的实时性。

3．构想性

构想性指虚拟的环境是人想象出来的，同时这种想象体现出设计者相应的思想，因而可以用来实现一定的目标。虚拟现实虽然是根据现实进行模拟，但所模拟的对象却是虚拟存在的，它以现实为基础，却可能创造出超越现实的情景。所以它可以充分发挥人的认识和探索能力，从定性和定量等综合集成的思维中得到感性和理性的认识，从而进行理念和形式的创新，以虚拟的形式真实地反映设计者的思想、传达用户的需求。

虚拟现实之所以能让用户从主观上有一种进入虚拟世界的感觉，而不是从外部去观察它，主要是采用了一些特殊的输入/输出设备，如数据头盔、数据手套等。

数据手套（Data Glove）是一种能感知手的位置及方向的设备，如图 1-16 所示。通过它可以指向某一物体，在某一场景内探索和查询，或在一定的距离之外对现实世界发生作用。数据手套把光导纤维和三维位置传感器缠绕在一个轻的、有弹性的手套上。每个手指的关节处都有一圈光导纤维，每个手指的背部连有传感器，用以测量手指关节的弯曲角度。数据手套手背上有一个探测器，用来监测用户手的位置和方向，并根据用户手指关节的角度变化，捕捉手指、大拇指和手腕的相对运动。当数据手套与相应的软件配合时，由应用程序来判断用户在 VR 中操作时手的姿势，从而为 VR 系统提供了可以在虚拟世界中使用的各种信号。数据手套允许手去抓取或推动虚拟物体，或由虚拟物体作用于手（即手的反馈）。

头盔显示器（Head Mounted Display，HMD）是专为用户提供虚拟现实中景物的立体显示器，通常固定在用户的头部，用两个 LCD 或 CRT 显示器分别向两只眼睛显示图像，如图 1-17 所示。这两个显示屏中的图像由计算机分别驱动。屏上的两幅图像存在着细小的差别，类似于"双眼视差"。大脑将融合这两个图像获得深度感知，因此头盔显示器具有较好的沉浸感，但分辨率较低、失真大。

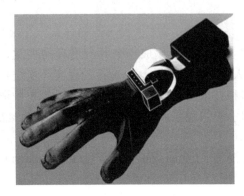

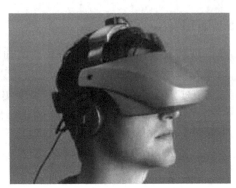

图 1-16　数据手套　　　　　　　　　　　　图 1-17　头盔显示器

头部位置跟踪设备是头盔显示器的主要部件。通过头部位置跟踪设备，用户的运动感觉和视觉系统能够得以重新匹配跟踪，计算机随时可以知道用户头部的位置及运动方向。头部跟踪设备还能增加双眼视差和运动视差，这些视觉线索能改善用户的深度感知。

虚拟现实技术的实现需要相应硬件和软件的支持。现在对虚拟现实环境的操作已达到了一定的水平，但毕竟同人类现实世界中的行动有一定的差别，还不能十分灵活、清晰地表达人类的活动和思维，因此，这方面还有大量的工作要做。

1.5　多媒体技术的应用与发展

多媒体技术的研究领域非常广泛，几乎遍布各行各业以及人们生活的各个角落。由于多媒体技术具有直观、信息量大、易于接受和传播等特点，因此其拓展十分迅速。

1.5.1　多媒体技术的应用领域

多媒体是一种实用性很强的技术，它一出现就引起许多相关行业的关注。多媒体技术的典型应用包括以下几个方面。

1. 教育与培训

多媒体技术提高了知识的趣味性。多媒体技术在教育领域中的典型应用包括计算机辅助教学（Computer Assisted Instruction，CAI）、计算机辅助学习（Computer Assisted Learning，CAL）、计算机化教学（Computer Based Instruction，CBI）、计算机化学习（Computer Based

Learning，CBL）、计算机辅助训练（Computer Assisted Training，CAT）、计算机管理（Computer Managed Instruction，CMI）等。

2．信息管理系统

多媒体信息管理的基本内涵是多媒体与数据库相结合，用计算机管理数据、文字、图形、静动态图像和声音资料。以往的管理信息系统都是基于字符的，多媒体的引入可以使之具有更强的功能，更大的实用价值。利用多媒体技术，可将资料通过扫描仪、录音机和录像机等设备输入计算机，存储于光盘。在数据库的支持下，便能通过计算机录音和显示等手段实现资料的查询。

3．娱乐和游戏

多媒体技术的出现给影视作品和游戏产品制作带来了革命性的变化，由简单的卡通片到声、文、图并茂的实体模拟，如模拟设备运行、化学反应、火山喷发、海洋洋流、天气预报、天体演化、生物进化等，画面、声音更加逼真，趣味性和娱乐性也更强。随着多媒体技术逐步趋于成熟，在影视娱乐业中，大量的计算机效果被应用到影视作品中，增加了艺术效果和商业价值。

4．商业广告

多媒体在商业领域中可以提供最直观、最易于接受的宣传方式，在视觉、听觉、感觉等方面宣传广告意图；可提供交互功能，使消费者能够了解商业信息、服务信息及其他相关信息；可提供消费者的反馈信息，促使商家及时改变营销手段和促销方式；可提供商业法规咨询、消费者权益咨询、问题解答等服务。

5．视频会议系统

随着多媒体通信和视频图像传输数字化技术的发展，以及计算机技术与通信网络技术的结合，视频会议系统成为一个备受关注的应用领域。与电话会议系统相比，视频会议系统能够传输实时图像，使与会者具有身临其境的感觉。

6．电子查询与咨询

在公共场所，如旅游景点、邮电局、商业咨询场所、宾馆及百货大楼等，提供多媒体咨询服务、商业运作信息服务或旅游指南等。使用者可与多媒体系统交互，获得感兴趣的多媒体信息。

7．计算机支持协同工作

多媒体通信技术和分布式计算机技术相结合所组成的分布式多媒体计算机系统能够支持远程协同工作，例如，远程报纸共编系统可把身处多地的编辑组织起来共同编辑同一份报纸。

8．家庭视听

由于数字化的多媒体具有传输储存方便、保真度高等特点，在个人计算机用户中广受青睐，而专门的数字视听产品也大量进入家庭。

1.5.2 多媒体技术的发展趋势

多媒体技术是信息技术领域发展最快、应用最广的技术，是新一代信息技术发展和竞争的热点。

1．多媒体技术的网络化

随着 5G 等技术的应用和发展，服务器、路由器、转换器等网络设备的性能将越来越高，包括用户端 CPU、内存、图形卡等在内的硬件能力空前扩展。人们将受益于无限的计算和充裕的带宽，它使网络应用者改变以往被动地接收处理信息的状态，并以更加积极主动的姿态去参与眼前的网络虚拟世界。

交互的、动态的多媒体技术能够在网络环境下创建出更加生动逼真的二维与三维场景。人们还可以借助摄像机等设备把办公室和娱乐工具集合在终端多媒体计算机上，可在世界任一角落与千里之外的同行在实时视频会议上进行市场讨论、产品设计。新一代用户界面（UI）与人工智能以及网络化、人性化、个性化的多媒体软件的应用的结合，还可使不同国籍、不同文化背景和不同文化程度的人，通过人机对话消除隔阂，自由地沟通。

物联网、蓝牙、移动通信等技术的开发应用，使得多媒体信息无所不在，各种信息随手可得。

2．多媒体终端的部件化、智能化和嵌入化

目前多媒体计算机硬件体系结构，多媒体计算机的视频、音频接口软件不断改进，尤其是采用了硬件体系结构设计和软件、算法相结合的方案，使多媒体计算机的性能指标进一步提高。但要满足多媒体网络化环境的要求，还需要对软件做进一步的开发和研究，使多媒体终端设备具有更高的部件化和智能化，如对多媒体终端增加文字的识别和输入、汉语语音的识别和输入、自然语言理解和机器翻译、图形的识别和理解、机器人视觉和计算机视觉等。

过去 CPU 的设计较多地考虑计算功能，主要用于数学运算及数值处理，随着多媒体技术和网络通信技术的发展，需要 CPU 本身具有更高的综合处理声、文、图信息及通信的功能，因此可以将媒体信息实时处理和压缩编码算法做到 CPU 芯片中。

从目前的发展趋势看，可以把这种芯片分成两类：一类是以多媒体和通信功能为主，融合 CPU 原有的计算功能，设计目标是在多媒体专用设备、家电及宽带通信设备上，可以取代这些设备中的 CPU 及大量 ASIC 和其他芯片；另一类是以通用 CPU 计算功能为主，融合多媒体和通信功能，设计目标是与现有的计算机系列兼容，同时具有多媒体和通信功能，主要用在多媒体计算机中。

嵌入式多媒体系统可应用在人们生活与工作的各个方面，在工业控制和商业管理领域，如智能工控设备、POS/ATM 机、IC 卡等；在家庭领域，如数字机顶盒、数字式电视、WebTV、网络冰箱、网络空调等消费类电子产品。此外，嵌入式多媒体系统还在医疗类电子设备、多媒体手机、掌上计算机、车载导航器、娱乐、军事方面等领域有着巨大的应用前景。

3．多维度、沉浸式交互

多媒体交互技术的发展使多媒体技术在模式识别、全息图像、自然语言理解（语音识别与合成）和新的传感技术（手写输入、数据手套、电子气味合成器）等基础上，利用人的多种感觉通道和动作通道（如语音、书写、表情、姿势、视线、动作和嗅觉等），通过数据手套和跟踪手语信息提取特定人的面部特征，合成面部动作和表情，以并行和非精确的方式与计算机系统进行交互，可以提高人机交互的自然性和高效性，实现以三维的逼真输出为标志的虚拟现实。

虚拟现实技术结合了人工智能、计算机图形技术、人机接口技术、传感技术计算机动画等多种技术，它的应用包括模拟训练、军事演习、航天仿真、娱乐、设计与规划、教育与培训、商业等领域，发展潜力不可估量。

1.6 本章小结

本章简要介绍了有关多媒体技术的基本概念和基础知识。

多媒体技术是基于计算机科学的综合性高新技术，可以利用计算机综合处理文本、声音、图形、图像和视频等信息，具有集成性、实时性和交互性。

多媒体数据压缩技术是多媒体技术中的核心技术之一。其目的是将原先比较庞大的多媒体信息数据以较少的数据量表示，而不影响人们对原信息的识别；是在计算机上实现多媒体信息处理、存储和应用的前提。

多媒体信息的处理和应用需要一系列相关技术的支持。多媒体是一种实用性很强的技术，它的应用几乎覆盖了计算机应用的绝大多数领域，而且还开拓了涉及人类生活、娱乐、学习等领域，使人机交互界面更接近人们自然的信息交流方式。

随着 5G 等技术的发展，多媒体技术正在向着网络化、智能化、虚拟现实及媒体融合的方向发展。

1.7 练习与实践

1. 选择题

（1）下列关于多媒体技术的描述中，错误的是_____。

A. 多媒体技术是将各种媒体以数字化的方式集中在一起

B. 多媒体技术可对多种媒体信息进行获取、加工处理、存储和显示

C. 多媒体技术是能用来观看数字电影的技术

D. 多媒体技术与计算机技术是密不可分的

（2）下列图形图像文件格式中，可实现动画的是_____。

A. WMF   B. GIF   C. BMP   D. JPG

（3）下列功能中，不属于 MPC 的图形、图像处理能力的基本要求的是_____。

A. 可产生丰富、形象、逼真的图形

B. 实现三维动画

C. 可以逼真、生动地显示彩色静止图像

D. 实现一定程度的二维动画

（4）汉字国标 GB 2312-1980（信息交换用汉字编码字符集）的编码是_____字节的。

A. 1   B. 2   C. 3   D. 4

（5）下列说法中，不正确的是_____。

A. 电子出版物存储容量大，一张光盘可存储几百本书

B. 电子出版物可以集成文本、图形、图像、动画、视频和音频等多媒体信息

C. 电子出版物不能长期保存

D. 电子出版物检索速度快

（6）多媒体中的编码技术不包括_____。

A. 媒体压缩编码 　　　　　　　　　　B. 媒体译码的软件化

C. 媒体安全 　　　　　　　　　　　　D. 合成与同步

（7）通用压缩编码标准中，数字视频交互是指_____。

A. H.261 　　　　B. JPEG 　　　　C. MPEG 　　　　D. DVI

（8）人类对图像的分辨能力约为 26 灰度等级，而图像量化一般采用 28 灰度等级，超出人类对图像的分辨能力，这种冗余属于_____。

A. 结构冗余 　　　B. 视觉冗余 　　　C. 时间冗余 　　　D. 空间冗余

（9）在 Windows 画图软件中直接打开 BMP 图像并另存为 JPG 图像，发现后者占用的存储空间明显小于前者。下列说法错误的是_____。

A. 这个另存为的过程其实质是图片压缩

B. 原图中可能存在空间冗余

C. 原图中可能存在时间冗余

D. BMP 图像的存储空间大小与内容无关

（10）下列对于多媒体信息冗余说法不正确的是_____。

A. 多种信息渠道的包围，可以使接受者不易分散注意力

B. 信息冗余是信息论中的一种现象

C. 同一种信息用多种表达方式表达让人感觉重复、啰唆

D. 多媒体信息冗余能增强接受者对信息的长期记忆效果

（11）WAVE 格式音频可以被压缩成 MP3 格式音频的原因如下。

① 数据本身存在可被压缩的冗余因素

② 数据压缩的容量是无限制的

③ 数据压缩是为了让数据文件更大

④ 数据压缩允许有少量的失真

⑤ 数据压缩是为了让音频文件音质更好

其中正确的是（　　　　）

A. ②⑤ 　　　　B. ①④ 　　　　C. ②③ 　　　　D. ③⑤

（12）有一个红色灭火器的图片，背景是绿色，可以采用_____进行压缩处理。

A. 空间冗余 　　　B. 视觉冗余 　　　C. 结构冗余 　　　D. 时间冗余

2. 简答题

（1）什么是媒体？它是如何分类的？

（2）什么是多媒体技术？它具有哪些关键特征？

（3）什么是新媒体、融媒体？

（4）多媒体的关键技术有哪些？

（5）多媒体技术研究的主要内容是什么？

（6）多媒体技术的应用领域有哪些？

（7）多媒体数据压缩方法可以分为哪两大类？常用的压缩方法有哪些？

（8）简述图像信息可能存在的冗余信息。

第 2 章　音频信息处理

声音是人类交互最自然的方式之一。自计算机诞生以来，人们便梦想能与计算机进行面对面的"交谈"，以至于在许多科幻小说和电影中出现了许多能说会道的机器人。音频信号处理技术是多媒体信息处理的核心技术之一，它是多媒体技术和多媒体产品开发中的重要内容。

教学目标

- 了解音频数据的概念、特点和种类
- 了解音频数据的采集及性能指标
- 掌握音频数据获取的途径和方法
- 掌握音频数据的基本编辑方法和特效的处理方法
- 掌握音频数据合成的基本方法
- 掌握音频格式的转换方法

2.1　音频基本概念

声音是多媒体表现形式中不可缺少的一部分，它使多媒体的表现力更加丰富。声音主要包括语言、背景声、音效和音乐4个部分。

1）语言是人与人之间表达自己内心愿望与情感的工具。在艺术作品中，语言是交代情节、提示思想、刻画人物、感染观众的重要手段，通常有独白、对白、内心独白和旁白等形式。

2）背景声是大自然或周围环境所发出的声响，主要表现出自然环境、生活氛围和时代背景。

3）音效是音响效果声的简称，它包括人们生活中所产生的开门关门声、脚步声等各种动作的声音，也包括现实环境中各种自然界的声音（如风声、雨声、雷声等），各种动物的叫声，各种工具的音响等。它的主要作用是渲染气氛、增强真实感。还有一类音效通常被用在动画片或者喜剧类的作品中，这一类音效通常是人们通过技术手段制作出来的特殊声音，如弹簧的声音、诡异的笑声等。这些音效是为了配合所要表达的故事情节所设计加工的，目的是为了增强特殊的情绪需要。

4）音乐是一门古老的艺术，它能够准确地表达人们的内心感受与情绪。它通常用来烘托情绪、渲染气氛，或者用来填补声音上的空白。

2.1.1　声音的概念

声音源自空气的振动，例如，由吉他的琴弦、声带或者扬声器的振膜所产生的振动。这些振动压缩附近的空气分子，造成空气压力略有增加。受压的空气分子继而推动压缩它们周围的空气分子，被压缩的空气分子再继续推动下一组，如此往复。高压区在空气中向前移动，留下身后的低压区。当这些有高低压变化的波浪抵达时，转换为人耳朵里受体的振动，作为声音被人们接收。声音的波形如图 2-1 所示。

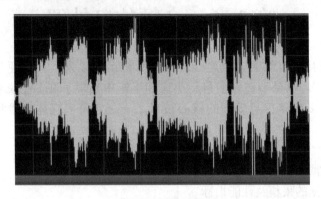

图 2-1　声音波形

自然界的各种声音具有周期性强弱变化的特性，因而也使得输出的压力信号周期变化，人们将这种变化用正弦波曲线形象地表示，如图 2-2 所示。该曲线是随时间连续变化的模拟量，它有如下 3 个重要指标。

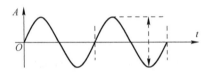

图 2-2　波形曲线

1．振幅

声波的振幅通常是指音量，它是声波波形的高低幅度，表示声音信号的强弱程度。

2．周期

声音信号的周期是指两个相邻声波之间的时间长度，即重复出现的时间间隔，以秒（s）为单位。

3．频率

声音信号的频率是指每秒钟信号变化的次数，即为周期的倒数，以赫兹（Hz）为单位。

声音按频率可分为 3 种：次声波、可听声波和超声波。人类听觉的声音频率范围为 20 Hz～20 kHz，低于 20 Hz 的为次声波，高于 20 kHz 的为超声波。人说话的声音信号频率通常为 300 Hz～3 kHz，人们把在这种频率范围内的信号称为语音信号。

声音质量用声音信号的频率范围来衡量，频率范围又叫"频域"或"频带"，不同种类的声源其频带也不同。一般而言，声源的频带越宽，表现力越好，层次越丰富。

1）电话质量，频带范围为 200 Hz～3.4 kHz。

2）调幅广播质量，频带范围为 50 Hz～7 kHz。

3）调频广播质量，频带范围为 20 Hz～15 kHz。

4）数字激光唱盘（CD-DA）质量，频带范围为 10 Hz～20 kHz。

2.1.2 声音的数字化

声音是具有一定振幅和频率且随时间变化的声波，通过话筒等转换装置可将其变成相应的电信号，但这种电信号是模拟信号，不能由计算机直接处理，必须先对其进行数字化，然后利用计算机进行存储、编辑或处理。在数字声音回放时，由数/模转换器（DAC）将数字声音信号转换为实际的声波信号，经放大由扬声器播出。

把声音模拟信号转换为声音数字信号的过程称为声音的数字化，它是通过对声音信号进行采样、量化和编码来实现的，如图 2-3 所示。

图 2-3 声音的数字化过程

1．采样

把模拟声音变成数字声音时，需要每隔一个时间间隔在模拟声音波形上取一个幅度值，称为采样，即 A/D（模/数）转换，其功能是将模拟信号转换成数字信号。采样频率又称取样频率，是指将模拟声音波形转换为数字音频时每秒钟所抽取声波幅度样本的次数，如图 2-4 所示。采样频率越高，则经过离散数字化的声波就越接近于其原始的波形，也就意味着声音的保真度越高，声音的质量越好；当然，所需要的信息存储量也越多。

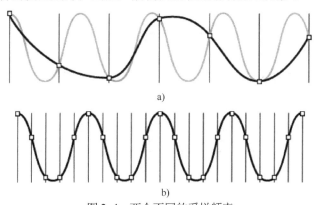

图 2-4 两个不同的采样频率

a) 低采样率使得原始声波失真 b) 高采样率完美地体现了原始声波

根据采样定理，只要采样的频率高于信号中最高频率的 2 倍，就可以从采样中完全恢复原始信号的波形。因为人耳所能听到的频率范围为 20 Hz～20 kHz，所以在实际采样过程中，为了达到好的声音效果，就采用 44.1 kHz 作为高质量声音的采样频率。

目前最常用的采样频率有 3 种：44.1 kHz、22.5 kHz、11.025 kHz。

2．量化

把某一幅度范围内的电压用一个数字来表示称为量化，量化的过程实际上也是选择分辨率的过程。显然，用来表示一个电压模拟值的二进制数位越多，其分辨率也越高。国际标准的语音编码采用 8 bit，即可有 256 个量化级。在多媒体中，对于音频（声音），量化的位数（分辨率）可采用 16 bit，其对应有 65536 个量化级。

3．编码

由于计算机的基本进制是二进制，为此必须将声音数据写成计算机的数据格式，称为编码。编码既要按照一定的格式把离散的量化数值加以记录，又要在有用的数据中加入一些用于同步、纠错和控制的数据。

数字音频是一个数据序列，它是由模拟声音经过采样、量化和编码后得到的。当需要时，人们可以将离散的数字量转换成连续的波形。如果采样的频率足够高，恢复出的声音就与原始声音没有什么区别。

2.1.3 音频文件的大小

音频文件要求声音的质量越高，则量化位数和采样频率也越高，保存这一段声音相应的文件也就越大，即要求的存储空间越大。表 2-1 给出了采样频率、量化位数与所要求的文件大小的对应关系。

表 2-1 数字音频文件的大小与相关参数的关系

采样频率/kHz	量化位数/bit	立体声或单声道	数据量/KB·s^{-1}	音频质量
11.025	8	单声道	11	电话质量
11.025	8	立体声	22	
11.025	16	单声道	22	
11.025	16	立体声	43	
22.05	8	单声道	22	无线电广播质量
22.05	8	立体声	43	
22.05	16	单声道	43	
22.05	16	立体声	86	
44.1	8	单声道	43	
44.1	8	立体声	86	
44.1	16	单声道	86	CD 质量
44.1	16	立体声	172	

声音通道的个数表明声音产生的波形数，一般分单声道和立体声双声道，单声道产生一个波形，立体声双声道产生两个波形。立体声的声音有空间感，需要的存储空间是单声道的两倍。决定数字音频文件大小的公式为

$$数据量=采样频率×量化位数×录音时间×声道数/8$$

式中，数据量的单位为 B/s。

例如，一首 5 分钟 CD 音乐光盘音质的歌曲，即采样频率为 44.1 kHz，量化位数为 16 位，立体声，文件的大小为

$$数据量=（44\ 100×16×300×2）/8 =52\ 920\ 000\ B≈50.47\ MB。$$

2.1.4 音频的压缩标准

音频信号是多媒体信息的重要组成部分。音频压缩技术指的是对原始数字音频信号流运用适当的数字信号处理技术，在不损失有用信息量，或所引入损失可忽略的条件下，降低（压缩）其码率，也称为压缩编码。压缩编码的逆变换，称为解压缩或解码。

音频信号可以分为电话音频信号、调幅广播音频信号和高保真的立体声音信号。前两种

单频信号的压缩技术比较成熟，例如，ADPCM、CELP 和子带编码等压缩技术。国际电报电话咨询委员会（CCITT）和国际标准化组织（ISO）先后提出一系列有关音频编码的建议，CCITT（现更名为 ITU2T）已为这两种音频信号的压缩编码制定了一些国际标准。

1. G.711 标准

1972 年 CCITT 为电话质量和语音压缩制定了 G.711 标准，使用 PCM 编码，速率为 64 kbit/s，使用非线性量化技术，其质量相当于 12 bit 线性量化。

2. G.721 标准

1984 年 CCITT 制定了 G.721 标准，使用自适应差分 PCM 编码（ADPCM），其速率为 32 kbit/s。ADPCM 是一种对中等质量音频信号进行高效编码的有效算法之一，它不仅适用于语音压缩，而且也适用于调幅广播质量的音频压缩和 CD2I 音频压缩等应用。

3. G.722 标准

1988 年 CCITT 为调幅广播质量的音频信号压缩制定了 G.722 标准。G.722 标准使用子带编码方案，用滤波器将输入信号分成高低两个子带信号，然后分别使用 ADPCM 进行编码，经复用后形成输出码流。G.722 标准也提供数据插入功能，这样音频码流与所插入的数据一起形成比特流。G.722 能将 224 kbit/s 的调幅广播质量的音频信号压缩为 64 kbit/s，主要用于视听多媒体和会议电视等。

4. G.728 标准

为了进一步降低语音压缩的速率，1991 年 CCITT 制定了 G.728 标准，使用基于短延时码本激励线性预测编码（LD-CELP）算法，其速率为 16 kbit/s，其质量与 32 kbit/s 的 G.721 标准相当。

5. MPEG21 音频编码

MPEG（Moving Picture Experts Group，动态图像专家组）是 ISO（International Standardization Organization，国际标准化组织）与 IEC（International Electrotechnical Commission，国际电工委员会）于 1988 年成立的专门针对运动图像和语音压缩制定国际标准的组织。MPEG-1 是 MPEG 组织制定的第一个视频和音频有损压缩标准，于 1990 年定义完成。1992 年年底，MPEG-1 正式被批准成为国际标准。MPEG-1 是为 CD 光碟介质制定的视频和音频压缩格式。一张 70 分钟的 CD 光碟传输速率大约为 1.4 Mbit/s。而 MPEG-1 采用了块方式的运动补偿、离散余弦变换（DCT）、量化等技术，并对 1.2 Mbit/s 传输速率进行了优化。

MPEG21 音频编码是国际上制定的第一个高保真立体声音频编码标准（ISO1117223）。通过对 14 种音频编码方案的比较测试，最后选定了以 MUSICAM（Masking-pattern Universal Subband Integrated Coding And Multiplexing）为基础的三层编码结构。根据不同的应用要求，使用不同的层来构成其音频编码器。在 MPEG21 中音频编码的 1、2 层称之为 MUSICAM。MUSICAM 的编码过程为子带滤波器先将输入的数字音频信号分成 32 个子带；在每个子带中，确定一段信号中的最大电平，由此得到编码参数——比例因子。由于比例因子的相对变化很小，因此采用差分熵编码方法。根据人耳的掩蔽效应确定掩蔽门限，据此自适应地分配比特，以高效压缩音频数据。最后，将音频压缩数据、比例因子和比特分配信息按帧结构组合在一起，形成音频比特流。

6. MPEG22 音频编码

在 MPEG21 音频编码中，MUSICAM 只能传送左右两个声道。为此，MPEG 扩展了低码率多声道编码，将多声道扩展信息加到 MPEG21 音频数据帧结构的辅助数据段（其长度没有限制）中。这样可将声道数扩展至 5.1，即 3 个前声道（左 L、中 C 和右 R）、2 个环绕声（左 LS、右 RS）和 1 个超低音声道 LFE（常称之为 0.1）。由此，形成了 MPEG22 音频编码标准 SO1381823。MPEG22 音频编码能传送多路声音，并能确保比特流与 MPEG21 前向和后向兼容。

7．AC23 系统

AC23 系统是 Dolby 公司开发的新一代高保真立体声音频编码系统，它继承了 AC22 系统的许多优点（例如，变换编码、自适应量化、比特分配和人耳的听觉特性等），并采用了一些新的技术（例如，指数编码、混合前/后向自适应比特分配和耦合技术等）。AC23 系统的总体性能要优于目前的 MPEG22 音频算法。

2.1.5　音频文件的格式

数字音频的文件格式主要有 WAV、VOC、MIDI、MOD、AIF、MP3 和 WMA 等。下面介绍几种常用的音频文件格式。

1．MID 和 RMI

这两种文件扩展名表示该文件是 MIDI（Music Instrument Digital Interface）文件。MIDI 是数字乐器接口的国际标准，定义了电子音乐设备与计算机的通信接口，规定了使用数字编码来描述音乐乐谱的规范。计算机就是根据 MIDI 文件中存储的对 MIDI 设备的命令，即每个音符的频率、音量、通道号等指示信息进行音乐合成的。MIDI 文件的优点是短小，一个 6 分钟、有 16 个乐器的文件，其大小也只有 80 KB；缺点是播放效果受软、硬件的配置影响较大。

2．WAV

WAV 是 Windows 本身存储数字声音的标准格式，由于微软的影响力，目前也成为一种通用的数字声音文件格式，几乎所有的音频处理软件都支持 WAV 格式。由于 WAV 格式存储的一般是未经压缩处理的音频数据，因此体积都很大（1 分钟的 CD 音质约需要 10 MB），不适于在网络上传播。WAV 格式的文件使用 Windows 中的媒体播放机即可直接播放。

3．MP3（MP1、MP2）

MP3（Moving Picture Experts Group Audio Layer III，动态影像专家压缩标准音频层面 3）标准是 MPEG-1 国际标准中音频压缩层 3 的简称，单声道比特率一般取 64 kbit/s，在采样率为 44.1 kHz 的情况下，其压缩比可高达 12：1，是认知度较高的编解码器之一，目前应用广泛。

4．RA、RAM

这两种扩展名表示的是 Real 公司开发的适用于网络实时数字音频流技术的文件格式。由于 RA、RAM 文件面向的目标是实时的网上传播，因此在高保真方面远远不如 MP3。播放这种格式的音频通常需要使用 Real Player 播放器。

5．ASF、WMA 等

ASF（Advanced Streaming format）是微软为了和 Real Player 竞争而推出的一种视频格式，可以直接使用 Windows 自带的 Windows Media Player 进行播放。由于 ASF 使用了 MPEG-4 压缩算法，其压缩率和图像的质量都很不错。

WMA（Windows Media Audio）是微软力推的一种音频格式，以减少数据流量但保持音质的方法来达到更高的压缩率目的，其压缩率一般可以达到 1∶18，生成的文件大小只有相应 MP3 文件的一半。此外，WMA 还可以通过 DRM（Digital Rights Management）来防止复制，或者加入限制播放时间和播放次数，甚至限制播放机器，可有力地防止盗版。

6．XM、S3M、STM、MOD、MTM 等

这些文件格式其实互不相同，但又都属于一个大类：Module（模块），简称 Mod。这些文件是由类似于 MID 文件的乐谱、控制信息和具体的乐器音效数据组合而成的，文件大小适中，5 分钟的音乐大小为 300 KB～1 MB。千千音乐、Winamp 等音频播放软件支持上述格式的播放。

7．CD Audio 格式

CD 音乐光盘采用的是以 16 位数字化、44.1 kHz 采样频率、立体声存储的音频文件，可完全再现原始声音。一般每张 CD 唱片保存歌曲 14 首左右，可播放约 70 分钟，其缺点是无法编辑，文件太大。CD Audio 文件的扩展名为.cda，可以使用 Windows 的媒体播放机直接播放。

2.2 数字音频的获取

声音与音乐在计算机中均为音频（Audio），是多媒体节目中使用最多的一类信息。音频主要用于节目的解说配音、背景音乐以及特殊音响效果等。

2.2.1 音频的获取途径

音频获取的途径如下。

1）自己录制：对于波形声音，可以利用 Windows 中的录音机程序或专业录音设备和软件（如 Audition）录制；对于 MIDI 音乐，可以用专业 MIDI 编辑合成软件生成。

2）购买音频素材光盘。

3）网络下载。

4）从音频 CD 光盘或视频光盘中抓取或转换音轨。

2.2.2 从 CD 中获取音乐文件

如果使用购买的音效素材光盘，则可直接使用其中的音频文件。如果准备的是 CD 音乐光盘，则需要提取、转换其中的音乐文件。

【案例 2.1】 将 CD 中的音乐"渔舟唱晚"翻录成 MP3 格式。

操作思路：使用 Windows 中的 Windows Media Player 将音乐光盘中的歌曲翻录成计算机中常见的音频格式。

案例 2.1

操作步骤：

1）将 CD 插入光驱，选择"开始"→"程序"→"Windows Media Player"命令。

2）在弹出的"Windows Media Player"窗口中，显示"未知唱片集"及曲目列表，如图 2-5 所示。

选择要翻录的曲目前的复选框，然后单击"创建播放列表"选项后面的"翻录 CD"按钮直接翻录。也可以选择"翻录设置"→"更多选项"命令，打开"选项"对话框。

3）在"选项"对话框的"翻录音乐"选项卡中，可以设置文件保存的格式（WMA 或 MP3）和保存的文件名、位置等，如图 2-6 所示。这里设置为 MP3 格式，设置完成后单击"确定"按钮。

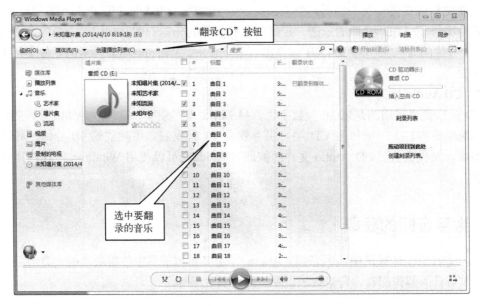

图 2-5 "Windows Media Player"窗口

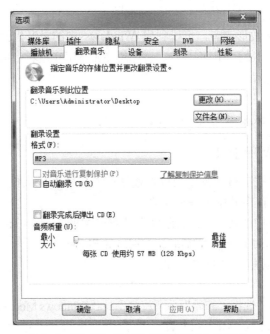

图 2-6 "选项"对话框"翻录音乐"选项卡

4）单击"翻录 CD"按钮，即可完成翻录工作。

许多软件都具有从 CD 音乐光盘中转换生成音频文件的功能，如百度音乐、光盘刻录软件 Nero、超级音频解霸等。

2.2.3　提取 DVD 或 VCD 中的伴音

在实际应用中，有时需要将 DVD 或 VCD 影碟中的音频分离出来，单独保存成音频文件。下面介绍使用 QQ 影音软件将影碟中节目的影像与伴音分离出来的方法。

【案例 2.2】　从 VCD 中分离歌曲伴音"友谊地久天长"。

操作思路：使用 QQ 影音中的"转码压缩"功能从影像文件中分离出伴音。

案例 2.2

操作步骤：

1）在光驱中插入 VCD 光盘，启动 QQ 影音。

2）选择"工具"→"转码压缩"命令，如图 2-7 所示。在弹出的"转码压缩"对话框中单击"添加文件"按钮，在弹出的对话框中选择要转录的文件（通常位于 MPEGAV 文件夹下，扩展名为.dat，）。

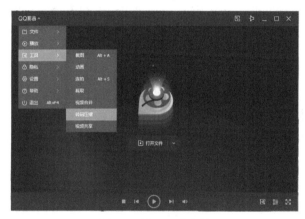

图 2-7　转码压缩菜单

3）设置转换以后的文件格式、文件所在位置等参数，如图 2-8 所示。

图 2-8　"转码压缩"对话框

4）单击"开始"按钮进行转换。

常用的音频播放软件大多有类似功能。打开暴风影音软件播放视频时，在播放画面上右击，在弹出的快捷菜单中选择"视频转码/截取"→"格式转换"或"批量转换"可以转换单个或多个视频文件为音频文件（MP3、WMA等常见格式均可）。

2.3 音频编辑

一台多媒体计算机，再加上适当的音频编辑软件，就可以录制、编辑、翻唱、改写歌曲，为视频、动画添加解说词，甚至可以写词谱曲，制作演唱专辑等。计算机硬件的迅速发展，以及音频处理软件的日益丰富、大众化，使音乐爱好者制作数字音乐作品变得更加便捷。

音频的处理软件可分为两大类，即波形声音处理软件和MIDI软件。

波形声音处理软件可以对WAV文件进行各种处理，例如，波形的显示、波形的剪贴和编辑、声音强度的调节、声音频率的调节、特殊的声音效果等。常用的波形声音处理软件有WAVEdit、Creative WaveStudio、Audition、Sound Forge以及Nero程序组中的Nero Wave Editor等。

MIDI软件是指创作和编辑处理MIDI音乐的软件。这些音乐制作软件通常是基于MIDI的，其界面通常是像钢琴谱那样的五线谱，用户可在上面写音符并做各种音乐标记。MIDI软件通常具有简谱、五线谱作曲与打谱，自动伴奏，VST音色插件和效果器，总谱分谱制作，实时卡拉OK，虚拟电子琴，简谱、五线谱编辑排版等功能。

较为流行的MIDI软件有CuteMIDI、Cakewalk Pro Audio、Anvil Studio、Logic Pro以及音乐梦想家等。

2.3.1 常用音频编辑软件

1. WAVEdit

WAVEdit是Voyetra公司的一套专门用来处理Windows标准波形WAV文件的软件。它的主要功能有：波形文件的录制，录制参数（采样率、量化位数、单双声道、压缩算法）的设定；波形文件的存储，存储的文件格式（WAV或VOC）和压缩标准的选择，文件格式与参数（采样率、量化位数、单双声道）的变换；波形文件选定范围播放，记录播放时间声音的编辑，剪切、复制、插入、删除等操作，音频变换与特殊效果，改变声音的大小、速度、回音、淡入与淡出等。

2. Creative WaveStudio

Creative WaveStudio又称录音大师，可在Windows环境下录制、播放和编辑8位（磁带质量）和16位（CD质量）的波形数据。录音大师不但可以执行简单的录音，还可以运用众多特殊效果和编辑方式，如反向、添加回音、剪切、复制和粘贴等，制作出独一无二的声音效果。此外，录音大师还能够同时打开多个波形文件，使编辑波形文件的过程更为简单方便；可让用户输入及输出声音格式文件和原始数据文件。

录音大师的主要功能有：录制波形文件；处理波形文件，包括指定波形格式、打开波形文件、保存波形文件、混合波形文件数据；对波形文件使用特殊效果，包括反向、添加回音、倒转波形、饶舌、插入静音、强制静音、淡入与淡出、声道交换、声音由左向右移位与声音由右向左移位、相位移、转换格式、修改频率、放大音量等；自定义颜色，可配置在编辑或预览窗口中显示波形数据时所使用的颜色；处理压缩波形文件。

3. Nero Wave Editor 和 Nero SoundTrax

Nero 是德国 Ahead Software 公司出品的光盘刻录软件，从 Nero 6 版本以后开始集成音视频从采集、编辑到刻录的整个流程解决方案。在 Nero 6 中，集成了强大的音视频音编辑软件 Nero Wave Editor，为用户提供了一个高级音频编辑和录制工具，可生成最高 7.1 声道的高质量音频作品，具备非破坏性编辑和实时音频处理功能，能显示所有编辑步骤的编辑历史记录窗口，支持 24 位和 32 位采样格式的刻录和编辑；其内部效果库包括反射、合唱、镶边、延迟、电子哇哇声、移相器、人声、修改、音调调整；内部增强库包括频带外推、降噪、滴答声消音器、滤波器工具箱、DC 偏移修正，内部增强库包括立体声处理器、动态处理器、均衡器、变调、时间延伸、卡拉 OK 过滤器。Nero 6 中的 Nero SoundTrax 是一个专业的混音软件，利用它的混音和编辑功能可以制作、编辑音频 CD 作品，并支持最高 7.1 声道的实时环绕混音。Nero SoundBox 是 Nero 7 的新增组件，是一个节拍创建软件，可将节拍、音序和旋律等功能合并到 Nero SoundTrax 软件中。此外，用户还可以使用它将文本转换为语音，生成露天大型运动场、自然效果等逼真的立体环绕声效果。

4. Audition

Adobe Audition 是一款专业音频编辑软件，原名为 Cool Edit Pro，被 Adobe 公司收购后，改名为 Adobe Audition。

Audition 专为进行录音棚、广播影视后期制作的音频编辑人员设计，可提供先进的音频混合、编辑、控制和效果处理等功能。最多混合 128 个声道，可编辑单个音频文件，创建回路并可使用 45 种以上的数字信号处理效果。Audition 是一个完善的多声道录音室，可提供灵活的工作流程并且使用简便。无论是要录制音乐、无线电广播，还是为录像配音，Audition 中的工具均能为其创造较高质量的丰富、细微音响。

1997 年 9 月 5 日，美国 Syntrillium 公司正式发布了一款多轨音频制作软件，名字是 Cool Edit Pro（取"专业酷炫编辑"之意），版本号 1.0。在 2003 年，Adobe 公司收购了 Syntrillium 公司的全部产品，并将 Cool Edit Pro 的音频技术融入了 Adobe 公司的 Premiere、After Effects、EncoreDVD 等其他与影视相关的软件中。同时，Cool Edit Pro 也经过 Adobe 的重新制作，并被重命名为 Adobe Audition，版本号 1.0。后来又升级为 1.5 版，开始支持更专业的 VST（Virtual Studio Technology）插件格式。2006 年 1 月 18 日，Adobe Audition 升级至 2.0 版。Adobe Audition CS 5.5 在 2011 年 4 月 11 日作为 Adobe Creative Suit 5.5 中替代 Soundbooth 的一个组件发布，可以运行在 Windows 和 Mac OS X 上。Adobe Audition CS 6.0 与 Adobe Audition CC 分别于 2012 与 2013 年发行。2013 年后，Adobe 公司将版本系列改为 CC，并不断升级。

2.3.2 Adobe Audition CC 的基本操作

首先，启动 Adobe Audition CC，可看到它清晰而又实用的操作界面，如图 2-9 所示。

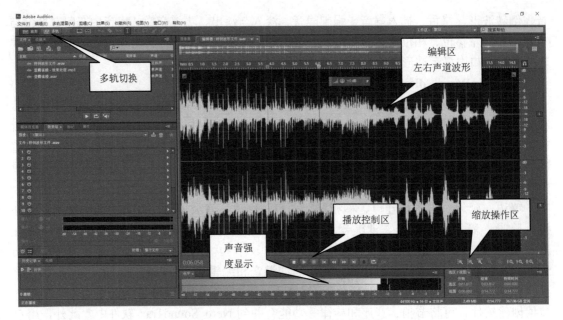

图 2-9   Adobe Audition CC 的操作界面

1. Adobe Audition CC 的操作界面

（1）菜单栏

Adobe Audition CC 菜单栏共有"文件""编辑""多轨混音""剪辑""效果""收藏夹""视图""窗口"和"帮助"9 个菜单选项。

（2）工具栏

菜单栏下方是工具栏，为用户提供常用的操作按钮。最左侧是"波形""多轨"切换按钮。

（3）编辑区

编辑区左侧是"文件""效果组""媒体浏览器"等面板，右侧是"编辑"面板及左右两个声道的波形显示，用户可以在编辑区直接对打开的声音文件进行编辑操作，以达到预期的效果。

（4）播放控制区

播放控制区包括"播放""循环播放""快进""倒退""暂停""停止"等按钮。

（5）缩放操作区

缩放操作区可实现对波形的水平放大、水平缩小、垂直放大、垂直缩小等操作。

（6）"选区/视图"面板

"选区/视图"面板显示在编辑区选中点的起始时间及播放进度等。

（7）"电平"面板

"电平"面板显示播放音频时左、右两个声道的声音强度。

（8）"多轨"编辑模式

单击"多轨"按钮进入"多轨"编辑模式，在该模式下有"编辑器"和"混音器"两个选项。在"编辑器"编辑模式下显示多个音轨的波形及相关设置按钮，可以方便地在波形上进行拖放、剪辑、复制及效果合成等操作，如图 2-10 所示。

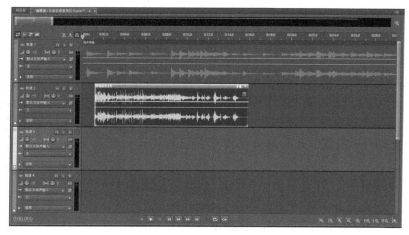

图 2-10 "主群组"编辑面板

在"混音器"模式下，可以看到混音器操作面板，用以对各音轨进行精确的设置和调整，如图 2-11 所示。

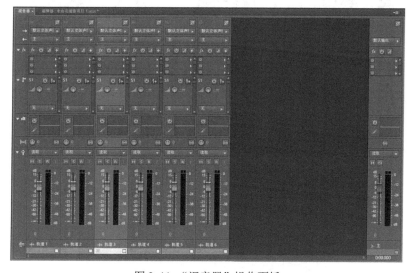

图 2-11 "混音器"操作面板

2. 录音及降噪功能的应用

Adobe Audition CC 可以录入多种音源，包括话筒、录音机、CD 播放机等。将这些设备与声卡连接好，然后将录音电平调到适当位置，就可以准备录音了。由于设备和环境等多方面的因素，在录音的过程中都会产生不同程度的噪声，一般的降噪方法有采样、滤波、噪音门等几种。其中，效果最好的是采样降噪法。下面就先录取一段声音，再给它降噪，从而获取较佳的录音效果。

【案例 2.3】 使用 Adobe Audition CC 录音并降噪。

操作思路：首先使用 Adobe Audition CC 录制声音，然后使用效果处理中的"降噪处理"命令降低噪声，以获得较好的录音效果。

操作步骤：

1）选择"文件"→"新建"→"音频文件"命令，弹出"新建音频文件"对话框，选择适当的录音声道、采样精度和采样频率。一般使用立体声、16 位、44 100 Hz，如图 2-12 所示。

2）单击 Adobe Audition CC 窗口播放控制区的红色"录音"按钮●，开始朗诵"白日依山尽⋯⋯"并录音。完成录音后，单击播放控制区的"停止"按钮■，Adobe Audition CC 窗口中将出现刚录制好的文件波形图。单击"播放"按钮▶就可以听到录音的效果，这时可听出其中含有一些噪声。

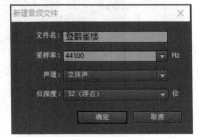

图 2-12 "新建音频文件"对话框

3）选择噪声样本。单击缩放操作区的波形放大按钮，将波形适当放大后，将噪声区内波形最平稳且最长的一段选中（降噪质量的好坏取决于此），如图 2-13 所示。

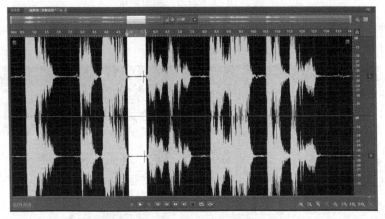

图 2-13 选中噪声区内的波形

4）选择"效果"→"降噪/恢复"→"降噪处理"命令，弹出"效果降噪"对话框，如图 2-14 所示。

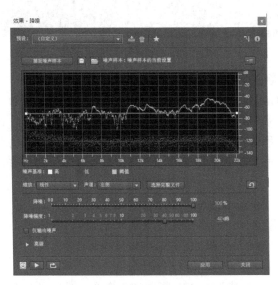

图 2-14 "效果-降噪"对话框

5）在"效果–降噪"对话框中可适当调整"缩放""降噪"等参数，或直接使用默认值，再单击"捕捉噪声样本"按钮获得噪声样本，随后出现噪声样本的轮廓图；然后单击"选择完整文件"按钮选择全部音频进行降噪（也可选择部分音频进行降噪）。此时可单击"试听"按钮，试听降噪效果，并反复调整参数，直至效果满意为止。最后单击"应用"按钮实现降噪并返回主界面。

将降噪后的音频从头到尾仔细听一下，同时可从波形图上看出降噪的效果相当明显，如图 2-15 所示。

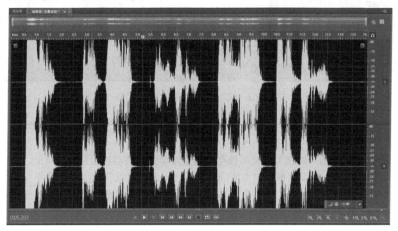

图 2-15　降噪处理后的声音波形

如果某些部分（一般在低信号部分）还有些噪声，可以再对其（降噪后的噪声）重新取样，重复上述过程。但某些降噪参数需要修改，否则对原音的破坏很大（表现在高频段），而且只要对噪声明显的部分进行降噪就可以了。

6）将开头和结尾的噪声部分去除，也可进行淡入/淡出处理，让开头和结尾自然些。最后选择"文件"→"另保存"命令，将文件保存为"登鹳雀楼"波形文件或 MP3 文件作为素材备用。

【案例 2.4】　录制伴音自唱歌曲。

操作思路：首先在 Adobe Audition CC 中导入伴音文件，然后利用 Adobe Audition CC 的录音功能在伴音下录制演唱，再对录制的演唱进行效果处理，最后进行混缩合成文件。

操作步骤：

录制自唱歌曲一般可分三大步骤。

1）在伴音下录制演唱。

① 打开 Adobe Audition CC，进入"多轨"编辑模式，右击音轨 1 空白处，在弹出的快捷菜单中选择"插入"命令，插入要录制歌曲的 MP3 伴奏文件。

② 选择将人的演唱声音录制在音轨 2，单击"R"按钮（需要按要求保存临时文件），如图 2-16 所示。

③ 单击播放控制区的"录音"按钮，跟随伴奏音乐开始演唱并录制。

④ 录音完毕后，可单击播放控制区的"播放"按钮▶进行试听，试听有无严重的错误，是否要重新录制。

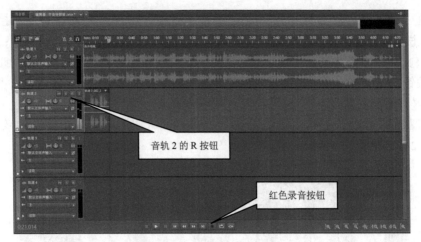

图 2-16 单击音轨 2 的 "R" 按钮

注意:

　　录制时最好关闭音箱,通过耳机来听伴奏,跟着伴奏进行演唱和录音。录制前,一定要调节好总音量及麦克风音量,这点至关重要。麦克风的音量最好不要超过总音量大小,略小一些为佳,因为如果麦克风音量过大,会导致录入的波形成为方波。这种波形的声音是失真的,也是无用的,不可能处理出令人满意的结果。

　　2)对录制的演唱声音进行降噪及效果处理。

　　降噪处理的过程参见操作实例 2.3,下面给录制的人声添加混响效果,当然,也可以根据需要添加其他音响特效。

　　① 双击音轨 2,进入波形编辑界面。

　　② 选择"效果"→"混响"→"简易混响"或"完美混响"命令,打开"效果-完全混响"对话框,如图 2-17 所示。

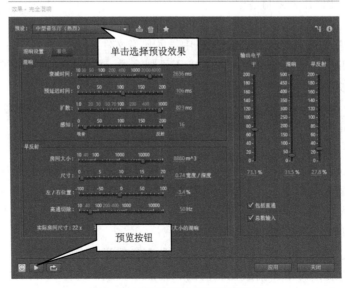

图 2-17 "效果-完全混响"对话框

③ 在"效果-完全混响"对话框中可以直接选择"预设"下拉列表框中的各种预置效果，并单击"预览"按钮进行效果预览，效果满意时单击"应用"按钮。此外，也可以通过调整各个参数滑块来调整参数，以达到满意的效果，并把"效果设置"保存下来作为一种预设效果。

3）混缩合成。

在"多轨"编辑模式下，选择"文件"→"导出"→"多轨混音"→"整个会话"命令，将弹出"导出多轨混音"对话框，如图 2-18 所示。选择保存的文件类型、位置，输入文件名后单击"确定"按钮，便可将伴奏和处理过的人声混缩合成一个音频文件。

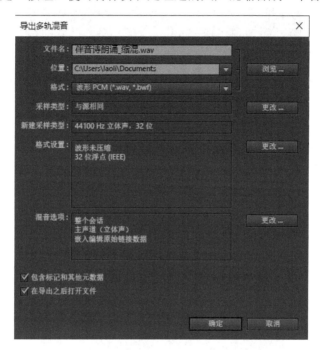

图 2-18 "导出多轨混音"对话框

2.3.3 Adobe Audition CC 中的声音特效

前面的例子中使用了 Adobe Audition CC 对录制的声音进行效果处理，当然 Adobe Audition CC 功能不止如此。在 Adobe Audition CC 的"效果"面板下有 60 余个命令，用户通过它们可以方便地制作出各种声音效果。例如，"回声"可以产生大礼堂或群山之中的回声效果；"动态均衡"可以根据录音电平动态调整输出电平；"变速/变调"能够在不影响声音质量的情况下改变乐曲音调或节拍等。下面简要介绍几个常用的特殊音效。

1）倒转。确定编辑的声音区域后，选择"效果"面板中的"应用倒转"命令，或"效果"菜单中的"倒转"命令，可将波形或被选中波形的开头和结尾反向。其原理是将描述声音的数据反向排列，播放出的语音效果只有在计算机中才能制作出来。

2）回声。"回声"命令包括回馈、延时时间和回声电平等基本功能，以及使回声在左、右声道之间依次来回跳动等，利用回声均衡器可调节回声的音调。

还有"房间回声"效果，打开"效果"面板中"房间回声"对话框，其中除了房间的长、宽、高、回声强度（亮度）和回声数量外，还有衰减因数、声音来源和话筒的位置等参数均可调整，以便于更真实地再现室内回声效果。

3）淡化包络。淡化效果是指声音的渐强（从无到有、由弱到强）和渐弱，通常用于两个声音素材的交替、切换，产生渐近、渐远的音响效果。淡化效果的过渡时间长度由编辑区域的宽窄决定。用户可通过"效果-淡化包络"对话框来调整波形、音量、时间等。

选择"效果"→"振幅和压限"→"淡化包络"命令，打开如图 2-19 所示的"效果-淡化包络"对话框，在其中可进行淡入、淡出效果的设置。

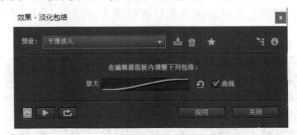

图 2-19 "效果-淡化包络"对话框

【案例 2.5】 为录制的"登鹳雀楼"添加特殊音效。

操作思路：使用 Adobe Audition CC 为声音文件添加多重延迟、回声的效果。

案例 2.5

操作步骤：

1）在 Adobe Audition CC"文件"面板中右击，在弹出的快捷菜单中选择"导入"命令，打开"导入文件"对话框，并在其中选择录制好的波形文件"登鹳雀楼"。

2）选择"效果"→"延迟与回声"→"多重延迟"命令，打开如图 2-20 所示的"延迟"对话框。

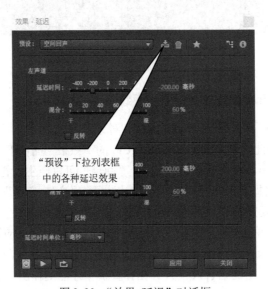

图 2-20 "效果-延迟"对话框

3）在"预设"下拉列表框中试听各种延迟效果，本例选择"空间回声"选项，预览试听效果后单击"应用"按钮。

4）选择"效果"→"延迟和回声"→"回声"命令，打开如图 2-21 所示的对话框。在"预设"下拉列表框中试听各种回声效果，本例选择"默认"选项，单击"应用"按钮。

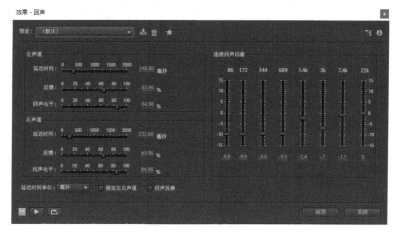

图 2-21 "效果-回声"对话框

5）试听效果满意后，选择"文件"→"另存为"命令将其保存。

2.3.4 使用 Adobe Audition CC 进行音乐合成

【案例 2.6】 为录制的"登鹳雀楼"配乐并合成。

操作思路：首先在音轨 1 上导入背景音乐，再选择适当的入点，在音轨 2 上导入录制的"登鹳雀楼"文件，再使用剪切工具将多余的音乐删除掉，最后将两个音频文件混缩合成。

操作步骤：

1）打开 Adobe Audition CC 软件，切换到"多轨"编辑模式。

2）在音轨 1 上右击，在弹出的快捷菜单中选择"插入"→"文件"命令，导入音乐文件"渔舟唱晚"，单击"播放"按钮，先试听伴音文件，寻找合适的插入点。

3）在音轨 2 上选择 7 秒处作为插入点，然后右击，导入录制并经过效果设置的"登鹳雀楼"文件，如图 2-22 所示。

图 2-22 在多轨编辑界面导入音频文件

4）选中音轨 1 中 34 秒以后的音乐文件，然后右击，在弹出的快捷菜单中选择"波纹删除"命令，将伴音文件中 34 秒以后的音乐删除。

5）试听效果满意后，选择"文件"→"导出"→"多轨混音"→"整个会话"命令，弹出"导出多轨混音"对话框输入文件名、保存位置等信息，最后单击"确定"按钮完成音频混缩。

> 注意：
> 　　在"多轨"编辑模式下，在某音轨上右击，在弹出的快捷菜单中选择"插入"→"提取视频中的音频"命令，可以直接将视频中的音频提取出来插入到相应音轨。

2.3.5　消除歌曲中的原唱

案例 2.7

【案例 2.7】　消除歌曲中的原唱，制作卡拉 OK 伴奏带。

操作思路：消除歌曲中的原唱是 Adobe Audition CC 中的一个特殊功能，选择"效果"→"立体声声像"→"中置声道处理器"命令来完成，再辅助于其他方法，最终得到较理想的效果。

操作步骤：

1）在 Adobe Audition CC 单音轨编辑状态下，打开音乐文件"同桌的你"，选择"效果"→"立体声声像"→"中置声道处理器"命令，打开"效果-中置声道提取"对话框，如图 2-23 所示。

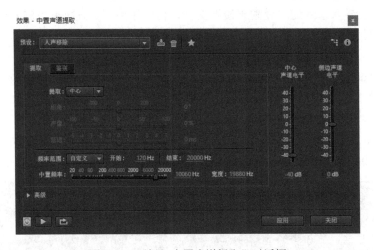

图 2-23　"效果-中置声道提取"对话框

2）在"效果-中置声道提取"对话框中选择"预设"下拉列表框中的"人声移除"选项，单击"应用"按钮。

> 　　原唱的特征大致可分为两种：人声的声像位置在整个声场的中央（左右声道平衡分布）；声音频率集中在中频和高频部分。"人声移除"的功能原理是：消除声像位置在声场中央的所有声音（包括人声和部分伴奏）。

50

3）可以单击 "高级" 按钮对 "大小""叠加" 等参数进行调整，直至效果满意。

4）导出保存。

当然，Adobe Audition CC 只能最大限度地消除原唱，并不能完全消除原唱。在消除原唱的同时，一些乐器伴奏的声音也被部分地消除了。不过用户在演唱时，声音完全可以盖住没消干净的微弱原声。

2.4 不同音频格式的转换

不同音频格式主要依靠软件来转换。在 Adobe Audition 软件 "单轨" 编辑模式下，打开音频文件，然后将文件另存为其他格式的文件即可实现转换。另外，也有一些专门用于音频格式转换的软件，常用的音频格式转换软件主要有音频转换专家、QQ 影音、音频格式转换大师、Awave Studio 等。用户可以每次转换一个文件，也可以成批转换不同格式的文件。

【案例 2.8】 将若干个不同格式的音频文件转换为 MP3 格式。

案例 2.8

操作思路：使用 QQ 影音软件的 "转换压缩" 将多个不同格式的音频文件转换为 MP3 格式。

操作步骤：

1）打开 QQ 影音软件，选择 "工具"→"转码压缩" 命令，如图 2-24 所示。

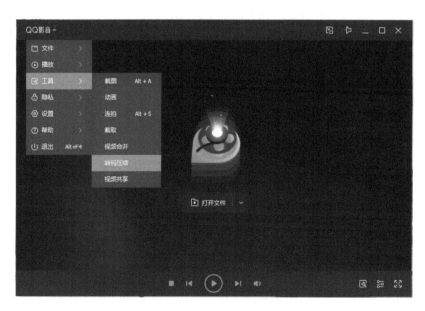

图 2-24 QQ 影音软件的操作界面

2）打开 "转码压缩" 对话框，单击 "添加文件" 按钮，选择音频文件所在文件夹，添加多个不同音频格式的文件。

3）设置转换后音频文件格式为 MP3，并设置文件输出路径，如图 2-25 所示。

图 2-25 "转码压缩"对话框

4）单击"开始"按钮开始转换。

2.5 案例：制作音乐 CD 光盘

音频文件都编辑处理好后，可将它们制作成音乐光盘。本节以光盘刻录软件 Nero 为例，介绍将计算机中的歌曲文件刻录成音乐 CD 光盘的方法。

【案例 2.9】 将收集、下载的流行歌曲制作成音乐 CD 光盘。

操作思路：利用 Nero 软件的刻录音频光盘功能将选取的十余首流行歌曲制作成能在 CD 机上播放的 CD 光盘。

操作步骤：

1）选择"开始"→"程序"→"Nero 7 Ultra"→"EditionNero StartSmart"命令，启动 Nero 软件，工作界面如图 2-26 所示。

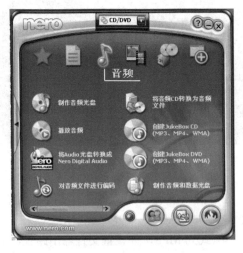

图 2-26 Nero 7 工作界面

2）在工作界面上选择"音频"→"制作音频光盘"命令，打开"Nero Express"对话框添加音乐，如图2-27所示。

图2-27 "Nero Express"对话框

3）单击"添加"按钮，在指定文件夹中选择欲刻录的音乐。一般一张 CD 盘可以刻录15～20 首歌曲。如果选定的歌曲超过了 72 分钟的黄线，则不能进行刻录，这时删除一两首歌曲即可，使刻录的总长度不超过黄线。然后单击"下一步"按钮，打开"最终刻录设置"界面，如图2-28 所示。

图2-28 "最终刻录设置"界面

4）在"最终刻录设置"界面的"当前刻录机"下拉列表框中选择用户计算机中光盘刻录机的盘符，在"标题（光盘文本）"和"演唱者（光盘文本）"文本框中输入相应的内容，设置"刻录份数"微调框，最后单击"刻录"按钮，即可刻录音乐光盘了。

2.6 本章小结

本章首先介绍了声音的概念、声音的数字化、声音文件的大小和音频文件的格式等基础知识；再介绍了进行音频的采集、从音乐光盘中获取音频素材的方法；然后以 Adobe Audition CC 软件为例，介绍了音频的采集、编辑制作、添加特殊效果、音乐合成等基本方法；最后介绍了音频文件格式转换的方法。

通过学习和实践，用户既可以录制声音到计算机中作为音频素材，又可以将 CD 音乐光盘中的音频数据转换为计算机中常见的音频文件。对于获取的音频素材，可以使用 Adobe Audition CC 进行编辑与效果处理，制作出能满足各种需求的音乐素材，为今后制作多媒体作品打下基础。

2.7 练习与实践

1. 选择题

（1）声波重复出现的时间间隔是_____。

    A. 振幅   B. 周期   C. 频率   D. 频带

（2）调频广播声音质量的频率范围是_____。

    A. 200～3 400 Hz   B. 50～7 000 Hz

    C. 20～15 000 Hz   D. 10～20 000 Hz

（3）将模拟音频信号转换为数字音频信号的声音数字化过程是_____。

    A. 采样→量化→编码   B. 量化→编码→采样

    C. 编码→采样→量化   D. 采样→编码→量化

（4）通用的音频采样频率有 3 个，下面_____是非法的。

    A. 11.025 kHz   B. 22.05 kHz   C. 44.1 kHz   D. 88.2 kHz

（5）1 分钟双声道、16 位量化位数、22.05 kHz 采样频率的声音数据量是_____。

    A. 2.523 MB   B. 2.646 MB   C. 5.047 MB   D. 5.292 MB

（6）数字音频文件数据量最小的是_____文件格式。

    A. WAV   B. MP3   C. MID   D. WMA

（7）数字音频采样和量化过程所用的主要硬件是_____。

    A. 数字编码器

    B. 数字解码器

    C. 模拟到数字的转换器（A/D 转换器）

    D. 数字到模拟的转换器（D/A 转换器）

（8）音频卡是按_____分类的。

    A. 采样频率   B. 声道数   C. 采样量化位数   D. 压缩方式

（9）下列采集的波形声音质量最好的是_____。

    A. 单声道、8 bit 量化、22.05 kHz 采样频率

    B. 双声道、8 bit 量化、44.1 kHz 采样频率

C．单声道、16 bit 量化、22.05 kHz 采样频率

D．双声道、16 bit 量化、44.1 kHz 采样频率

（10）以下_____不是常用的声音文件格式。

    A．JPEG 文件   B．WAV 文件   C．MIDI 文   D．VOC 文件

2．简答题

（1）声波的 3 个重要指标是什么？

（2）声音按频率划分可分为哪几种？人类听觉的声音频率范围是什么？

（3）简述声音的数字化过程。

（4）试比较 WAV 格式文件和 MID 格式文件的不同点。

（5）数字音频的获取途径有哪些？

3．操作题

（1）采用各种音频获取的途径收集自己喜欢的音乐，如果不是 MP3 格式的，则将其转换成 MP3 格式保存在硬盘上。

（2）利用刻录软件 Nero 将第（1）题中收集的音乐制作成 CD 音乐光盘。

（3）使用 Windows 的录音机或 Adobe Audition CC 软件录制一段自己或他人的说话或演讲，并使用 Adobe Audition CC 对录音进行降噪处理。

（4）使用 Adobe Audition CC 编辑器为第（3）题的声音文件增加混响效果。

（5）使用软件将 VCD 光盘中一首歌曲的音乐提取出来，保存为 MP3 格式。

（6）录制一首诗朗诵，并在 Adobe Audition CC 中为其添加背景音乐，制作配乐诗朗诵效果。

第3章　数字图像处理技术

人类获取的信息 75%来自于视觉系统，主要通过图像和视频两种形式获取，因此图像是信息传递中的重要媒介。图像处理技术是多媒体信息处理的核心技术之一，对图像的处理也是多媒体产品开发中的一个重要环节。

教学目标

- 了解图形图像的概念
- 了解色彩的相关概念
- 了解图像的数字化过程及文件大小的计算
- 了解图像文件的格式
- 熟练掌握图像的基本操作
- 熟悉图像的高级操作

3.1　图像基础知识

图像是自然景物通过视觉在大脑中留下的影像，包含了景物的相关信息。

3.1.1　图形与图像

计算机图形图像主要分为两类：一类是位图图像；另一类是矢量图形。

1. 位图图像

位图（Bitmap）图像也称为点阵图，简称图像，由一系列排列在一起的方格组成，每一个方格代表一个像素点，每一个像素点只能显示一种颜色。

用数码相机拍摄的照片、扫描仪扫描的图片、屏幕上抓取的图像等都属于位图。位图的最小单位由像素构成，缩放会失真，图像的清晰度与分辨率有关，如图 3-1 所示。

a)　　　　　　　　　　　　　　　　　　　b)

图 3-1　原图与放大图像

a) 原图　b) 放大图像

2．矢量图形

矢量图形（Vectorgraph）也叫向量图，简称图形。它使用直线和曲线来描述图形，在数学上定义为一系列由线连接的点。矢量图是通过数学的向量方式进行计算得到的图形，与分辨率无直接关系。

3．像素和分辨率

像素是组成图像的最基本单元，一幅图像通常由许多像素组成，每一个像素都有自己的位置，并记录着颜色信息。

分辨率是指在单位长度内含有的像素数或点数，单位为"像素/英寸"（Pixels Per Inch，PPI）或"点/英寸"（Dot Per Inch，DPI），意思是每英寸所包含的像素数或点数。

根据设备的不同，分辨率可分为屏幕分辨率、图像分辨率、打印机分辨率和扫描仪分辨率等。

3.1.2 图像的色彩

1．色彩

色彩是人类视觉系统的一种感觉，它是光经过物体的反射，刺激视网膜而获得的景象。色彩可分为无彩色（如黑、白、灰）和有彩色（如红、绿、蓝等）两大类。

自然界的色彩虽然各不相同，但任何有彩色的色彩都具有色相、亮度和饱和度这 3 个基本属性，称为色彩的三要素。

（1）色相

色相也称色名，指色彩的相貌和特征，是一种色彩区别于其他色彩的最根本的因素。自然界中如红、橙、黄、绿、青、蓝、紫等颜色的种类就叫色相。

（2）亮度

亮度也称明度，是指色彩的明暗程度，也称深浅度，是表现色彩层次感的基础。

（3）饱和度

饱和度是指色彩的鲜浊程度。饱和度的变化可通过三原色互混产生，色彩越纯净，其饱和度越高。

2．色彩模式

色彩模式是指图像在显示、打印或扫描时定义颜色的方式。常见的色彩模式有 RGB 模式、CMYK 模式、Lab 模式、HSB 模式、灰度模式、位图模式、索引模式及双色调模式等。

（1）RGB 色彩模式

RGB 色彩模式将自然界的光线看作由红（Red）、绿（Green）、蓝（Blue）3 种基本光波叠加而成，是一种加光模式，如图 3-2 所示。所有的基色相加便形成白色；反之，当所有基色的值都为 0 时，便得到了黑色。RGB 色彩模式是与设备有关的，不同的 RGB 设备展现的颜色不可能完全相同。

（2）CMYK 色彩模式

CMYK 色彩模式是一种减光模式，如图 3-3 所示。它是四色处理打印的基础，四色是青（Cyan）、洋红（Magenta）、黄（Yellow）和黑（Black）。CMYK 模式被应用于印刷技术，印刷品通过吸收与反射光线的原理展现色彩。

（3）Lab 色彩模式

Lab 色彩模式是 Photoshop 内置的一种标准颜色模式，所定义的色彩最多，且与光线及设备无关，通常作为色彩模式转换时的中间模式，如图 3-4 所示。

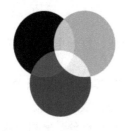  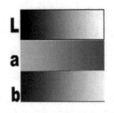

图 3-2　RGB 色彩模式　　　　图 3-3　CMYK 色彩模式　　　　图 3-4　Lab 色彩模式

（4）HSB 色彩模式

HSB 色彩模式基于人类对颜色的感觉，将颜色看作是由色相（Hue）、饱和度（Saturation）和亮度（Brightness）组成的，为将自然颜色转换为计算机创建的色彩提供了一种直觉方法。

（5）灰度（Grayscale）模式

灰度模式可用多达 256 级的灰度来表示图像，使图像的过渡更平滑细腻。图像的每个像素有一个 0（黑色）～255（白色）之间的亮度值。

（6）位图（Bitmap）模式

位图模式仅含黑白两种颜色，所以其图像也叫作黑白图像。

（7）索引（Indexed Color）模式

索引模式是网络和动画中常用的图像模式，该模式最多有 256 种颜色。

（8）双色调（Duotone）模式

双色调模式是一种为打印而制定的色彩模式，主要用于输出适合专业印刷的图像，是 8 位的灰度、单通道图像。

3.1.3　图像的数字化与编码

1. 图像数字化

计算机要对图像进行处理，首先必须获得图像信息并将其数字化。利用图像扫描仪、数码相机、摄像头等常用的图像输入设备对印刷品、照片或自然界的景物进行扫描或拍摄，完成图像输入过程。

图像数据的获取是图像数字化的基础。图像获取的过程实质上是模拟信号的数字化过程，处理步骤分为以下 3 步。

1）采样：在 x，y 坐标上对图像进行采样（也称为扫描），首先确定采样间隔即图像分辨率，然后逐行对原始图像进行扫描。设 y 坐标不变，对 x 轴按采样间隔得到一行离散的像素点 x_n 及相应的像素值。使 y 坐标也按采样间隔由小到大地变化，就可以得到一个离散的像素矩阵$[x_n, y_n]$，每个像素点有一个对应的色彩值，如图 3-5 所示。

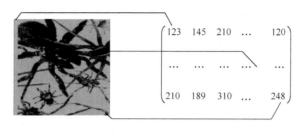

图 3-5　图像采样示意

2）量化：将扫描得到离散像素点对应的连续色彩值进行 A/D 转换（量化），量化的等级参数即为图像深度。这样，像素矩阵中的每个点（x_n，y_n）都有对应的离散像素值 f_n。

3）编码：把离散的像素矩阵按一定方式编成二进制码组，然后把得到的图像数据按某种图像格式记录在图像文件中。

数字化后的图像可以通过如下公式计算文件的大小。

$$文件大小=图像分辨率×位深÷8$$

式中，位深表示一个像素所用的二进制位数，如 8 位、16 位、24 位等。

2．图像编码标准

（1）二值图像压缩标准

二值图像压缩标准 JBIG（Joint Bi-level Image Expert Group）于 1991 年制定，采用了自适应技术，提高了压缩比，可用于渐进的传输与重建应用。

（2）静态图像压缩标准

JPEG 标准是一种适用于彩色和单色多灰度或静止数字图像的压缩标准，包括基于 DPCM（差分脉冲编码调制）和 DCT（离散余弦变换）的无损压缩算法，以及基于 Huffman 编码的有损压缩算法两个部分。

JPEG 标准的 3 个范畴如下。

1）基本顺序过程：实现有损图像压缩，重建图像的质量较高，人眼难以分辨与原图的差异；采用 8×8 像素自适应 DCT 算法、量化及 Huffman 型的熵编码器。

2）基于 DCT 的扩展过程：使用累进工作方式，采用自适应算术编码。

3）无失真过程：采用预测编码及 Huffman 编码（或算术编码），可保证重建图像数据与原始图像数据完全相同。

（3）JPEG 2000 标准

为了弥补 JPEG 标准在不同领域性能上的缺憾，ISO/IEC SC29 标准化小组于 2000 年确立了彩色静态图像的新一代编码标准 JPEG 2000。

JPEG 2000 突破了以往图像压缩标准只对某种特征的某一类型的图像具有较好压缩性能的局限，支持对不同类型图像的有损压缩和无损压缩，可在压缩比高达 200∶1 时仍保持较高质量。

3.1.4　图像文件格式

图像文件的格式是指计算机用来表示、存储图像信息的格式。图像的文件格式有很多种，同一幅图像可以用不同的格式来存储，但不同格式之间所包含的图像信息并不完全相同，文件大小也有很大的差别。

1．PSD 文件

这是 Photoshop 软件生成的默认图像文件格式，可以保存图像的图层、通道、调节层、文本层及色彩模式，占用磁盘空间大，且通用性差。

2．BMP 文件

BMP（Bitmap File）图像文件是 Windows 操作系统通用的图像文件格式，有黑白、16 色、256 色和真彩色之分。BMP 格式可以支持 RGB、索引颜色、灰度和位图等颜色模式，但不支持 Alpha 通道（指图片的透明和半透明度）。

3．GIF 文件

GIF 是 CompuServe 公司开发的图像文件格式，它以数据块为单位来存储图像的相关信息。GIF 文件所占用存储空间小，可以缩短网络传输时间，被广泛应用于网页中。GIF 图像最多支持 256 色，可以保留索引颜色图像中的透明度，但不支持 Alpha 通道。

4．TIFF 文件

TIFF（TIF）是绘图、图像编辑和页面排版中的一种重要的图像文件格式，可在应用程序和计算机平台之间交换文件。

5．JPEG 文件

JPEG（JPG）文件采用一种有损压缩算法，其压缩比为 $1:5 \sim 1:50$，甚至更高。JPEG 格式文件的压缩比例可以选择，支持灰度图像、RGB 真彩色图像和 CMYK 真彩色图像，但不支持 Alpha 通道。

6．PNG 文件

PNG 文件格式可以保存 32 位彩色，且支持透明背景，还可以在不失真的情况下压缩并保存图像，文件尺寸大。

7．EPS 文件

EPS 文件格式用于印刷及打印，可以同时包含矢量图形和位图图像，大多数图像类软件都支持该格式。

8．WMF 文件

WMF 文件只在 Windows 中使用，用于保存函数调用信息。WMF 文件具有设备无关性，文件结构好，但解码复杂，其效率比较低。

9．PDF 文件

PDF 文件格式是 Adobe 公司专为线上出版而定制的，可以包含图形和文本，是网络下载常用的文件格式。

3.2 图像处理工具

图像处理以软件工具的形式实现。用于处理图像信息的各种应用软件，大体上分为以下 3 种类型。

1．操作系统自带的工具

多媒体操作系统都自带有图像处理工具，如 Windows 系统常见的截图工具 Snipping Tool、画图工具、Windows 图片和传真查看器等，这些工具可以实现简单的图像浏览、截取和编辑等功能。

2．专业的图像处理软件

对数字图像进行编辑处理、修复、修饰等操作的专业处理软件有 Photoshop、美图秀秀、SnapSpeed、光影魔术手等。

3．行业应用图像处理软件

不同的应用领域对图像处理的要求不同，在各个不同的行业也有专用的图像处理软件，如遥感图像处理软件 eCognition、医学图像处理软件 HALCON、建筑行业图像处理软件 BZ 全景编辑器等。

3.3 Photoshop CC 简介

Photoshop 是 Adobe 公司推出的一款功能强大的图像处理软件，它集图像扫描、编辑修改、图像制作、广告创意、图像输入与输出于一体，被广泛地应用于平面广告设计、网页设计、插画设计和照片处理等多个领域。

3.3.1 Photoshop CC 工作界面

双击 Photoshop CC 2019 的快捷图标，启动 Photoshop 程序后，进入如图 3-6 所示的 Photoshop CC 2019 工作界面。工作界面中包含菜单栏、标题栏、文档窗口、工具箱、工具选项栏、状态栏和面板等组件。

图 3-6 Photoshop CC 工作界面

3.3.2 Photoshop CC 工具箱

工具箱将 Photoshop CC 的功能以图标的形式集中在一起，包含了用于创建和编辑图像、图稿、页面元素的工具，如图 3-7 所示。工具箱图标右下角有小三角形时，表示存在隐藏工具，可在小三角上按下鼠标不放显示隐藏工具，也可按下〈Alt〉键的同时在图标上单击，隐藏图标将按顺序切换显示。

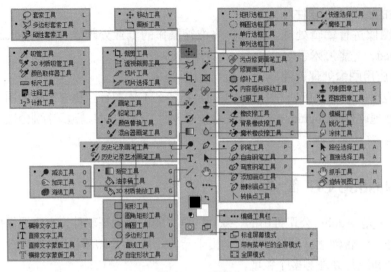

图 3-7　工具箱

3.3.3　Photoshop CC 面板

面板用来设置颜色、工具参数，执行各种编辑命令。Photoshop CC 中包含 20 多个面板。在"窗口"菜单中可以选择需要的面板将其打开。在默认情况下，面板以选项卡形式成组出现在窗口右侧。

1．选择面板

在面板选项卡中，单击一个面板的名称，即可显示面板中的选项。

2．折叠/展开面板

单击面板组右上角的级联按钮，可以将面板折叠为图标状或重新展开。

3．组合面板

将鼠标指针放到一个面板的标题栏上，单击并将其拖拽到另一个面板的标题栏上，出现蓝色框时放开鼠标，可以将其与目标面板组合。

4．链接面板

在编辑操作时，为了方便，可以将两个面板链接在一起。将光标放在面板的标题栏上，单击并将其拖拽至另一个面板下方，出现蓝色框时放开鼠标，即可将两个面板链接。

5．移动面板

将光标放在面板的标题栏上，单击并向外拖拽到窗口空白处，即可将其从面板组或链接的面板组中分离出来成为浮动面板。

6．关闭面板

在面板菜单中选择"关闭"即可关闭面板。

3.4　Photoshop CC 基本操作

Photoshop CC 提供了许多对图像的编辑操作，包括对文件的操作以及对图像进行简单的编辑、调整等。

3.4.1 文件操作

1．新建文件

执行"文件"→"新建"命令或按〈Ctrl+N〉快捷键，弹出"新建文档"对话框，如图 3-8 所示。在对话框的"预设详细信息"中可对新建文档的相关参数进行设置。

图 3-8 "新建文档"对话框

Photoshop CC 还提供了许多模板以创建多种类别的文档，如照片、打印、图稿和插图、Web、移动设备、胶片和视频等。

2．打开和关闭文件

执行"文件"→"打开"命令或按〈Ctrl+O〉快捷键均可弹出"打开"对话框，从中可以选择一个或多个文件打开。

执行"文件"→"打开为智能对象"命令，可将打开的文件自动转换为智能对象。

执行"文件"→"关闭"命令或按〈Ctrl+W〉快捷键都可关闭当前文件，直接单击文档窗口右上角的"关闭"按钮也可关闭当前文件。

3．置入文件

打开或新建一个文档后，执行"文件"→"置入嵌入对象"命令或执行"文件"→"置入链接的智能对象"命令，可以将图像以及 EPS、PDF、AI 等矢量文件作为智能对象置入或嵌入 Photoshop 文档中。

4．导入与导出文件

执行"文件"→"导入"命令可将视频帧、注释或 WIA 支持的文件内容导入到图像中。

执行"文件"→"导出"命令可将在 Photoshop CC 中创建和编辑的图像导出到 Illustrator 或视频设备中，以满足不同的使用需要。

5．保存文件

打开一个图像文件并对其编辑后，执行"文件"→"存储"命令或执行"文件"→"存储为"命令可将图像文件保存。

3.4.2 图像调整

图像的用途不同，在尺寸和分辨率方面的要求也不同，拍摄的数码照片或从网络下载的图像有时并不符合要求，需要对图像的分辨率和大小进行适当的调整。

1. 修改图像尺寸

执行"图像"→"图像大小"命令，打开"图像大小"对话框，在其中可以调整图像的像素大小、打印尺寸和分辨率，如图 3-9 所示。修改像素大小将影响图像在屏幕上的视觉大小、质量和打印特性，同时也决定占用的存储空间。

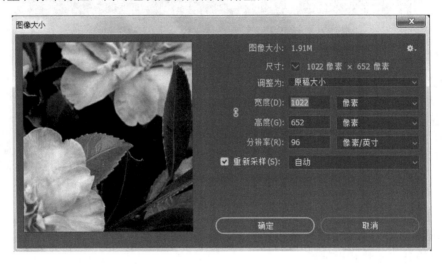

图 3-9 "图像大小"对话框

2. 修改画布尺寸

画布是整个文档的工作区域，执行"图像"→"画布大小"命令，打开"画布大小"对话框，在其中可修改画布尺寸，如图 3-10 所示。

图 3-10 "画布大小"对话框

3．变换图像和变形图像

移动、旋转和缩放称为变换操作；扭曲和斜切称为变形操作。Photoshop CC 可以对整个图层、多个图层、图层蒙版、选区、路径等进行变换和变形操作。

执行"编辑"→"变换"命令，其子菜单中包含多种变换命令，执行这些命令时，对象周围会出现一个定界框，如图 3-11 所示。中心点用来定义对象的变换中心，拖拽控制点则可以进行变换操作。这些变换、变形操作也可以通过"自由变换"命令来进行。

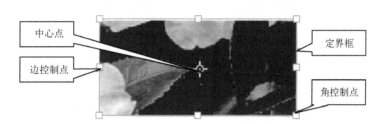

图 3-11 定界框

【案例 3.1】 水杯贴图。

操作思路：使用缩放和变形操作将山水图片贴到水杯上，并更改图层混合模式使得图像与水杯贴合得更好。

案例 3.1

操作步骤：

1）打开素材文件"水杯.jpg""山水 1.jpg"和"山水 2.jpg"，如图 3-12 所示。

a)   b)   c)

图 3-12 素材文件

a）水杯　b）山水 1　c）山水 2

2）将"山水 1.jpg"复制粘贴到"杯子.jpg"中，按下〈Ctrl+T〉自由变换快捷键，调整其大小和位置，然后在图像上右击，在打开的快捷菜单中选择"变形"命令，图像上显示变形网格，如图 3-13 所示。

3）将变形网格的 4 个顶点用鼠标拖动到杯子的边缘，使其与边缘对齐，如图 3-14 所示。再拖动两侧以及顶底锚点上的方向点，使图片依照杯子的结构扭曲，使其覆盖杯子的白色部分，如图 3-15 所示。

4）将图层的混合模式更改为"深色"。

5）用同样的方法将"山水 2.jpg"贴到另一个杯子上，结果如图 3-16 所示。

图 3-13 变形

图 3-14 变形调节

图 3-15 变形调节完成

图 3-16 水杯贴图效果

3.4.3 图像编辑

图像的编辑操作很多，下面对常用的编辑操作做简单介绍。

1．复制、剪切和粘贴图像

打开文件，创建选区并选定图层后，执行"编辑"→"拷贝"命令或按下〈Ctrl+C〉快捷键，即可将选区内的图像复制到剪贴板中。若要复制多层图像，则需要执行"编辑"→"合并拷贝"命令或按下〈Ctrl+Shift+C〉快捷键。

选定图像后，执行"编辑"→"剪切"命令或按下〈Ctrl+X〉快捷键，即可将选区内的图像从当前图像剪切到剪贴板中。

在要粘贴图像的位置执行"编辑"→"粘贴"命令或按下〈Ctrl+V〉快捷键，可将剪贴板中的图像粘贴到当前图像中。执行"编辑"→"选择性粘贴"→"原位粘贴"则可将图像粘贴到与被复制图像相同的坐标位置处。而"贴入"和"外部粘贴"则可以将图像以图层蒙版的形式粘贴到选区内或选区之外，如图 3-17、图 3-18 所示。

图 3-17 选区内粘贴

图 3-18 选区外粘贴

2．删除图像

选择"编辑"→"清除"命令或按〈Backspace〉键即可删除图像。删除背景图层上的图像会将原始颜色替换为背景颜色。删除标准图层上的图像时会将原始颜色替换为图层透明度。

3．裁剪图像

在"工具箱"中单击"裁剪工具"，裁剪边界显示在图像的边缘，拖动角或边缘手柄，可以指定图像的裁剪边界，按〈Enter〉键确认裁剪或按〈Esc〉键取消裁剪。

【案例3.2】 倾斜图像校正。

操作思路：使用裁剪工具的拉直功能将倾斜的图像校正。

案例3.2

操作步骤：

1）打开文件"倾斜照片.jpg"，如图 3-19 所示，可以看到水平线是倾斜的。

图 3-19　倾斜照片

2）复制图层，在"工具箱"中选择"裁剪工具"，然后单击"工具选项栏"中的"拉直"按钮，如图 3-20 所示。

图 3-20　"裁剪工具"选项

3）用拉直工具沿着水平面拉出一条线，如图 3-21 所示。松开鼠标后，图像自动校正水平线，如图 3-22 所示，此时图像缺少了部分画面。

4）选中工具选项中的"内容识别"复选框，按〈Enter〉键确认裁剪，最终效果如图 3-23 所示。

图 3-21　拉直水平面　　　　　　　　图 3-22　水平线校正后

图 3-23　校正后效果

3.4.4　选区的创建和编辑

在 Photoshop CC 中如果想要对局部图像进行编辑，需要先建立选区。选区以蚂蚁线的形式显示在图像中，可以将编辑操作限定在选区范围内，选区外的图像不受操作影响。

1. 选区的创建

Photoshop 提供了多种创建选区的方法，可以通过"工具箱"中的选择类工具创建选区，还可以通过软件提供的操作命令来进行选区的创建。

（1）规则形状选区创建

使用"工具箱"中的"矩形选框工具""椭圆选框工具""单行选择工具"和"单列选框工具"可以创建规则的选区。它们的创建方法基本相同，下面以"矩形选框工具"为例讲解规则形状选区的创建。

1）单击"工具箱"中的"矩形选框工具"，把鼠标指针移动到图像窗口单击并拖动即可创建矩形选区。

> 注意：
> 在创建矩形选区时，若按〈Shift〉键，可以创建正方形选区；若按〈Alt〉键，可以创建以鼠标单击点为中心的矩形选区；若按〈Shift+Alt〉组合键，则可以创建以鼠标单击点为中心的正方形选区。

2）在"工具箱"中选择"矩形选框工具"后，还可在"工具选项栏"中，设置羽化值和样式等，如图 3-24 所示。

图 3-24　"矩形工具"选项

- 羽化：设置羽化值，柔化选区的边界，值越大，选区的边界越圆滑。此选项在创建选区前设置有效。
- 样式：设置选区的创建方式，有正常、固定比例和固定大小 3 种方式。

（2）任意选区创建

规则选框工具只能创建出简单的规则选区，当需要创建出复杂、多变的选区时就需要使用不规则选框工具了。

1）"套索工具"创建选区。

"套索工具"可以在图像中创建任意形状的选区。在"工具箱"中单击"套索工具"，然后在需要选取的图像部分单击并拖动鼠标绘制，松开鼠标后自动闭合形成封闭选区。

2）"多边形套索工具"创建选区。

"多边形套索工具"可以在图像中创建多边形的不规则选区。在"工具箱"中单击"多边形套索工具"，然后在需要选取的图像部分连续单击并移动鼠标，绘制出一个多边形后双击则自动闭合形成选区。

3）"磁性套索工具"创建选区。

"磁性套索工具"适用于选择边缘与背景反差较大的对象。在"工具箱"中单击"磁性套索工具"，然后在需要选取的图像边缘单击，沿图像边缘拖动鼠标即可自动创建带锚点的路径，当终点与起点重合时单击，将自动创建闭合选区。

4）"快速选择工具"创建选区。

"快速选择工具"以画笔形式显现，适合对不规则选区进行快速选择。单击"工具箱"中的"快速选择工具"，然后在图像上单击拖动即可创建选区。创建选区时的精确度可通过调节画笔大小来控制。

5）"魔棒工具"创建选区。

"魔棒工具"适用颜色较为单一的图像的选取。单击"工具箱"中的"魔棒工具"，然后在图像上单击，即可选择图像中与单击处色彩相似的区域。

在"魔棒工具"的工具选项栏中，可以设置创建选区的方式及精度等，如图 3-25 所示。

图 3-25 "魔棒工具"选项

6）"色彩范围"命令创建选区。

与"魔棒工具"类似，"色彩范围"命令根据图像的颜色范围来创建选区。

7）"快速蒙版"创建选区。

在"快速蒙版"编辑模式下使用 Photoshop CC 所提供的绘图工具在需要选择的区域涂抹，被涂抹过的区域就会出现半透明的红色蒙版，退出"快速蒙版"编辑模式后即可将蒙版外的区域创建为选区。

【案例 3.3】 更换背景。

操作思路：通过创建选区将手持纸飞机图像扣取出来，复制粘贴到新的背景图像中。

案例 3.3

操作步骤：

① 打开素材图片"纸飞机.jpg"，如图 3-26 所示。

② 单击"工具箱"中的"快速选择工具"，再单击工具选项栏中的"选择主体"按钮，图像中自动产生选区，如图 3-27 所示。

③ 观察图像发现纸飞机没有被完全选中，单击"工具箱"底部的"进入快速蒙版编辑模式"按钮，进入快速蒙版编辑模式，如图 3-28 所示。

图 3-26　纸飞机

图 3-27　自动创建选区

④ 用"橡皮擦工具"将纸飞机上的淡红色（蒙版颜色）擦除，并仔细地处理边缘部分。再次单击"进入快速蒙版编辑模式"按钮，退出快速蒙版编辑模式，图像中非红色部分转换为选区，如图 3-29 所示。

图 3-28　快速蒙版编辑模式

图 3-29　转换选区

⑤ 复制选区图像，打开"背景.jpg"文件，粘贴图像并适当调整，更换背景完毕，效果如图 3-30 所示。

图 3-30　更换背景

8）细化选区。

毛发等细微的对象，在选择时很难用前面的方法精确选择，可以在创建选区后，再使用工具选项栏的"选择并遮住"命令进行细化调整，如图 3-31 所示，从而较准确地选中对象。

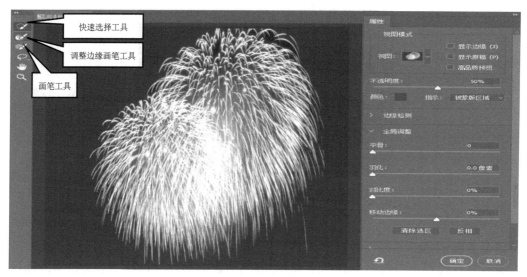

快速选择工具

调整边缘画笔工具

画笔工具

图 3-31　细化选区

【案例 3.4】　合成烟花夜景。

操作思路：使用选择工具的选择主体功能选择对象，然后通过细化选区进行精细选择。

案例 3.4

操作步骤：

① 打开素材文件"烟花.jpg"，单击"工具箱"中的"快速选择工具"，然后单击工具选项栏中的"选择主体"按钮，创建如图 3-32 所示选区。

② 再单击"选择并遮住"按钮，进入调整选区边缘状态。在右侧"属性"面板中选择"视图"为"洋葱皮"方式，设置"半径"为 5，"平滑"为 8，"羽化"为 0.8 像素。然后单击"调整边缘画笔"工具在图像边缘涂抹，将黑色背景去除，如图 3-33 所示。

图 3-32　创建选区

图 3-33　细化选区

③ 在右侧"属性"面板中进行输出设置。在"输出到"下拉列表框中选择"选区"选项，然后单击"确定"按钮，退出调整选区边缘状态，复制选区图像。

④ 打开素材文件"夜景.jpg"，粘贴图像并调整大小和位置，合成图像效果如图 3-34 所示。

图 3-34 烟花夜景

2. 编辑选区

（1）全选与反选

执行"选择"→"全部"命令或按〈Ctrl+A〉快捷键，可以将当前文档内的图像全部选择。

创建选区后，执行"选择"→"反选"命令或按〈Ctrl+Shift+I〉快捷键，可以反向选择当前选区。

（2）取消选择与重新选择

创建选区后，执行"选择"→"取消选择"命令或按〈Ctrl+D〉快捷键，可以取消选择当前选区。执行"选择"→"再次选择"命令或按〈Ctrl+Shift+D〉快捷键，可以恢复最后一次创建的选区。

（3）移动选区

使用选框工具组或套索工具组中的工具创建选区时，在松开鼠标前，按住空格键拖动鼠标可移动选区。创建选区后，使用选框工具、套索工具或魔棒工具时，将鼠标指针放在选区内，单击拖动鼠标也可移动选区。

（4）运算选区

在已经创建选区的情况下，使用工具创建选区时，新选区将与现有选区之间进行运算。运算的方式有以下 4 种。

1）新选区：新创建的选区替换原有选区。

2）添加到选区：在原有选区基础上添加选区。

3）从选区减去：从原有选区中将与新建选区交叉部分减去。

4）与选区交叉：保留原有选区与新建选区相交部分。

（5）修改选区

执行"选择"→"修改"子菜单中的命令，可对现有选区进行修改。

（6）变换选区

执行"选择"→"变换选区"命令，或在选区上右击，在弹出的快捷菜单中选择"变换选区"命令，均可对选区进行自由变换。

（7）存储选区

执行"选择"→"存储选区"命令可将当前选区以 Alpha 通道形式保存在通道面板中。

（8）载入选区

执行"选择"→"存储选区"命令或按〈Ctrl〉键单击通道缩略图，可将选区载入到图像中。

3．应用选区

（1）描边选区

创建选区后，执行"编辑"→"描边"命令，可打开"描边"对话框，设置描边的宽度、颜色、位置等参数，如图 3-35 所示；单击"确定"按钮，可在选区边缘描边。

（2）填充选区

创建选区后，执行"编辑"→"填充"命令，可打开"填充"对话框，设置填充内容等如图 3-36 所示。

图 3-35 "描边"对话框

图 3-36 "填充"对话框

【案例 3.5】 去除人物。

操作思路：创建选区后，利用内容识别填充将多余的人物去除。

案例 3.5

操作步骤：

1）打开素材文件"去除人物.jpg"，如图 3-37 所示，观察画面中多了一个人物。

2）用"套索"工具在人物周围创建选区，如图 3-38 所示。

图 3-37 素材效果

图 3-38 创建选区

3）按〈Shift+F5〉快捷键，打开"填充"对话框，设置"内容"为默认的"内容识别"，选中"颜色适应"复选框，单击"确定"按钮。

4）图像中多余的人物已经去除，如图 3-39 所示。

图 3-39　去除效果

（3）定义图案

执行"编辑"→"定义图案"命令，可将矩形选区内的图像定义为图案；若无选区，则将整个图像定义为图案。

（4）定义画笔预设

执行"编辑"→"定义画笔预设"命令，可将选区内的图像定义为预设的画笔笔尖；若无选区，则将整个图像定义为画笔笔尖。

3.4.5　图层

图层就像是一张透明的纸，纸上绘制不同的图像，将多张透明纸叠放在一起，将组成一幅完整的图像，如图 3-40 所示。对图像的某一部分修改，不会影响其他透明纸上的图像，它们彼此独立。

图 3-40　图层原理

1．图层

（1）图层类型

Photoshop CC 中可以创建多种类型的图层，不同的图层有不同的功能。常见的图层有以下几种：背景图层、填充图层、调整图层、形状图层、文字图层和 3D 图层。

（2）图层面板

Photoshop CC 通过图层面板来管理图层，面板中列出了文档中包含的所有的图层、图层组和图层效果，如图 3-41 所示。

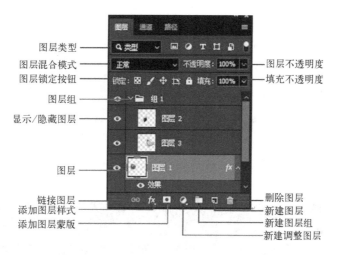

图层类型
图层混合模式
图层锁定按钮
图层组
显示/隐藏图层
图层
链接图层
添加图层样式
添加图层蒙版

图层不透明度
填充不透明度
删除图层
新建图层
新建图层组
新建调整图层

图 3-41　图层面板

（3）编辑图层

1）新建图层。单击"图层"面板底部的"新建图层"按钮可以创建新图层，还可以通过"图层"→"新建"→"图层"命令创建新图层。

2）选择图层。在图层面板中单击图层即可选择该图层，并成为当前图层。若要同时选择多个图层可按〈Ctrl〉键或〈Shift〉键进行。

3）复制图层。在图层面板中，将需要复制的图层直接拖到"新建图层"按钮上，即可复制该图层；或者按〈Ctrl+J〉快捷键也可复制当前图层。

4）删除图层。选择图层，然后单击"图层"面板底部的"删除图层"按钮，即可删除图层；也可直接将需要删除的图层拖到"删除图层"按钮上。

5）显示/隐藏图层。在编辑过程中，有时为了观察某些效果，可以将部分图层图像暂时隐藏。单击图层前面的"显示"按钮，可将该图层隐藏或显示。

6）锁定图层。在编辑过程中，为避免误操作修改图层图像，可根据需要部分锁定或完全锁定图层。选择图层，然后单击相应的"锁定"按钮，即可将图层进行对应锁定。

7）合并图层。在图层面板中选择要合并的两个或多个图层，执行"图层"→"合并图层"命令，可将选择的图层合并，合并后的图层使用上面图层的名称。

2．图层样式

图层样式是在不改变原图层内容的情况下，在其上方或下方生成新像素所产生的效果。

图层样式的创建方法有多种：在图层面板中双击图层；单击图层面板底部的"新建图层样式"按钮；通过"图层"→"图层样式"命令创建。

图层样式有多种，下面进行简单讲解。

（1）投影与内阴影

投影是最常用的样式，可以使得物体产生立体感。而内阴影在紧靠图层内容的内部产生阴影，可使物体产生一种凹陷感。投影与内阴影的效果如图 3-42 所示。

（2）外发光和内发光

外发光可沿图层内容的边缘向外创建发光效果；而内发光则沿图层内容边缘向内创建发光效果。外发光与内发光的效果如图 3-43 所示。

图 3-42　投影和内阴影效果

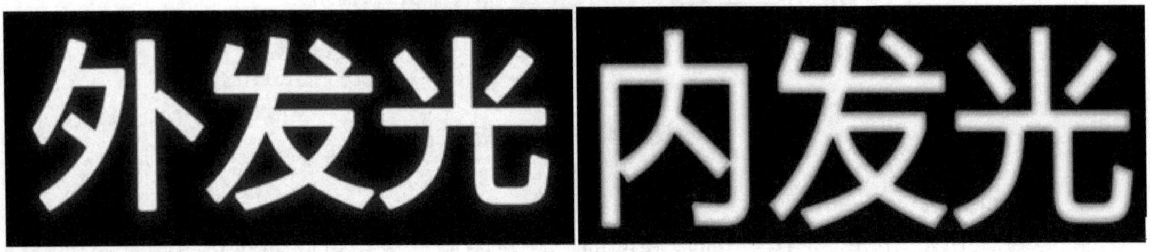

图 3-43　外发光和内发光效果

（3）斜面和浮雕

斜面和浮雕可以对图层内容添加高光和阴影的各种组合，使平面图形产生立体浮雕效果。不同的样式、方法及方向可以产生不同的浮雕效果，和投影配合可以更好地产生立体感。各种浮雕效果如图 3-44 所示。斜面和浮雕样式中的描边浮雕必须在为图层内容添加了描边样式之后才有效。

（4）颜色叠加、渐变叠加和图案叠加

颜色叠加、渐变叠加和图案叠加可在图层上叠加指定的颜色、渐变颜色或图案，这 3 种样式可单独使用，也可以配合使用；在配合使用时，必须调整不透明，否则只有处于图层样式面板最上方的效果有效。

（5）描边

描边是指在物体的边缘产生围绕效果，可以增强物体的轮廓感，描边效果如图 3-45 所示。

图 3-44　各种浮雕效果　　　　　　图 3-45　描边效果

（6）光泽

光泽可以生成光滑的内部阴影，通常用来创建金属表面的光泽外观。

【案例3.6】 安卓启动图标制作。

操作思路：利用选区制作安卓启动图标的形状，然后填充颜色，最后添加图层样式增加立体效果。

案例3.6

操作步骤：

1）新建文件"安卓启动图标"，设置宽度、高度和分辨率分别为300、300和72；设置背景色为白色。

2）单击"工具箱"中的"椭圆选框工具"，在图像窗口内创建椭圆选区。

3）在椭圆选区上右击，在弹出的快捷菜单中选择"变换选区"命令，将选区旋转15°左右，如图3-46所示。

4）单击"工具箱"中的"多边形套索工具"，设置工具选项栏中的"运算方式"为"添加到选区"，在图像窗口中创建三角形选区，和椭圆选区的运算结果如图3-47所示。

图3-46 旋转选区

图3-47 添加选区

5）新建图层1，用任意颜色填充选区，在右侧"颜色"面板中，设置"填充"为0。

6）双击图层1空白位置，打开"图层样式"对话框，在其中为图层1添加"渐变叠加"样式，并显示"渐变叠加"设置选项如图3-48所示；单击"渐变"后的渐变颜色条，打开"渐变编辑器"对话框，如图3-49所示，设置渐变颜色为从RGB（0，0，0）到RGB（255，255，255），单击"确定"按钮，返回"图层"对话框进行渐变叠加设置；设置"渐变样式"为"线性"，"角度"为90，"不透明度"为40。

7）在"图层样式"对话框中，为图层1添加"投影"样式，"投影"设置选项如图3-50所示。设置"混合模式"为"正片叠底"，颜色为RGB（0，0，0），"不透明度"为50，"角度"为120，"距离"为1，"扩展"为3。

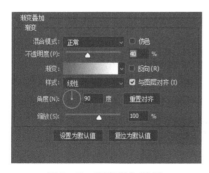

图3-48 渐变叠加设置

图3-49 "渐变编辑器"对话框

图3-50 投影设置

8）打开素材文件"安卓.jpg"，复制粘贴到"安卓启动图标"文件的图层1上方，形成新图层 2，调整其角度和大小。

9）单击"工具箱"中的"魔棒工具"，在图层 2 的白色像素处单击，创建选区，按〈Delete〉键删除白色背景，效果如图 3-51 所示。

10）按〈Ctrl〉键，然后单击图层面板中的图层 1 缩略图，载入选区；在图层 2 上创建新图层 3，用任意颜色填充，并将图层的"不透明度"修改为 0。

11）为图层 3 添加"渐变叠加"，设置"混合模式"为"正常"，"不透明度"为 100，"角度"为 90 的径向渐变，如图 3-52 所示；渐变颜色设置如图 3-53 所示。

图 3-51　添加安卓图标

图 3-52　径向渐变叠加

12）安卓启动图标制作完毕，最终效果如图 3-54 所示。

图 3-53　渐变颜色设置

图 3-54　安卓启动图标效果

3.4.6　文字的创建与编辑

文字是作品的重要组成部分，它可以传达信息、美化版面、强化主题。

1. 创建文字

Photoshop 中创建的文字是矢量图形，对文字任意缩放都不会产生锯齿状失真。Photoshop 通过 3 种方式——在点上、段落中和沿路径创建文字。

（1）输入和修改文字

选择一种文字工具（以横排文字工具为例）后，工具选项栏出现相应的设置，如图 3-55 所示。在工具选项栏中可以对文字的类型、大小、颜色等进行设置，字形的内容根据字体的不同而不同。

图 3-55　文字工具选项

在图像窗口中单击后输入文字，按〈Enter〉键可以换行，要结束输入则按〈Ctrl+Enter〉快捷键或单击工具选项栏中的"对号"按钮提交。

（2）使用字符面板设置文字

如果针对文字的格式做进一步详细设置，可单击文字工具选项栏中的"字符和段落设置"按钮，打开如图3-56所示的"字符"面板，对文字的字距、行距等进行设置。

（3）输入段落文字

使用"文字工具"在图像窗口中单击并拖动，即可绘制出一个段落文本框，在文本框内输入多行文字，排列出段落文本效果。创建段落文本后，使用文字工具拖动文本框边角点，可调整文本框大小，文字也相应调整位置。段落文本可通过如图3-57所示的"段落"面板进行段落格式的设定。

【案例3.7】 段落文字设计

操作思路：通过设置字符面板和段落面板中的参数使得普通文字呈现变化的效果。

案例3.7

操作步骤：

1）新建文件"段落文字设计"，单击"工具箱"中的"横排文字工具"，在图像窗口中输入段落文字"Unity Tutorial"。

2）在文字工具属性栏中单击"字符段落设置"按钮，打开"字符"面板，设置"字体"为"Arial"，"字形"为"Black"，"大小"为100，斜体，如图3-58所示。

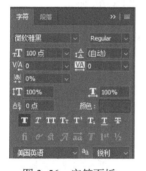

图3-56　字符面板　　　　　　图3-57　段落面板　　　　　　图3-58　文字格式设置

3）用文字工具选择"Tutorial"，在"字符"面板设置"大小"为32，并适当调整位置，如图3-59所示。

4）用文字工具选择"U"字符，在"字符"面板修改"设置基线偏移"为-10，使得"U"下沉与"n"对齐；选择"Tutorial"，修改"设置基线偏移"为20。

5）将"Unity"的颜色修改为RGB（95，125，100），"Tutorial"的颜色修改为RGB（25，60，30），以突出"Tutorial"，如图3-60所示。

图3-59　文字大小调整　　　　　　　　　图3-60　文字基线位置调整

6）在"字符"面板中将"Unity"和"Tutorial"的"字符间距调整"均设为-50，使文字布局具有紧凑感。

7）为文字图层添加"投影"效果，设置如图 3-61 所示，投影的"混合模式"为"正常"，"颜色"为黑色，"不透明度"为 50，"距离"为 2，"扩展"和"大小"均为 0，文字效果如图 3-62 所示。

图 3-61　投影效果设置

图 3-62　文字效果

（4）创建路径文字

用"钢笔工具"在图像窗口中创建一条路径后，可使用文字工具在路径开始位置处单击，当出现输入光标后，即可输入文字，文字将沿路径排布，如图 3-63 所示。

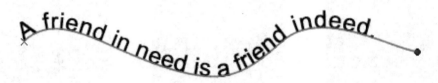

图 3-63　路径文字

2．编辑文字

（1）变形文字

"变形文字"命令可以对文字设置变形样式，产生不同的变形效果。单击文字工具选项栏中的"变形文字"按钮，可打开"变形文字"对话框来选择变形样式，并对弯曲程度、弯曲方向进行设置，如图 3-64 所示。

（2）文字转换为形状

输入文字后，执行"文字"→"转换为形状"命

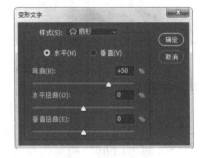

图 3-64　变形文字

令，可将文字转换为形状图层。转换为形状后可以利用路径编辑工具对文字路径锚点进行编辑，从而更改文字形态。

（3）栅格化文字

文字是一个特殊的矢量图形，在进行诸如添加滤镜等操作之前，必须先对其栅格化。执行"文字"→"栅格化文字图层"命令或"图层"→"栅格化"→"文字"命令都可以栅格化文字。

3.4.7 路径的创建与编辑

Photoshop 中的路径是一种矢量图形，用来进行图形的创建。

1. 创建路径

（1）认识路径

路径是可以转换为选区或使用颜色填充和描边的轮廓，包括封闭路径和开放路径两种。路径也可以由多个相互独立的路径组件组成，这些路径组件称为子路径。

路径由直线路径段或曲线路径段组成，路径段之间通过锚点连接。平滑的曲线通过平滑点连接，直线或转角曲线则通过角点连接。曲线路径段上的锚点有方向线，方向线的端点称作方向点。方向线和方向点可以调整曲线的形状。各种不同的路径段如图 3-65 所示。

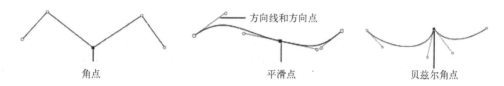

图 3-65　锚点和方向线

（2）绘制模式

绘制路径前需要先在工具选项栏中指定绘制模式，再进行绘制。Photoshop 提供了形状、路径和像素 3 种不同的绘制模式。

（3）创建路径的方法

1）创建直线路径。

将鼠标指针移动到图像窗口中，单击可创建一个锚点，移动鼠标指针并单击创建第二个锚点，两个锚点间自动以直线路径连接。若要闭合路径，可将鼠标指针移动到路径的起点，单击闭合路径；若要结束开放路径的创建，可按〈Ctrl〉键单击空白位置。

2）创建曲线路径。

在图像窗口中单击并拖动鼠标可创建平滑点，移动鼠标指针，单击并拖动鼠标可创建第二个平滑点，两个平滑点之间自动以曲线连接。调节平滑点上方向线的长度和方向，可改变曲线的形状。

3）创建转角曲线。

在图像窗口中单击并拖动鼠标可创建平滑点，移动鼠标指针，按下〈Alt〉键同时单击并拖动鼠标可改变一侧方向线的角度，移动到下一个位置单击，即可创建转角曲线，如图 3-66 所示。

图 3-66　转角曲线

4）创建基本形状。

单击工具箱中的"形状工具"，选择"路径"选项，然后在图像窗口单击并拖动鼠标即可创建相应的形状。

2. 编辑路径

（1）选择与移动路径

单击"工具箱"中的"路径选择工具"，然后在窗口的路径上单击即可选中路径。选择路径后，单击并拖动鼠标即可移动路径。

（2）调整路径形状

单击"工具箱"中的"路径选择工具"，在锚点上单击可选择锚点，同时显示出曲线的方向线；单击并拖动锚点可移动锚点位置，单击并拖动方向线可改变方向线的角度或长度，进而改变路径形状。

（3）添加、删除锚点

单击"工具箱"中的"添加锚点工具"，将鼠标指针移动到路径上，单击可添加一个角点；若单击并拖动鼠标可添加一个平滑点。

单击"工具箱"中的"删除锚点工具"，将鼠标指针移动到窗口中路径的锚点上，单击即可删除该锚点。也可以使用"直接选择工具"选中锚点后，按〈Delete〉键删除，但会同时删除相连的路径。

（4）转换锚点类型

单击"工具箱"中的"转换点工具"，将鼠标指针移动到路径的锚点上，若锚点为角点，单击并拖动可将角点转换为平滑点；若锚点为平滑点，单击可将平滑点转换为锚点。

（5）运算路径

创建多个路径后，使用"路径选择工具"将多个路径同时选中，单击工具选项栏中的"路径操作"按钮，在级联菜单中选择相应的运算方式，然后选择"合并形状组件"即可将多个路径进行合并运算。

【案例3.8】 绘制小烧瓶。

操作思路：使用形状工具绘制多个形状，通过路径运算将形状组合成一个整体。

案例3.8

操作步骤：

1）创建新文件"小烧瓶"。

2）单击"工具箱"中的"圆角矩形工具"，在窗口中单击并拖动鼠标绘制一个圆角矩形；用同样的方法绘制一个矩形和一个圆形，如图3-67所示。

3）用"路径选择工具"选中窗口中的所有路径，然后单击工具选项栏中的"对齐路径"按钮，在级联菜单中选择"水平居中"对齐，将3个子路径对齐。

4）保持所有子路径的选择，然后单击工具选项栏中的"路径操作"按钮，在级联菜单中选择"合并形状"，最后选择"合并形状组件"，即可将3个子路径进行合并运算，弹出如图3-68所示的提示框，单击"是"按钮关闭提示框。小烧瓶制作完毕，效果如图3-69所示。

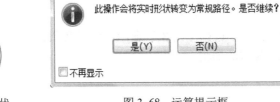

图3-67　绘制形状　　　　　图3-68　运算提示框　　　　　图3-69　小烧瓶效果

（6）填充和描边路径

选择路径后，单击"路径"面板底部的"填充路径"按钮可直接以前景色填充路径。单击"路径"面板底部的"描边路径"按钮可直接用铅笔以前景色描边路径。

（7）路径与选区的转换

创建路径后，单击"路径"面板底部的"将路径转换为选区"按钮，可将当前路径转换为选区。也可在创建选区后，单击"路径"面板底部的"将选区转换为路径"按钮，将选区转换为路径。

【案例3.9】 绘制花朵。

操作思路：使用钢笔工具绘制花瓣形状，转换成选区后用渐变工具填色，最后通过自由变换复制成花朵。

案例3.9

操作步骤：

1）新建文件"花朵"，设置宽度和高度均为600像素，背景色为黑色。

2）新建图层1，切换到"路径"面板，新建路径1，在窗口中绘制花瓣，如图3-70所示。

3）选择路径并将其转换为选区，单击"工具箱"中的"渐变工具"，用浅粉色RGB（245，215，215）到粉色RGB（255，155，205）的径向渐变填充选区。

4）切换到"路径"面板，新建路径2，创建两个路径，并用白色填充路径，如图3-71所示。

5）切换到图层1，执行"自由变换"命令，调整变换的中心点如图3-72所示，然后设置工具选项栏中的旋转角度为60°，确认变换。

6）按下〈Ctrl+Shift+Alt〉快捷键的同时，按〈T〉键5次，旋转复制花瓣，如图3-73所示。

图3-70　花瓣路径　　　图3-71　花瓣　　　图3-72　调整变换中心　　　图3-73　复制花瓣

7）合并除背景外的所有图层。

8）新建图层2，切换到"路径"面板，新建路径3，创建圆形路径，并对齐到花中心，设置前景色为RGB（190，190，25），并用前景色填充路径。

9）设置前景色为RGB（110，60，30），选择"画笔工具"，单击窗口右侧的"画笔设置"按钮，打开"画笔设置"面板，设置画笔大小为12，硬度为100，间距为120，如图3-74所示。用设置的画笔描边路径3。

10）选择"路径选择工具"，在路径3上右击，在弹出的快捷菜单中选择"路径自由变换"命令，设置工具选项栏中的"水平缩放"为80%，同时锁定宽度和高度，确认变换。

11）设置前景色为RGB（255，255，0），设置画笔大小为10，用画笔描边路径3。

12）再次将路径等比缩放为原来的70%，确认变换。按下〈Ctrl+Shift+Alt〉快捷键的同时，按〈T〉键4次，缩放并复制路径。

13）设置画笔大小为 4，用"路径选择工具"全选路径 3 中其余的路径，用画笔描边路径。

14）按〈Ctrl+H〉快捷键隐藏路径，花朵效果如图 3-75 所示。

图 3-74　画笔设置

图 3-75　花朵

3.5　Photoshop CC 的高级操作

对图像的处理，除选区、图层、路径、文字等基本操作外，还可以进行色彩调整、图像的修复与修饰、图层蒙版及滤镜等高级操作。

3.5.1　图像的色彩调整

色彩是图像的一个重要属性，通过 Photoshop CC 可以对图像的色彩进行编辑。Phtoshop CC 提供了大量的色彩和色调调整命令，用于处理图像。调整命令有两种使用方式：一种是直接使用"图像"菜单中的命令进行调整；另一种是使用调整图层来应用调整命令。前者在调整时会修改图像的像素颜色值，而后者不会修改像素的颜色值。

对图像调色之前，首先需要认识一下三大阶调。三大阶调分别指高光、中间调和阴影。高光是图像上亮的部分，其中最亮的部分称为白场。中间调是图像中不是特别亮也不是特别暗的部分，其中最中间的部分被称为灰场。而图像中暗的部分则是阴影，最暗的部分又称为黑场。

1. 快速调整图像色彩

"自动色调""自动对比度"和"自动颜色"可以自动调整图像的颜色和色调，是对图像色彩调整的方法之一。

（1）"自动色调"命令

"自动色调"命令可以自动调整图像中的黑场和白场，将每个颜色通道中最亮和最暗的像素映射到纯白和纯黑，中间像素值按比例重新分布，从而增强图像对比度。

（2）"自动对比度"命令

"自动对比度"命令可以自动调整图像的对比度，使高光部分更亮，阴影部分更暗。

（3）"自动颜色"命令

"自动颜色"命令可以通过搜索图像来标识阴影、中间调和高光，从而调整图像的对比度和颜色。

（4）"自然饱和度"命令

"自然饱和度"命令在调节图像饱和度时保护已经饱和的像素，既能增加某一部分的色彩，还能使图像饱和度趋于正常值。

2．调整图像的色彩

（1）亮度/对比度

"亮度/对比度"命令可以对图像的色调范围进行调整，对于需要简单调整色调与饱和度的图像，可以使用该命令。

【**案例3.10**】 亮度/对比度调整。

操作思路：利用"亮度/对比度"命令增大图像的对比度，使得图像变得清晰。

案例3.10

操作步骤：

1）打开素材文件"灰蒙蒙"，观察图像发现画面整体偏灰。

2）执行"窗口"→"直方图"命令，打开直方图观察，发现直方图上没有高光，也没有阴影，对比度低，如图3-76所示。

3）单击"调整"面板中的"亮度/对比度"按钮，打开"亮度/对比度"对话框，适当提高亮度和对比度，如图3-77所示。

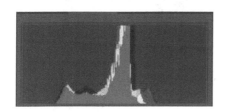

图3-76 直方图

图3-77 亮度/对比度调整

4）调整前后的图像，如图3-78所示。

a)

b)

图3-78 亮度/对比度调整效果对比

a) 调整前 b) 调整后

（2）色阶

"色阶"命令可以对图像的色调进行调整，去除图像的灰蒙蒙、修正过暗或过亮图像。对图像应用"色阶"命令后，在弹出的"色阶"对话框中，会显示直方图，利用下方的滑块可以调整亮度和颜色。如图 3-79 所示，左侧黑色滑块代表阴影，中间灰色滑块代表中间调，右侧白色滑块代表高光。当将黑色滑块向右移动时，灰色滑块也跟着右移，图像除白场部分外其余均变暗。当将白色滑块左移时，灰色滑块跟着左移，图像除黑场部分外其余均变亮。当向左移动灰色滑块时，图像中间调部分变亮；当灰色滑块右移时，图像中间调部分变暗。

图 3-79 "色阶"对话框

【案例 3.11】 调整过暗图像。

操作思路：利用"色阶"命令调整图像的像素亮度等级，从而使得图像提亮。

案例 3.11

操作步骤：

1）打开素材文件"过暗"，观察到图像较暗，其直方图中也没有高光。

2）单击"调整"面板中的"色阶"命令，打开"色阶"对话框，向左拖动高光滑块，合并白场，图像提亮，颜色变得鲜亮，图像的层次也显示出来了。

3）调整前后的图像对比如图 3-80 所示。

a)　　　　　　　　　　　　　　　b)

图 3-80 色阶效果对比

a) 调整前　b) 调整后

（3）曲线

"曲线"命令可以调整图像的整个色调范围及色彩平衡，可以让图像整体变亮或变暗、加大对比度，还可以分别调整三大色调和修正偏色。对图像应用"曲线"命令后，在弹出的"曲线"对话框中，中间呈 45°的线段表示图像中的各个亮度级别，左下段代表图像的暗部，右上段代表高光，其余为中间调；下方的渐变条表示 0~255 的绝对亮度，如图 3-81 所示。

图 3-81 "曲线"对话框

【案例 3.12】 调整过亮图像。

操作思路：通过调整曲线形状，使得图像降低亮度。

案例 3.12

操作步骤：

1）打开素材文件"过亮"，观察到图像亮度太亮，而且其直方图中无阴影。

2）单击"调整"面板中的"曲线"命令，打开"曲线"对话框，对高光部分单独调整，如图3-82所示。

3）调整前后的图像对比如图3-83所示。

图 3-82　曲线调整

a)　　　　　　　　　　　　　　　　　　　b)

图 3-83　曲线效果对比

a) 调整前　b) 调整后

（4）阴影/高光

"阴影/高光"命令可调整图像的阴影和高光部分，用于修复图像部分区域过亮或过暗的效果，如由强逆光而形成剪影的照片，或者由于太接近相机闪光灯而有些发白焦点的图像。

（5）去色与黑白

"去色"命令可以将图像中的色彩去除，保留图像的亮度信息而转换为灰度图像。"黑白"命令则可以利用"黑白"对话框中的设置对某种颜色的亮度调整，调出对比强烈的灰度图像。

（6）色相/饱和度

色相/饱和度可以对图像的色相、饱和度和亮度分别进行调整，从而改变图像的颜色。

【案例3.13】 调整衣服颜色。

操作思路：通过使用"色相/饱和度"命令调整色相来改变衣服的颜色。

案例 3.13

操作步骤：

1）打开素材文件"衣服换色"，图中小女孩的连衣裙是蓝色碎花的。

2）单击"调整"面板的"色相/饱和度"按钮，打开"色相/饱和度"对话框。

3）如图 3-84 所示，在"通道"下拉列表选择"蓝色"，然后单击左侧的"滴管"工具，在衣服的蓝色部分单击，将色相条中颜色调整的范围限定在如图 3-85 所示的 4 个滑块之间。

4）适当地移动滑块位置，将调整范围缩小；然后拖动色相滑块，注意观察下方色相条中相应的颜色变化，将蓝色修改为红色，如图 3-86 所示。

图 3-84　选择通道　　　　　　图 3-85　色相条　　　　　图 3-86　衣服调色效果

（7）色彩平衡

"色彩平衡"命令可分别调整高光、阴影和中间调 3 种色调中各种色彩的平衡，主要用来校正偏色图像。

【案例 3.14】 校正偏色照片。

案例 3.14

操作思路：观察发现图像中蓝色分量偏多，通过减少对应色调的蓝色分量及含有蓝色成分的青色和洋红色分量来校正偏色。

操作步骤：

1）打开素材文件"偏色"，观察图像发现山上的雪不是白色的，山体也灰蒙蒙的。

2）打开"信息"面板，将鼠标指针分别放置在图像高光、中间调和阴影部分进行取样，发现"信息"面板中的蓝色分量不同程度的偏多。

3）单击"调整"面板中的"色彩平衡"对话框，在高光、中间调和阴影部分分别减少蓝色和含有蓝色分量的青色和洋红色，如图 3-87 所示。

4）切换到"信息"面板，在高光、中间调和阴影部分再次取样观察，然后继续调整，直到图像中最亮的部分和最暗的部分接近白色和黑色为止，调整前后的参考效果如图 3-88 所示。

（8）通道混合器

"通道混合器"命令针对某个通道单独进行调整，从而改变图像颜色。

图 3-87　色彩平衡调整　　　　　　　　a)　　　　　　　　　　　　　　b)

图 3-88　色彩平衡调色效果对比

a) 调整前　b) 调整后

3.5.2　图像的修复与修饰

利用 Photoshop CC 的图像修复与修饰功能，可以修复有瑕疵的图像并对图像进一步修饰，让图像效果更好。Photoshop 提供了修复工具组、其他的修饰工具和命令，来修复图像的瑕疵、改善图像的细节等。

1. 修复图像

Photoshop 提供了多个修复工具，可以快速修复图像中的污点和瑕疵。

（1）污点修复画笔工具

"污点修复画笔工具"可以自动从修复区域的周围像素取样，并将像素的纹理、光照、透明度和阴影与所修复的像素匹配，从而快速地去除图像中的污点和杂点。"污点修复画笔工具"适合修复图像中较小的区域。

单击工具箱中的"污点修复画笔工具"，调整其画笔大小比要修复的区域稍大一点，然后在图像中需要修复的地方单击，即可自动去除污点。

（2）修复画笔工具

"修复画笔工具"可将样本像素的纹理、光照、透明度和阴影与所修复的像素进行匹配，从而使修复后的像素不留痕迹地融入图像的其余部分。"修复画笔工具"在修复图像时，需要先在画面中设置修复的源，然后在图像中需要修复的区域单击或涂抹即可对图像修复。

【案例 3.15】　祛除眼袋。

操作思路：使用"修复画笔工具"在眼袋周围取样，再涂抹祛除眼袋，然后通过"减淡工具"进行修复部位的提亮。

操作步骤：

1）打开素材文件"眼袋"，新建图层 1。

2）单击"工具箱"中的"修复画笔工具"，在工具选项栏中可设相应选项，如图 3-89 所示。

图 3-89　"修复画笔工具"选项

3）按〈Alt〉键，在图层 1 眼袋附近较平滑位置处单击取样。在需要修复的位置处单击并拖动鼠标消除眼袋，需要多拖动几次才能去除。

4）单击"工具箱"中的"减淡工具"，在工具选项栏中调整降低"曝光度"，如图 3-90 所示。

图 3-90　"修复画笔工具"选项

5）在修复的眼袋颜色较深的位置涂抹，提亮肌肤，适当降低图层 1 的不透明度，使背景图层的纹理稍显，祛除眼袋前后的对比如图 3-91 所示。

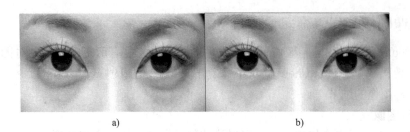

a)   b)

图 3-91　去除眼袋

a) 去除眼袋前　b) 去除眼袋后

（3）修补工具

"修补工具"使用其他区域的像素或图案修复选择区域中的像素。修复图像时，先在需要修补的区域创建选区，然后用"修补工具"将创建的选区拖动到要替换的区域，松开鼠标即可自动修复图像。

（4）内容感知移动工具

"内容感知移动工具"可以将选区内的图像进行移动或扩展，使其与周围像素混合。在需要修复的图像区域创建选区，然后使用"内容感知移动工具"拖动选区内的图像，被移动区域的图像将被自动填充。

"内容感知移动工具"的选项栏中提供了"移动"和"扩展"两种模式。"移动"模式将选择的图像移动到其他位置；而"扩展"模式则扩展或收缩图像。

【案例 3.16】　使用"内容感知移动工具"复制小狗。

操作思路：利用"内容感知移动工具"的"扩展"模式，拖动复制一只小狗，并调整其大小和方向。

案例 3.16

操作步骤：

1）打开素材文件"小狗"，选择"工具箱"中的"内容感知移动工具"，在如图 3-92 所示的工具选项栏中设置相关参数，将"模式"设为"扩展"，选中"投影时变换"复选框，并在图像中为小狗创建选区。

图 3-92　"内容感知移动工具"选项

2）将鼠标指针放置到选区内并向右拖动到合适位置，松开鼠标后如图 3-93 所示。

3）拖动变换的定界框调整小狗的大小，并将其水平翻转，确认变换并取消选区，做出一大一小两只小狗嬉戏的效果，如图 3-94 所示。

图 3-93　扩展移动

图 3-94　变换效果

（5）红眼工具

在光线暗淡的房间里照相时，相机的闪光灯常常会使拍摄的照片出现眼球部位变红的现象，也就是常说的红眼现象。Photoshop 中提供了"红眼工具"，单击可以轻松地去除红眼。除了红眼现象外，"红眼工具"还可以去除照片中的白色或绿色反光。

（6）仿制图章工具

"仿制图章工具"可以从取样位置处复制像素，将其应用到其他区域或其他图像中。它可以用来复制图像内容或去除图像中的瑕疵。"仿制图章工具"的使用方法和"修复工具"一样，只是修复时完全用样本像素替代被修复区域。

（7）消失点滤镜

"消失点滤镜"用于改变图像平面角度、校正透视角度等。执行"滤镜"→"消失点"命令，在打开的"消失点"对话框中创建一个平面区域，图像以创建的平面来自动调整透视角度，并且可以在平面中仿制、复制、粘贴和变换图像。

【案例 3.17】 利用"消失点滤镜"去除多余物品。

案例 3.17

操作思路：通过使用"消失点"滤镜创建一个透视平面，然后通过复制来去除具有透视效果的背景上的物品。

操作步骤：

1）打开素材文件"多余物品"，如图 3-95 所示，图像中有多余的足球和网站图标。

2）执行"滤镜"→"消失点"命令，打开如图 3-96 所示"消失点"窗口。

图 3-95 多余物品

图 3-96 "消失点"窗口

3）使用"创建平面工具"在图像中创建透视平面，如图 3-97 所示。所创建的透视平面网格应为蓝色，红色和黄色的平面是无效的；透视平面的纵向边线要与木板的缝隙对齐。

4）按〈Ctrl〉键，单击并拖动透视平面的边上中间位置控点，增加透视平面，如图 3-98 所示。

图 3-97 创建透视平面

图 3-98 增加透视平面

5）使用窗口左侧的"选框工具"，在透视平面内创建选区，如图 3-99 所示。按〈Alt〉键，用鼠标将选区向要修复的区域拖动，注意地板的缝隙要对齐，松开鼠标即可复制图像，从而消除多余物品。用同样的方法继续修复，直到所有需要修复的地方都修复完，单击"确定"按钮退出"消失点"窗口。

6）去除多余物品后的图像如图 3-100 所示。

图 3-99　创建选区

图 3-100　去除多余物品效果

2. 修饰图像

模糊工具、锐化工具、涂抹工具、减淡工具、加深工具、海绵工具可以对照片进行修饰，改善图像的细节、色调、曝光以及色彩饱和度。"液化滤镜"命令还可以对人物的脸型、五官、形体等进行修饰。

（1）模糊、锐化和涂抹工具

"模糊工具"可以柔化图像，减少图像细节；"锐化工具"可以增强相邻像素之间的对比，提高图像的清晰度。

"涂抹工具"可以像手指绘画一样涂抹图像，使图像颜色过渡均匀。

（2）减淡、加深和海绵工具

"减淡工具"和"加深工具"可以调节图像特定区域的曝光度，使图像区域变亮或变暗。"海绵工具"可以修改图像的饱和度，先选择"海绵工具"，然后在图像中单击并拖动鼠标进行涂抹即可。

【案例 3.18】　制作水滴。

操作思路：使用钢笔工具创建水滴形状，并填充颜色，然后利用加深、减淡工具调整不同部位的亮度，以增强水滴的立体感。

案例 3.18

操作步骤：

1）新建文件"水滴"，设置宽度和高度均为 300 像素，分辨率为 72 像素/英寸，背景色为黑色。

2）单击"工具箱"中的"钢笔工具"，创建如图 3-101 所示的水滴形路径，并将其转换为选区。

3）将选区羽化 2 个像素，新建图层 1，用蓝色 RGB（80，185，225）填充选区。

4）单击"工具箱"中的"加深工具"，适当降低"曝光度"，然后沿着选区左侧边缘单击并拖动，重复几次，加深效果。

5）单击"工具箱"中的"减淡工具"，适当降低"曝光度"，然后在选区右侧边缘单击并拖动，重复几次，加深效果。

6）取消选区，水滴制作完毕，效果如图 3-102 所示。

图 3-101　创建水滴形路径

图 3-102　水滴效果

（3）液化滤镜

"液化"滤镜可以创建推拉、扭曲、旋转、收缩等变形效果，可以修改图像的任意区域。

执行"滤镜"→"液化"命令，打开"液化"对话框，如图 3-103 所示。在对话框中可以选择操作工具并进行相应的参数设置，拖动鼠标进行图像的修饰。

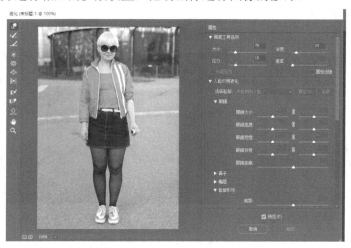

图 3-103　"液化"滤镜对话框

3.5.3　图层蒙版

蒙版就像蒙在图像上的一块板子，可以保护图层中的部分图像不受操作的影响。Photoshop 提供了多种类型的蒙版，包括图层蒙版、矢量蒙版、剪贴蒙版和快速蒙版。

图层蒙版的主要作用是控制图像的显示或隐藏区域。在蒙版中利用填色类工具填充不同灰度的颜色，从而控制图像的显示程度。白色为完全显示，灰色半透明显示，黑色则完全隐藏。

矢量蒙版利用矢量图形来控制图像的显示与隐藏。剪贴蒙版用处于下方图层的形状来限制上方图层的显示状态。快速蒙版主要用来创建选区。

下面重点介绍图层蒙版的创建、编辑与应用。

1. 创建图层蒙版

（1）直接创建图层蒙版

打开图像文件后，在"图层"面板单击要创建蒙版的图层，然后单击"图层"面板底部的"添加图层蒙版"按钮，为当前图层添加一个白色蒙版。

（2）从选区生成蒙版

为图层图像创建选区，然后单击"图层"面板底部的"添加图层蒙版"按钮，可以从选区生成蒙版。

（3）从图像生成蒙版

为一个图层添加蒙版后，将另一个图像复制到它的蒙版中，从而控制该图层图像的显示效果。

2．应用图层蒙版

【案例3.19】 光效美女。

操作思路：利用光效图像生成蒙版，然后对图像进行亮度调整。

案例3.19

操作步骤：

1）打开素材文件"夜景美女"，如图3-104所示，复制背景图层生成图层1。

2）按〈Ctrl〉键，然后单击"图层"面板底部的"创建新图层"按钮，在图层1的下方新建图层2，并以黑色填充。

3）打开素材文件"光斑"，如图3-105所示，全选并复制图像。

图3-104　夜景美女

图3-105　光斑

4）切换到"夜景美女"文件，为图层1添加图层蒙版，按〈Alt〉键并单击蒙版缩略图，在图像窗口中显示蒙版图像。

5）将"光斑"粘贴到图层蒙板中，并对粘贴的图像进行自由变换，调整其大小和位置，如图3-106所示。

6）执行"图像"→"调整"→"曲线"命令，在"曲线"窗口中调整蒙版图像的亮度，如图3-107所示。

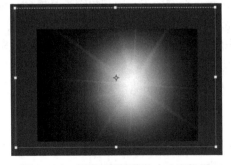

图3-106　调整蒙版图像的大小和位置

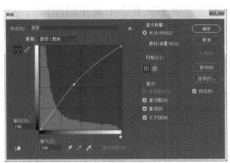

图3-107　调整蒙版图像的亮度

7）单击图层 1 缩略图，将图像窗口切换到图像，显示添加光效后的美女图像，如图 3-108 所示。

图 3-108　光效美女

【**案例 3.20**】　制作手机倒影。

操作思路：复制图像并垂直翻转，添加图层蒙版后用渐变工具编辑蒙版，使得图像下半部隐藏，呈现倒影效果。

操作步骤：

1）打开素材文件"手机"，执行"图像"→"画布大小"命令，在打开的"画布大小"对话框中将"高度"设置为 12，如图 3-109 所示。

2）复制背景图层生成图层 1，降低图层 1 的不透明度，使下面的背景图层可见。

3）执行"编辑"→"变换"→"垂直翻转"命令，将图层 1 垂直翻转，并向下调整位置，如图 3-110 所示。

4）将图层 1 的不透明度恢复到 100%，并为其添加图层蒙版。

5）单击"工具箱"中的"渐变工具"，单击工具选项栏中的渐变条打开"渐变编辑"对话框，设置黑白渐变如图 3-111 所示，并设置渐变样式为"线性渐变"。

图 3-109　"画布大小"对话框

图 3-110　翻转图像

6）把光标移动到图像窗口中，确认编辑对象为蒙版，拖动鼠标创建渐变，如果蒙版效果不满意，可重新设置渐变。手机倒影效果制作完毕，如图 3-112 所示。

图 3-111　渐变设置　　　　　　　　　　图 3-112　手机倒影

3.5.4　通道

通道主要用来存储图像的颜色信息和选区信息，这些信息可以通过"通道"面板查看。执行"图像"菜单中的相关命令可以对通道进行计算，以更改图像的色彩效果或合成图像。

Photoshop 中提供了 3 种类型的通道：颜色通道、Alpha 通道和专色通道。颜色通道用来记录图像的内容和颜色信息。Alpha 通道主要用来存储选区信息，专色通道则用来存储印刷用特殊预混的油墨。

1. 通道抠图

对于像毛发类（细节多）、烟雾和玻璃杯（有一定透明度）、高速运动的对象等，利用通道抠图可以得到较佳的效果。

使用 Alpha 通道抠图的基本操作步骤如下。

1）将对比度最大的单色通道复制成 Alpha 通道。

2）使用画笔、橡皮擦、减淡工具、加深工具等将需要选取的范围设为白色，不需要选取的范围设为黑色，需要羽化或半透明的部分设为不同程度的灰色。

3）载入 Alpha 通道的选区并将其转换成图层蒙版完成抠图。

【案例 3.21】　合成散发美女图像。

操作思路：利用钢笔工具创建人物主体选区，对散发部分利用 Alpha 通道创建选区，通过对选区运算创建较为精确的人物选区，然后利用图层蒙版进行抠图。

案例 3.21

操作步骤：

1）打开素材文件"林荫小路"和"散发美女"，将散发美女复制粘贴到林荫小路中，并调整其大小。

2）切换到"路径"面板，创建路径 1，用钢笔工具在对散发美女主体部分创建路径，如图 3-113 所示。

3）按〈Ctrl+Enter〉快捷键，将路径转换为选区，切换到"通道"面板，单击底部的"将选区存储为通道"按钮，将选区存储为 Alpha1 通道，取消选区。

4）分别单击 3 个单色通道，观察发现蓝色通道的对比度最强，复制一个蓝色通道生成名为"蓝拷贝"的 Alpha 通道。

5）单击"蓝拷贝"通道，按〈Ctrl+I〉快捷键，将通道图像反相。按〈Ctrl+L〉快捷键，调整通道色调，将背景调整为黑色。

6）用"减淡工具"涂抹头发中的灰色部分，用"加深工具"涂抹背景中的灰色部分，如图 3-114 所示。

图 3-113　创建路径

图 3-114　编辑通道图像

7）按〈Ctrl〉键的同时，单击"蓝拷贝"通道缩略图加载选区；执行"选择"→"载入选区"命令，打开如图 3-115 所示的"载入选区"对话框，将 Alpha1 通道以"添加到选区"的方式载入，形成如图 3-116 所示的选区。

图 3-115　载入选区

图 3-116　加载选区

8）单击"蓝拷贝"通道前面的眼睛图标，关闭"蓝拷贝"通道。用同样的方法激活复合通道。

9）切换到图层面板，选择图层 1，单击底部的"添加图层蒙版"按钮，为图层 1 添加图层蒙版，图层 1 背景隐藏，图像合成效果如图 3-117 所示。

2．通道调色

单色通道中的灰度图像表示该单色分量的含量分布情况，亮度越高，该种颜色含量就越高。通过调整单色通道中灰度图像的亮度，即可调整图像的颜色。

【**案例 3.22**】　将图像调成蓝色调。

操作思路：颜色通道中存储图像的颜色信息，通过提高蓝色通道的亮度来增加图像中的蓝色分量，使得图像整体呈现蓝色调。

操作步骤：

1）打开素材文件"偏绿风景"，如图 3-118 所示。

图 3-117　合成图像效果

图 3-118　偏绿风景

2）复制图层生成图层 1，切换到"通道"面板，观察 3 个通道，发现红、绿两个通道正常，而蓝色通道偏暗且对比度低。

3）按〈Ctrl+L〉快捷键，打开"色阶"对话框，将高光滑块向左移动，并将暗部滑块略微右移，如图 3-119 所示。

4）调整后的图像如图 3-120 所示，观察发现仍然偏绿色。

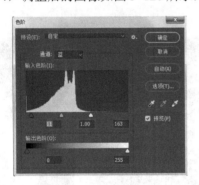

图 3-119　色阶调整

图 3-120　色阶调整后图像效果

5）单击 RGB 复合通道，并切换到"图层"面板，单击底部的"添加填充调整图层"，选择"通道混合器"。

6）在"通道混合器"对话框中选择蓝色通道，向右拖动绿色滑竿上的滑块，增加含有绿色分量的像素的蓝色含量，如图 3-121 所示。

7）调整后的蓝色调图像效果如图 3-122 所示。

图 3-121　通道混合器调整

图 3-122　蓝色调图像

3.5.5　滤镜

Photoshop 提供了许多内置滤镜和外挂滤镜，滤镜可以为图像设置各种特殊的艺术化效果，这些滤镜命令在"滤镜"菜单中分类存放，包括消失点、液化等独立滤镜和其他滤镜组中各式滤镜命令。这些滤镜可单独应用到图像中，也可以组合应用。

1．独立滤镜

独立滤镜是具有独特功能的滤镜，除了前面介绍过的消失点滤镜和液化滤镜外，还有自适应广角、Camera Raw 和镜头校正 3 个滤镜。选择独立滤镜后，将打开相应的对话框进行设置，得到所需的效果。

2．滤镜组简介

除了独立滤镜外，"滤镜"菜单中还有许多分类的滤镜组，根据功能分为滤镜库、风格化、模糊、模糊画廊、扭曲、锐化、视频、像素化、渲染、杂色和其他，可以为图像设置不同的效果。

3．智能滤镜

滤镜的效果是通过修改图像像素来呈现的，对图像像素进行了破坏。智能滤镜则是一种非破坏性的滤镜，以图层效果的形式出现在"图层"面板中，应用于智能对象上。智能像素不会改变图像像素，可以达到与普通滤镜相同的效果。

【**案例 3.23**】　为图像添加网纹效果。

操作思路：通过使用"转换为智能滤镜"命令将背景图层转换为智能对象，在复制图层后添加"半调图案"和"锐化"滤镜，为图像添加清晰的网格效果，最后通过改变图层混合模式加强效果。

操作步骤：

1）打开素材文件"女童"，执行"滤镜"→"转换为智能滤镜"命令，弹出如图 3-123 所示信息框，单击"确定"按钮，将背景图层转换为智能对象，且自动重命名为图层 0。

2）复制图层 0，生成图层 0 拷贝。设置前景色为淡蓝色，执行"滤镜"→"滤镜库"命令，打开如图 3-124 所示的对话框。在对话框中选择"素描"下的"半调图案"，根据图像效果设置"大小"和"对比度"，单击"确定"按钮退出对话框。

图 3-123　转换提示框

图 3-124　滤镜库

3）执行"滤镜"→"锐化"→"USM 锐化"命令，打开如图 3-125 所示的对话框，适当设置半径，单击"确定"按钮退出。

4）设置图层 0 拷贝的混合模式为"正片叠底"，添加网纹效果的图像如图 3-126 所示。

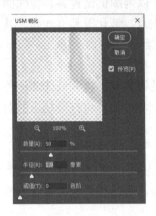

图 3-125　USM 锐化

图 3-126　网纹效果

【案例 3.24】羽毛花效果制作。

操作思路：利用"风"滤镜和"扭曲"滤镜制作羽毛边缘纤细的绒毛，然后利用"极坐标"滤镜和自由变换命令调整为半边羽毛的形状，复制并水平翻转，添加羽毛梗，并对整体用"切变"滤镜进行弯曲，最后通过调色命令调色后用自由变换命令旋转复制形成花朵效果。

案例 3.24

操作步骤：

1）新建图像文件"羽毛花"，宽度和高度分别为 640 像素和 480 像素，背景为白色。

2）新建图层 1，创建如图 3-127 所示的选区，并用黑色填充；然后取消选区。

3）在图层 1 上执行"滤镜"→"风格化"→"风"命令，打开"风"滤镜对话框，如图 3-128 所示，设置"方法"为"风"，"方向"为"从右"，可重复执行 1~2 次。

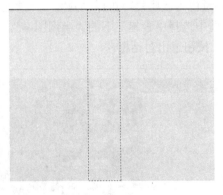

图 3-127　创建选区

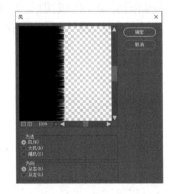

图 3-128　"风"对话框

4）执行"滤镜"→"模糊"→"动感模糊"命令，打开"动感模糊"对话框，如图 3-129 所示，设置"角度"为 0，"距离"为 30 左右。

5）将图层 1 逆时针旋转 90°，并调整到图像底部。

6）执行"滤镜"→"扭曲"→"极坐标"命令，打开如图 3-130 所示的"极坐标"对话框，选中"从极坐标到平面坐标"单选按钮，图像如图 3-131 所示。

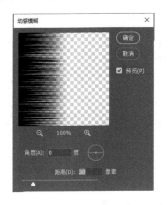
图 3-129 "动感模糊"对话框

图 3-130 "极坐标"对话框

7）将图层 1 顺时针旋转 90°，并调整大小，使用矩形选框工具，创建如图 3-132 所示选区，并将图像删除，取消选区。

图 3-131 极坐标效果

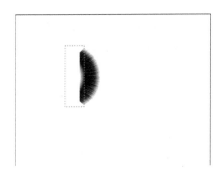
图 3-132 创建、删除选区

8）复制图层 1 生成图层 1 拷贝，将图层 1 拷贝水平翻转并调整位置，如图 3-133 所示。

9）合并图层 1 和图层 1 拷贝，用黑色画笔绘制羽毛梗，如图 3-134 所示。

图 3-133 翻转并调整位置

图 3-134 绘制羽毛梗

10）执行"滤镜"→"扭曲"→"切变"命令，打开"切变"对话框，如图 3-135 所示，调节切变曲线，单击"确定"按钮退出。

11）执行"图像"→"调整"→"色相饱和度"命令，打开"色相/饱和度"对话框，如图 3-136 所示，选中"着色"复选框，调整色相、饱和度和亮度。

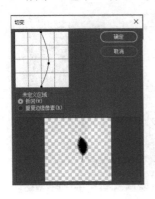

图 3-135 "切变"对话框

图 3-136 调整色相

12）按〈Ctrl+T〉快捷键，自由变换，调整羽毛的大小，确认变换。

13）再次进行自由变换，将变换的中心点调整到羽毛梗的顶端，如图 3-137 所示，在工具属性栏中设置旋转角度为 45°，确认变换。

14）按〈Ctrl+Shift+Alt〉快捷键的同时，再按〈T〉键，每按一次〈T〉键，旋转复制一个羽毛，同时生成一个副本图层，重复执行，直到形成一朵花，如图 3-138 所示。

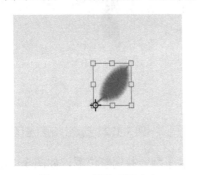

图 3-137 调整变换中心

图 3-138 羽毛花效果

15）合并除背景外的所有图层。

3.5.6 3D 功能的应用

Photoshop CC 中不仅可以处理平面图像，也可以编辑三维图像、制作动态图像效果。Photoshop 可打开和处理由 3ds Max、Maya、Alias 等程序创建的 3D 文件，也可以由 2D 图像生成 3D 对象。

1. 3D 操作界面

在 Photoshop CC 中创建或编辑 3D 文件时，将自动切换到 3D 界面，如图 3-139 所示。在 3D 操作界面，可以创建 3D 模型，控制框架以产生 3D 凸出效果，更改场景和对象方向以及编辑光线，还可以将 3D 对象自动对齐至图像的消失点上。

2. 3D 文件组成

3D 文件包含网格、材质和光源等组件。网格是 3D 模型的骨架，材质是皮肤，光源用来照亮场景，使 3D 对象可见。

图 3-139　3D 操作界面

（1）网格

网格是由许多单独的代表性框架组成的线框，提供了 3D 模型的底层结构。在 Photoshop 中，可以从 2D 图层创建 3D 网格，也可以分别对每个网格进行操作。

（2）材质

一个网格可以有一种或多种相关的材质，它们控制整个网格的外观。材质映射到网格上，可以模拟各种纹理和质感。

（3）光源

光源包括点光、聚光灯和无限光。在 Photoshop 中，可以移动和调整现有光源的颜色和强度，也可以为场景添加新的光源。

3. 创建 3D 对象

Photoshop CC 的 3D 功能，可将 2D 的图像转换为 3D 明信片、选择预设的 3D 形态、创建 3D 凸纹对象以及从灰度创建 3D 网格对象等。

（1）创建 3D 明信片

打开一幅图像，执行"编辑"→"首选项"命令，在打开的"首选项"对话框中选中"使用图形处理器"选项，并单击"高级设置"按钮，在打开的"3D"面板中选中"3D 明信片"选项，再单击底部的"创建"按钮，可以将 2D 图像转换为 3D 明信片，如图 3-140 所示。

图 3-140　"3D"面板

（2）创建 3D 形状

打开图像后，在"3D"面板中选择"从预设创建 3D 形状"选项后，单击下拉列表可从中选择具体的形状，单击"创建"按钮后，将图像创建为对应的 3D 形状效果。

（3）创建 3D 模型

打开图像后，在"3D"面板中选择"3D 模型"选项后，单击"创建"按钮后，将图像创建为对应的 3D 模型。

（4）创建网格

打开图像后，在"3D"面板中选择"从深度映射创建网格"选项后，选择不同的类型，单击"创建"按钮后，将图像转换为深度映射的相应效果。

（5）创建 3D 体积

打开图像，选择多个图层，在"3D"面板中选择"3D 体积"选项后，单击"创建"按钮后，将图像创建为具有模糊景深效果的 3D 图像。

【案例 3.25】 创建 3D 文字。

操作思路：输入文字后，通过执行"创建 3D 文字"命令并进行相应的属性设置，使文字呈现立体效果，最后再设置不同部位的材质。

操作步骤：

1）新建文件，宽度和高度设置为 400 像素和 300 像素，分辨率为 72 像素/英寸，背景白色。

2）在图像窗口中输入"3D 文字"，字体为黑体，大小为 72。

3）执行"文字"→"创建 3D 文字"命令，创建如图 3-141 所示的 3D 文字。

4）单击工具箱中的"移动"工具，在 3D 对象上单击，在右侧的"属性"面板中设置文字的"形状预设"及"凸出深度"，如图 3-142 所示。

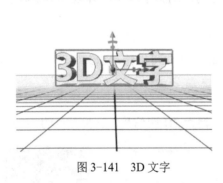

图 3-141　3D 文字

图 3-142　3D 对象属性

5）单击窗口左下方的"环绕移动 3D 相机"按钮，在对象中上拖动调整文字角度。

6）单击窗口上方的光源，在"属性"面板中调整光源的颜色、强度、是否有阴影等，如图 3-143 所示。

7）单击"3D"面板的"材质"按钮，选择"前膨胀材质"，如图 3-144 所示；在如图 3-145 所示的"材质属性"面板中，单击"示例球"，弹出如图 3-146 所示列表，从中选择材质。

图 3-143　3D 光源属性

图 3-144　3D 面板材质列表

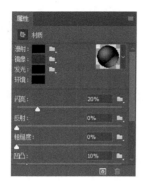

图 3-145　材质属性

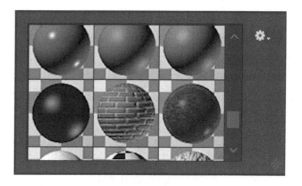

图 3-146　选择材质示例球

8）用同样的方法设置其他面的材质，效果如图 3-147 所示。

图 3-147　设置材质效果

4．3D 调整工具

在创建了 3D 对象或打开 3D 文件后，可使用 3D 调整工具对图像进行移动、旋转等操作。3D 调整工具位于工具选项栏的"3D 模式"中，如图 3-148 所示。

图 3-148　3D 调整工具

（1）移动对象

单击"平移 3D 相机"按钮选中 3D 对象后，上下或左右拖动鼠标可以上下或者左右平移 3D 对象。

单击"滑动 3D 相机"按钮，选中 3D 对象后，左右拖动鼠标可平移 3D 对象，上下拖动鼠标则可将 3D 对象推远或拉近。

（2）旋转对象

单击"环绕移动 3D 相机"按钮后，选中 3D 对象，上下拖动鼠标可使 3D 对象绕红色的 x 轴旋转，左右拖动鼠标可使 3D 对象绕绿色的 y 轴旋转，按下〈Alt〉键拖动鼠标可使 3D 对象绕蓝色的 z 轴旋转。

单击"滚动 3D 相机"按钮后，选中 3D 对象，拖动鼠标可使 3D 对象绕蓝色的 z 轴旋转。

（3）缩放对象

单击"变焦 3D 相机"按钮后，选中对象，拖动鼠标可使 3D 对象远离或靠近相机，相当于缩小或放大 3D 对象。

3.6 案例：水果卡片

【案例 3.26】 水果卡片。

操作思路：综合运用选区、变换、滤镜、图层样式、图层混合模式和图层蒙版等知识制作水果卡片。

操作步骤：

1）新建文件，命名为"水果卡片"，宽度和高度分别为 1200 像素和 1000 像素，分辨率为 300 像素/英寸，颜色模式为 RGB 模式。

2）单击工具箱中的"前景色"按钮，打开"拾色器（前景色）"对话框，将前景色设为 RGB（250，180，0），单击"确定"按钮；按〈Alt+Delete〉快捷键用前景色填充背景图层。

3）新建图层 1，在图像窗口的左侧创建如图 3-149 所示的矩形选区，并用 RGB（250，210，0）填充，取消选区。

4）复制图层 1 生成图层 1 拷贝，执行"编辑"→"自由变换"命令，用移动工具将图层 1 拷贝向右水平移动，确认变换，如图 3-150 所示。

图 3-149　创建选区

图 3-150　复制竖条

5）按〈Ctrl+Shift+Alt〉快捷键，再按〈T〉键，重复执行 20 次左右，复制出多个竖条，如图 3-151 所示。

6）按住〈Shift〉键选择所有的竖条图层，再按〈Ctrl+E〉快捷键，合并所有的竖条图层，并将其重新命名为图层 1。

7）执行"滤镜"→"转换为智能滤镜"命令，将图层 1 转换为智能对象。执行"滤镜"→"扭曲"→"极坐标"命令，打开如图 3-152 所示的"极坐标"对话框，选中"平面坐标到极坐标"选项，单击"确定"按钮，将图像制作成如图 3-153 所示的放射状效果。

图 3-151　多竖条效果

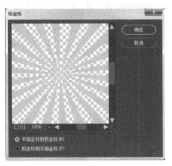

图 3-152　"极坐标"对话框

8）新建图层 2，在图像窗口的中心创建正圆选区，执行"选择"→"修改"→"羽化"命令，在弹出的"羽化选区"对话框中将"羽化半径"设为 100 像素，然后用白色进行填充，取消选区。

9）将图层 2 的"混合模式"更改为"叠加"，将白色与底层颜色混合，如图 3-154 所示。

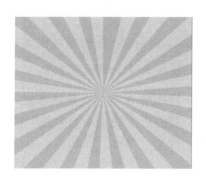

图 3-153　放射状效果

图 3-154　叠加效果

10）复制图层 2 生成图层 2 拷贝，将其"混合模式"修改为"正常"，设置图层不透明度为 70%，效果如图 3-155 所示。

11）单击工具箱中的"横排文字工具"，在图像窗口中输入"FRUIT HOUSE"，字体设置为"Broadway"，大小为 36，颜色为白色。

12）复制 FRUIT HOUSE 图层得到 FRUIT HOUSE 拷贝，并隐藏该图层。

13）选择 FRUIT HOUSE 图层，单击"图层"面板底部的"添加图层样式"按钮，在弹出的菜单中选择"描边"，打开如图 3-156 所示的"图层样式"对话框，为该图层添加描边效果，设置"大小"为 40 像素，"位置"为外部，颜色为 RGB（130，160，255），"混合模式"为"正常"。

14）继续为 FRUIT HOUSE 图层添加"内阴影"效果，设置"不透明度"为 60%，"距离"为 5，"阻塞"为 0，"大小"为 5，如图 3-157 所示。

图 3-155　加强白光

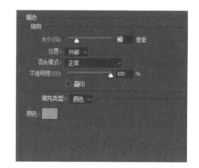

图 3-156　"描边"设置

15）设置图层样式后的效果如图 3-158 所示。按〈Ctrl〉键的同时，单击"图层"面板底部的"创建新图层"按钮，在 FRUIT HOUSE 图层下方新建图层 3，选择 FRUIT HOUSE 层，然后向下合并到图层 3。

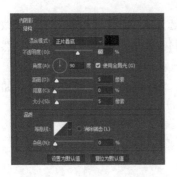

图 3-157 "内阴影"设置   图 3-158 图层样式效果

16）执行"滤镜"→"转换为智能滤镜"命令，将图层 3 转换为智能对象。执行"滤镜"→"杂色"→"添加杂色"命令，弹出如图 3-159 所示的"添加杂色"对话框，设置"数量"为 10%，选中"平均分布"单选按钮，选中"单色"复选框。图像中文字出现杂点。

17）为图层 3 添加"投影"，如图 3-160 所示，设置"不透明度"为 75%，"角度"为 120，"距离"为 5，"阻塞"为 0，"大小"为 5。

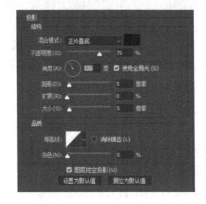

图 3-159 "添加杂色"设置   图 3-160 "投影"设置

18）选择 FRUIT HOUSE 拷贝层，为图层添加"描边"样式，设置"大小"为 20 像素，颜色为黑色。

19）再添加"内阴影"效果，设置"不透明度"为 60%，"距离"为 5，"阻塞"为 0，"大小"为 5。添加了图层样式后的图像效果如图 3-161 所示。

20）打开素材文件"水果家族"，全选并复制图像。

21）切换回"水果卡片"，在所有图层的上方粘贴图像，转换为智能对象后自由变换调整图像的大小，如图 3-162 所示。

22）在图层面板的智能对象图层上右击，在弹出的快捷菜单中选择"编辑内容"选项，打开"图层 4.psb"文件，用"魔棒"工具在白色背景处单击，创建如图 3-163 所示选区。

23）执行"选择"→"修改"→"扩展"命令，将选区扩展 2 像素，按〈Ctrl+Shift+I〉组合键，反选选区。

24）单击"图层"面板底部的"添加图层蒙版"按钮，保存文件。

图 3-161　文字效果

图 3-162　调整图像

25）切换到"水果卡片"图像，最终效果如图 3-164 所示。

图 3-163　创建白色背景选区

图 3-164　卡片效果

3.7　本章小结

　　本章首先介绍了图形图像的基本概念、色彩的相关知识、图像的数字化、图像文件的大小和图像文件的格式等基础知识；然后以 Adobe Photoshop 软件为例，介绍了选区创建与编辑、图层编辑操作、文字及路径的创建与应用、图像的调整、蒙版和通道的应用以及滤镜的应用等基本方法；最后介绍了 3D 功能的应用。

　　通过软件的"例中学、练中学"，能够对图像进行基本的处理，以满足日常生活和工作的需求。

3.8　练习与实践

1. 选择题

（1）色彩深度是描述在一个图像中_____的数量的指标。

　　A．颜色　　　　　　　B．饱和度　　　C．亮度　　　　　D．灰度

（2）在 Photoshop 中的空白区域，双击可以实现_____。

　　A．新建一个空白文档　　　　　　B．新建一幅图片

　　C．打开一幅图片　　　　　　　　D．只能打开一幅扩展名为.psd 的文件

（3）_____可以选择连续的相似颜色的区域。

A．矩形选框工具   B．椭圆选框工具

C．魔棒工具   D．磁性套索工具

（4）按住_____键可保证椭圆选框工具绘出的是正圆形。

A．〈Shift〉   B．〈Alt〉   C．〈Ctrl〉   D．〈Caps Lock〉

（5）如果使用矩形选框工具画出一个以单击点为中心的矩形选区应按住_____键。

A．〈Shift〉   B．〈Ctrl〉   C．〈Alt〉   D．〈Shift+Ctrl〉

（6）按_____快捷键可以在使用画笔时绘制直线。

A．〈Shift〉   B．〈Ctrl〉   C．〈Alt〉   D．〈Shift+Ctrl〉

（7）Photoshop 中能够用于制作画笔及图案的选区工具是_____。

A．圆形选择工具   B．矩形选择工具

C．套索选择工具   D．魔棒选择工具

（8）Photoshop 中利用橡皮擦工具擦除背景层中的对象，被擦除区域填充_____。

A．黑色   B．白色   C．透明   D．背景色

（9）Photoshop 中在使用仿制图章复制图像时，每一次释放左键后再次开始复制图像，都将从原取样点开始复制，而非按断开处继续复制，其原因是_____。

A．此工具的"对齐的"复选框未被选中

B．此工具的"对齐的"复选框被选中

C．操作的方法不正确

D．此工具的"用于所有图层"复选框被选中

（10）Photoshop 当前图像中存在一个选区，按〈Alt〉键单击添加蒙版按钮，与不按〈Alt〉键单击添加蒙版按钮，其区别是_____。

A．蒙版恰好是反相的关系

B．没有区别

C．前者无法创建蒙版，而后能够创建蒙版

D．前者在创建蒙版后选区仍然存在，而后者在创建蒙版后选区不再存在

2．填空题

（1）计算机中的图像主要分为两大类：_____和_____，而 Photoshop 中处理的主要是_____。

（2）Photoshop 图像最基本的组成单元是_____。

（3）在 Photoshop 中将前景色和背景色恢复为默认颜色的快捷键是_____，快捷键_____可以互换前景色与背景色。

（4）在 Photoshop 中渐变工具有_____、_____、_____、_____和_____ 5种样式。

（5）色彩的三要素指_____、_____和_____，在 Photoshop 中可通过_____命令修改色彩的三要素。

（6）若要对文字图层执行滤镜效果，必须先对文字图层进行_____操作。

（7）Photoshop 中_____调整命令可提供精确的色调调整。

（8）_____是基于贝塞尔曲线所构成的直线段或曲线段，在缩放或变形后仍能保持平滑效果，线段之间通过_____连接。

（9）_____可以控制图层图像的显示或隐藏，它以 8 位灰度图像的形式存储，其中_____对应区域图像完全显示，_____对应区域图像完全隐藏，而_____对应区域图像则半透明显示。

（10）Photoshop 中选区以_____的形式存储。

3．实践题

（1）制作模拟水面倒影效果，如图 3-165 所示。

图 3-165　水面倒影效果

（2）修复如图 3-166 所示图像。

图 3-166　划痕图像

（3）利用图层样式制作水珠效果，如图 3-167 所示。

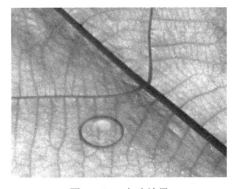

图 3-167　水珠效果

（4）更换窗外风景，效果如图 3-168 所示。

图 3-168　更换窗外风景

（5）利用各种颜色调整命令，调整如图 3-169 所示偏色图像。

图 3-169　偏色图像

（6）绘制如图 3-170 所示图形。

图 3-170　矢量图形

（7）利用图层蒙版技术将给定素材图片合成如图 3-171 所示的瓶中小岛。

图 3-171　瓶中小岛

（8）利用半调图案滤镜制作如图 3-172 所示的抽丝效果。

图 3-172　抽丝效果

第 4 章　数字视频编辑

视频是随时间动态变化的一组图像，一般由连续拍摄的一系列静止图像组成，可以记录和还原真实世界的动态变化。人们观看电影、电视时，画面中的场景是连续、流畅的，而研究发现画面实际上并不是连续的，只是这些画面以一定的速率播放，由于人眼的视觉暂留效应，当前一幅画面的影像还未消失时，后一幅画面的影像又显示出来，才会产生运动的视觉效果。

教学目标

- 理解数字视频相关概念
- 掌握数字视频的获取
- 了解常见的视频文件格式
- 掌握 Premiere 软件的基本操作
- 掌握 After Effects 软件的基本操作

4.1　数字视频概述

视频分为模拟视频和数字视频两类，模拟视频指由连续的模拟信号组成视频图像，它的存储介质是磁带或录像带，在编辑或转录过程中画面质量会降低。日常生活中的电视、电影都属于模拟视频的范畴。数字视频是把模拟信号变为数字信号，它描绘的是图像中的单个像素，可以直接存储在计算机存储设备中，因为保存的是数字像素信息而非模拟的视频信号，所以在编辑过程中可以最大限度地保证画面质量不受损失。

4.1.1　数字视频的基本概念

1．帧

帧是构成影片的基本单位，即组成影片的每一幅静态画面，一帧就是一幅静态画面。

2．帧速率

帧速率是视频中每秒包含的帧数。PAL 制影片的帧速率为 25 帧/秒，NTSC 制影片的帧速率为 29.97 帧/秒，电影的帧速率为 24 帧/秒，二维动画的帧速率为 12 帧/秒。

3．扫描

视频信号源捕捉二维图像信息，并转换为一维电信号进行传递，而电视接收器或电视监视器要将电信号还原为视频图像在屏幕上再现出来，这种二维图像和一维电信号之间的转换是通过光栅扫描来实现的，主要有逐行扫描和隔行扫描两种方式。

4. 宽高比

数字视频中一个重要的参数是宽高比，通常用两个整数的比来表示，如 4：3 或 16：9。电影、标清电视和高清电视均有不同的宽高比，标清电视的宽高比是 4：3，高清电视和扩展清晰度电视的宽高比为 16：9，宽屏电影则可高达 2.35：1 或更高。

5. 分辨率

水平扫描线所能分辨出的点数称为水平分辨率，一帧中垂直扫描的行数称为垂直分辨率。一般来说，点越小，线越细，分辨率越高。

通常将物理分辨率在 720P（一种在逐行扫描下达到 1280×720 分辨率的显示格式，其中 P 指 Progressive）以下的视频格式称为标清，物理分辨率达到 720P 以上、宽高比为 16：9 的格式称为高清，同时支持高清及标清的统称为超清。

6. 颜色空间

YUV 是 PAL 和 SECAM 模拟彩色电视制式采用的颜色空间，其中，Y 表示亮度，U、V 表示色差，U、V 是构成彩色的两个分量。

YIQ 是美国、日本等国家 NTSC 模拟彩色电视制式采用的颜色空间，其中，Y 表示亮度信号，I、Q 表示色差信号，但它们与 U、V 是不同的，其区别是色度在矢量图中的位置不同。

4.1.2 数字视频的获取与标准

1. 数字视频的获取

数字视频主要有 3 种获取方式：通过数字化设备如数码摄像机、数码照相机、数字光盘等获得；通过模拟视频设备如摄像机、录像机（VCR）等输出模拟信号，再由视频采集卡将其转换成数字视频存入计算机，以便计算机进行编辑、播放等各种操作；通过屏幕视频录制软件进行视频录制。

2. 数字视频的编码标准

数字视频编码标准的制定工作主要由国际标准化组织 ISO 和国际电信联盟 ITU 完成。由 ISO 和 IEC 共同委员会中的 MPEG 组织制定的标准主要针对视频数据的存储应用，也可以应用于视频传输，如 VCD、DVD、广播电视和流媒体等，它们以 MPEG-X 命名，如 MPEG-1 等。而由 ITU 组织制定的标准主要针对实时视频通信的应用，如视频会议和可视电话等，它们以 H.26X 命名，如 H.261 等。

（1）MPEG-X 系列标准

1）MPEG-1 标准。

MPEG-1 标准制定于 1992 年，以约 1.5 Mbit/s 的比特率对数字存储媒体的活动图像及其伴音进行压缩编码，采用 30 帧的 CIF 图像格式。使用 MPEG-1 标准压缩后的视频信号适于存储在 CD-ROM 光盘上，也适于在窄带信道（如 ISDN）、局域网（LAN）、广域网（WAN）中传输。

2）MPEG-2 标准。

MPEG-2 标准制定于 1994 年，主要用于对符合 CCIR601 广播质量的数字电视和高清晰度电视进行压缩。

MPEG-2 对 MPEG-1 进行了兼容性扩展，允许隔行扫描和逐行扫描输入、高清晰度输入，以及各种不同的色度亚采样方案；空间和时间上的分辨率可调整编码；适应隔行扫描的预测方法和块扫描方式。

3）MPEG-4 标准。

MPEG-4 标准制定于 1999 年，主要是为数字电视、交互式图形和多媒体的综合性生产、发行及内容访问提供标准的技术单元，包括基于对象的低比特率压缩编码。

MPEG-4 采用基于对象的视频编码方法，可以实现对视频图像的高效压缩，提供基于内容的交互功能，还提供了误码检测和误码恢复功能。

4）MPEG-7 标准。

MPEG-7 标准制定于 2001 年，主要对各种不同类型的多媒体信息进行标准化描述，并将该描述与所描述的内容相联系，以实现快速有效的搜索。该标准不包括对描述特征的自动提取，也没有规定利用描述进行搜索的工具或任何程序。MPEG-7 既可应用于存储（在线或离线），也可用于流式应用。

（2）H.26X 系列标准

1）H.261 标准。

H.261 标准制定于 1990 年，是运行于 ISDN 上实现面对面视频会议的压缩标准，也是最早的视频压缩标准之一。由于 H.261 是架构在 ISDN B 上，且 ISDN B 的传输速度为 64 kbit/s，所以 H.261 又称为 P×64，其中 P 为 1～30 的可变参数。H.261 使用帧间预测来消除空域冗余，并使用了运动矢量来进行运动补偿。

2）H.263 标准。

H.263 标准制定于 1994 年，主要对视频会议和视频电信应用提供视频压缩。H.263 是为低码率的视频编码而设定的（通常只有 20～30 kbit/s），不描述编码器和解码器自身，而是指明了编码流的格式与内容。

3）H.264 标准。

H.264 标准完成于 2005 年，与其他现有的视频编码标准相比，具有更高的编码效率，可以在相同的带宽下提供更加优秀的图像质量，并且可以根据不同的环境使用不同的传输和播放速率，还可以很好地控制或消除丢包和误码。

4）H.265 标准。

H.265 标准制定于 2013 年，可在低于 1.5 Mbps 的传输带宽下，实现 1080P 全高清视频传输。H.265 标准也同时支持 4K（4096×2160 像素）和 8K（8192×4320 像素）超高清视频。

5）AVS 标准。

AVS 是我国具备自主知识产权的第二代信源编码标准，是《信息技术先进音视频编码》系列标准的简称。AVS 标准包括系统、视频、音频、数字版权管理 4 个主要技术标准和一致性测试等支撑标准。

4.1.3　数字视频的格式与转换

1. 数字视频文件的格式

目前的视频文件可以分为两大类：一类是普通的影像文件；另一类是流媒体文件。

常见的普通影像文件如下。

1）AVI 格式：AVI（Audio Video Interleaved，音频视频交错）格式可以将视频和音频交织在一起进行同步播放。它于 1992 年由 Microsoft 公司推出，优点是图像质量好，可以跨多个平台使用，其缺点是体积过于庞大，压缩标准不统一。

2）MPEG（Moving Picture Expert Group）格式：是运动图像压缩算法的国际标准，它采用了有损压缩方法减少运动图像中的冗余信息。MPEG 的压缩方法是依据相邻两幅画面绝大多数相同，把后续图像中和前面图像有冗余的部分去除，从而达到压缩的目的（其最大压缩比可达到 200∶1）。

3）DivX 格式（DVDrip）：这是由 MPEG-4 衍生出的另一种视频编码（压缩）标准，采用了 MPEG-4 的压缩算法，同时又综合了 MPEG-4 与 MP3 的技术，使用 DivX 压缩技术对 DVD 盘片的视频图像进行高质量压缩，同时用 MP3 或 AC3 对音频进行压缩，然后将视频与音频合成并加上相应的外挂字幕文件而形成的视频格式。其画质直逼 DVD 但体积只有 DVD 的数分之一。

4）MOV 格式：它是美国 Apple 公司开发的一种视频格式，默认的播放器是苹果的 QuickTime Player，具有较高的压缩比和较完美的视频清晰度。其最大的特点是跨平台性，不仅支持 Mac OS 系统，也支持 Windows 系统。

5）MP4 格式：它的全称为 MPEG-4 Part 14，是一种使用 MPEG-4 压缩算法的多媒体计算机档案格式。这种视频文件能够在很多场合中播放。

流媒体技术（Streaming Media Technology）是为解决以 Internet 为代表的中低带宽网络上多媒体信息（以视频、音频信息为重点）传输问题而产生、发展起来的一种网络新技术。常见的流媒体文件如下。

1）ASF（Advanced Streaming Format）格式：用户可以直接使用 Windows Media Player 播放 ASF 格式的文件。由于 ASF 格式使用了 MPEG-4 压缩算法，因此压缩率和图像的质量都很不错。

2）WMV（Windows Media Video）格式：由微软推出的一种采用独立编码方式，并且可以直接在网上实时观看视频节目的文件压缩格式。WMV 格式的主要优点包括本地或网络回放、可扩充的媒体类型、部件下载、可伸缩的媒体类型、流的优先级化、多语言支持、环境独立性、丰富的流间关系以及扩展性等。

3）RM 格式：Real Networks 公司所制定的音频视频压缩规范称为 Real Media，用户可以使用 RealPlayer 或 RealOne Player 对符合 Real Media 技术规范的网络音频、视频资源进行实况转播，并且 Real Media 可以根据不同的网络传输速率制定不同的压缩比率，从而实现在低速率的网络上进行影像数据实时传送和播放。

4）RMVB 格式：一种由 RM 格式升级延伸出的新视频格式，它的先进之处在于打破了 RM 格式平均压缩采样的方式，在保证平均压缩比的基础上合理利用比特率资源。这种视频格式还具有内置字幕和无须外挂插件支持等优点。

5）FLV 格式：FLV 流媒体格式是随着 Flash MX 的推出而发展起来的视频格式，是 FLASH VIDEO 的简称。它文件体积小巧，是普通视频文件体积的 1/3，再加上 CPU 占有率低、视频质量良好等特点，在在线视频网站应用广泛。

2．视频文件格式转换

由于视频文件格式种类较多，在使用视频文件时，有时需要对视频文件进行格式转换。可以实现格式转换的软件比较多，如格式工厂、狸窝视频转换器、万能视频格式转换器等。

4.2 数字视频编辑工具介绍

电影、电视、PC、手机等视频媒体已经成为大众化的媒体形式，随着技术的进步，计算机逐步取代了许多原有的影视设备，影视制作从原来的专业等级的硬件设备转向 PC 平台的软件，非专业人员也可以通过视频编辑软件实现影片的制作。

1．Adobe Premiere

Premiere 是 Adobe 公司推出的基于非线性编辑设备的视频编辑软件，被广泛地应用于电视制作、广告制作、影片剪辑等领域，是在 PC 和 Mac 平台上应用最为广泛的视频编辑软件。

Premiere 的主要功能包括以下几个方面。

1）编辑和组装各种视频、音频剪辑片段。

2）对视频片段进行各种特技效果处理。

3）在视频剪辑上添加各种字幕、图标和其他视频效果。

4）在两段视频之间增加各种过渡效果。

5）设置音频、视频编码及压缩参数。

6）改变视频特性参数，如图像位深、视频帧率以及音频采样。

7）给视频配音，对音频剪辑片段进行编辑，调节音频与视频同步。

2．绘声绘影

Ulead 公司推出的绘声绘影是完全针对家庭娱乐、个人纪录片制作的简便型视频编辑软件。

绘声绘影采用"在线操作指南"引导方式来处理各种视频和图像素材，通过开始—捕获—故事板—效果—覆叠—标题—音频等步骤，以指南的方式引导用户制作。

3．爱剪辑

爱剪辑是国内首款全能的免费视频剪辑软件。它有较全面的视频与音频格式支持、逼真的文字特效，还有很多风格效果、过渡特效、卡拉 OK 效果和 MTV 字幕功能，以及加相框、加贴图以及去水印等功能，是一款适用于家庭娱乐的"傻瓜型"视频剪辑软件。

4．Windows Movie Maker

Windows Movie Maker 是 Windows 附带的一个视频编辑软件，功能比较简单，可以组合镜头、调整声音、加入镜头切换的特效，非常适合小视频的处理。

5．After Effects

After Effects 是 Adobe 公司开发的用于视频处理的非线性编辑和后期合成软件。它能够为影片添加许多特技效果，可实现很多靠实际拍摄无法实现的效果。After Effects 主要用于视频和动画的后期合成，与 Premiere 在功能和操作上有许多相似之处，但 After Effects 更偏重于特效制作。

4.3 Premiere Pro CC 应用

Adobe Premiere 是一款常用的视频编辑软件，广泛应用于影视、广告等视频剪辑制作中。

4.3.1 Premiere Pro CC 概述

Premiere Pro CC 视频制作软件可以对视频、音频、图像等素材进行剪切、组接、校正颜色、稳定画面、添加过渡、应用效果、制作字幕、合成音频、添加声效等编辑操作，并通过再次编码，将制作的结果导出生成用于电影、电视、光盘、网络、移动设备等多种用途的视频及多媒体文件。

1. Premiere Pro CC 的工作界面

启动 Premiere Pro CC 后，在打开的开始界面可以选择新建项目或打开已有项目，如图 4-1 所示。

图 4-1　开始界面

单击"新建项目"按钮，可打开"新建项目"窗口，如图 4-2 所示。在"新建项目"对话框的"常规"选项卡中，常用的选项功能如下。

- "视频"选项用于设置帧在"时间线"面板中播放时，Premiere 所使用的帧和数目，以及是否使用丢帧或不丢帧时间码。
- "音频"选项用来更改"时间线"面板和"节目监视器"面板中的音频显示，以显示音频单位而不是视频帧。使用音频显示格式可以将音频单位设置为毫秒或者音频取样。
- "捕捉"选项可以选择所要采集视频或音频的格式，如"DV"或"HDV"。

在"暂存盘"选项卡中可以设置视频采集的路径等，如图 4-3 所示。

图 4-2　新建项目

图 4-3　暂存盘选项卡

- "名称"选项用于为该项目命名。在文本框中输入名称后单击"确定"按钮,即可打开 Premiere Pro CC 工作界面,如图 4-4 所示。

图 4-4　工作界面

- "位置"选项用于选择项目存储的位置。单击"浏览"按钮,从打开的对话框中可以设置文件的保存位置。

2.Premiere Pro CC 的窗口

(1)"项目"窗口

在 Premiere Pro CC 中,"项目"窗口用于输入、组织和存储参考素材,所有导入的视频、音频和图像素材、素材编辑的序列、字幕及建立的蒙版等都位于该窗口中,如图 4-5 所示。

图 4-5　"项目"窗口

(2)"源"窗口

"源"窗口也称为源监视器,可以在其中预览各个素材,也可以为添加至序列的素材设置入点和出点、插入素材标记以及将素材添加到序列时间轴中,如图 4-6 所示。

(3)"时间轴"窗口

该窗口可以显示在"项目"窗口中创建或者打开的序列的时间轴。在"时间轴"窗口中有多个视频轨道和音频轨道,用来对"项目"窗口中的视频、音频、图像、字幕等素材进行编辑制作,是视频制作中最主要的操作窗口,如图 4-7 所示。

图 4-6 "源"窗口

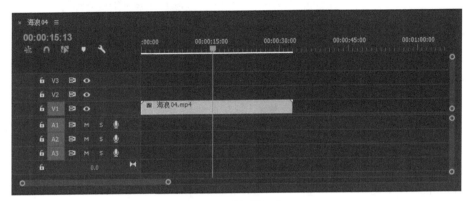

图 4-7 "时间轴"窗口

（4）"节目"窗口

"节目"窗口也称为节目监视器，可以回放在序列时间轴窗口中编辑的素材，还可以设置序列标记并指定序列的入点和出点。"节目"窗口中显示的画面是时间轴中多个视频轨道素材编辑合成后的最终效果，如图 4-8 所示。

图 4-8 "节目"窗口

（5）工具箱

工具箱中提供了对素材片段编辑的各种工具，具体功能如表 4-1 所示。

表 4-1 工具的功能

显示图标	工 具 名 称	功 能 与 用 法	快 捷 方 式
▶	选择工具	用于选择素材和移动素材。将鼠标指针放在某段素材之后，鼠标变为⟷形状时，拖动可改变素材长度	〈V〉
⌷→	向前轨道选择工具	用于选择轨道中的多个素材。在所有需要选择的轨道素材后单击，即可选择其右侧的所有素材	〈A〉
←⌷	向后轨道选择工具	用于选择轨道中的多个素材。在所有需要选择的轨道素材前单击，即可选择其左侧的所有素材	〈Shift+A〉
◂▸	波纹编辑工具	用于将素材拉伸，所有素材总长度随之变化	〈B〉
‡‡	滚动编辑工具	用于改变素材长度，所有素材总长度不变。将鼠标指针放于相邻两素材之间时，拖动鼠标改变一个素材长度时，另一个素材的长度也同时改变，而所有素材总长度不变	〈N〉
◂⋮▸	比例拉伸工具	拖动素材尾部改变素材的长短，可用来改变素材播放的速度。素材长，则播放速度慢，素材短，则播放速度快	〈R〉
◆	剃刀工具	用于切割素材，将素材变成一段或多段。选择剃刀工具后，在素材某位置上单击即可切割素材，若同时按住〈Shift〉键，则可将所有轨道上的素材切割（已经加锁的轨道除外）	〈C〉
↤↦	外滑工具	用于改变某素材片段的入点和出点，保证入点和出点间的时间间隔不变	〈Y〉
⟷⊡⟶	内滑工具	用于改变两个相邻素材的入点和出点	〈U〉
✒	钢笔工具	在制作字幕时用于添加路径，也可以设置或调整关键帧	〈P〉
✋	抓取工具	用于移动屏幕	〈H〉
Q	缩放工具	用于放大或缩小素材显示比例。选取工具后在素材上单击即可放大素材，按〈Alt〉键在素材上单击可缩小素材	〈Z〉

3．Premiere Pro CC 基本操作流程

用 Premiere Pro CC 对素材进行加工编辑的基本操作流程为：启动软件并新建项目→捕捉或导入素材→建立序列、放置和剪辑素材→添加字幕或图标→添加过渡及效果→添加或编辑音频→输出影片。

4.3.2　导入及剪辑素材

Premiere Pro CC 可将拍摄或其他来源的素材文件，通过导入命令放置到项目窗口，就可以对其进行编辑制作了。

1．导入素材

（1）导入素材的方法

Premiere Pro CC 导入素材的方法有多种，可以通过以下方式导入素材。

1）执行"文件"→"导入"命令，打开"导入"窗口，选择一个或多个文件，单击"打开"按钮，将素材文件导入到项目面板中。

2）从软件外部的资源管理器中选择素材文件并将其直接拖动到"项目"窗口中。

3）在"项目"窗口中选择"媒体浏览器"选项卡，在展开的素材文件夹中选择素材文件直接拖动到"项目"窗口中。

4）双击"项目"窗口的空白处或按〈Ctrl+I〉快捷键导入素材文件。

可以导入的素材文件格式可在打开的"导入"窗口中右下角的下拉列表中查看。

（2）导入图像序列文件

在导入的素材文件中，对于由动画软件制作或逐帧拍摄生成的连续的图像文件，可以将

其导入为动态的效果。

（3）导入分层的图像文件

导入的图像文件如果是分层的类型，如 PSD 格式的图像文件，在导入时可保留分层属性。

2. 管理素材

非线性编辑过程中有大量的素材文件同时存在，对素材进行有效管理可以提高工作效率。

（1）素材的查找

在影片制作中，导入的素材文件很多，可以通过查找功能快速找到需要的素材。对素材进行查找的方法有两种：在"项目"窗口的搜索栏中输入素材文件的名称查找；通过"编辑"→"查找"命令查找。

（2）查看素材信息

在"项目"窗口中以列表形式显示素材时，将鼠标指针移到素材项上，将在下方显示素材信息。也可在"项目"窗口的素材项上右击，在弹出的快捷菜单中选择"属性"选项，弹出"素材信息"对话框。

（3）在"源"窗口中剪裁素材

在"项目"窗口中双击素材，可以将素材在"源"窗口中打开。单击"播放"按钮，可以在"源"窗口中预览素材内容，预览的同时还可以对素材进行设置入点、出点、标记等基本操作。

1）设置素材标记。

编辑影片时，在片段的某些时间点需要进行加入字幕、添加效果等编辑操作，在预览素材时即可在需要编辑的地方做标记，以便再次预览时能够以最快的速度找到需要编辑操作的时间点。

Premiere Pro CC 软件提供了"标记"辅助工具，可以方便用户查找、访问特定的时间点。在"源"窗口中将时间滑块拖动到需要的时间点处，执行"标记"→"添加标记"命令或按〈M〉键，即可在当前时间点位置处添加一个标记。当时间滑块在其他位置时，可执行"标记"→"转到上一标记"或"标记"→"转到下一标记"命令将时间滑块跳转到对应标记位置处。当时间滑块在某个标记位置处，可执行"标记"→"清除所选标记"命令将标记清除。

2）设置入点和出点。

导入的素材往往需要去除片段中不需要的部分，在"源"窗口可以通过设置入点和出点来修剪素材。播放或拖动时间指示器，在需要的片段开始位置处单击"标记入点"按钮或按〈I〉键，可在对应时间点添加入点标记。同理，单击"添加出点"按钮或按〈O〉键，可添加出点标记。通过入点和出点标记的设置，可以在"源"窗口中将素材片段初步修剪。

（4）在序列中剪裁素材

Premiere 还在"时间轴"窗口中提供了多种剪裁素材的方式，如使用入点和出点或者其他的编辑工具对素材进行剪裁。

1）使用"选择工具"剪裁。

单击"工具箱"中的"选择工具"，将鼠标指针放在要缩放的素材边缘，鼠标指针变化后拖动鼠标即可缩短或增长素材。

对于图像素材或字幕等静止素材，"选择"工具既可缩短又可增长素材；而对于视频或音频等动态素材，"选择"工具只能缩短素材长度。

2）使用"波纹编辑工具"剪裁。

单击"工具箱"中的"波纹编辑工具"，将鼠标指针放置到两个素材的连接处并拖动鼠标调节素材长度，相邻素材会相应前移或后退，相邻素材长度不变，而总素材长度发生改变。

3）使用"滚动编辑工具"剪裁。

单击"工具箱"中的"滚动编辑工具"，将鼠标指针放置到两个素材的连接处并拖动鼠标调节素材长度，相邻素材长度会相应增长或缩短，以保持素材总长度保持不变。

4）使用"外滑工具"剪裁。

"外滑工具"可以改变一段已经设置了入点和出点的素材片段的入点和出点位置，并保持入点和出点之间的时间长度不变，对相邻素材也无影响。

5）使用"内滑工具"剪裁。

"内滑工具"保持当前片段的入点和出点不变，通过改变其相邻片段的入点和出点，改变其在时间线上的位置，以保持总素材长度不变。

（5）调整素材播放速度

编辑素材时，经常需要对素材的播放速度进行调整，如快放或慢放等。在默认情况下，视频和音频的播放速度为 100%。在素材上右击，在弹出的快捷菜单中选择"速度/持续时间"选项，打开"剪辑速度/持续时间"对话框，并设置播放速度或持续时间均可以改变播放速度。

（6）删除素材

当在影片的编辑中不再使用某个素材时，可以在时间轴中将其删除。从时间轴中删出的素材仍保留在"项目"窗口中。

1）删除素材。

在时间轴中选择一个或多个素材，按〈Delete〉键或右击并在弹出的快捷菜单中选择"清除"选项均可将素材在时间轴中删除，同时轨道上留下空位。

2）波纹删除素材。

选择素材后右击，在弹出的快捷菜单中选择"波纹删除"选项即可将当前素材删除，当前位置后面所有轨道上的片段自动前移。

（7）切割素材

在时间轴上可以将一个单独的素材切割为两个或多个单独的素材。单击"工具箱"中的"剃刀工具"，在需要切割的素材处单击，该素材被切割为两个独立的素材。如果同时配合〈Shift〉键使用，则将所有未锁定轨道中的素材在该位置处切割。

（8）分离和链接素材

时间轴中的视频片段如果有音频，默认视音频轨道是链接在一起作为一个整体进行编辑操作的。如果需要分别对视频和音频编辑，则需要分离素材。在时间轴的素材片段上右击，在弹出的快捷菜单中选择"取消链接"选项即可将该片段的视频和音频分离。按〈Shift〉键将对应轨道上分离的视频和音频选中并右击，在弹出的快捷菜单中选择"链接"选项即可将分离的视频素材和音频素材链接到一起。

（9）三点编辑和四点编辑

在"源"窗口中和"时间轴"窗口中均可标记入点和出点。标记两个入点和一个出点，或者标记两个出点和一个入点的方法称为三点编辑。三点编辑的典型用法是标记源素材的入点和出点以及该素材在序列时间轴中的入点。

如果源素材和序列时间轴中的开始和结束关键点都比较重要，通常采用四点编辑，即同时标记源素材和序列时间轴的入点和出点。

4.3.3 关键帧动画

1．素材的固定效果

添加到序列时间轴中的素材都有固定效果，固定效果可以控制素材的固有属性。固定效果位于"效果插件"窗口，"运动"和"不透明度"两项在素材固定效果中较常用。

"运动"包括多种属性，可以移动、缩放、旋转素材，还可以调整素材的防闪烁属性，或将素材与其他素材合并。"不透明度"允许降低素材的不透明度，用于实现叠加、淡化等效果。

2．设置关键帧动画

在视频制作中，可通过关键帧的添加和变化，使得静止的画面动起来，或者使动态的视频画面移动、缩放、旋转或不透明度发生改变。也可以为素材另外添加效果，通过创建关键帧得到更多的变化效果。

（1）添加关键帧

确定要添加关键帧的时间位置，单击某个属性前面的秒表，添加一个关键帧；将时间移到其他位置，修改该属性对应的数值时，将自动记录关键帧。也可以单击关键帧导航器中间的"添加/移除关键帧"按钮，可按当前的属性值添加关键帧，如图4-9所示。

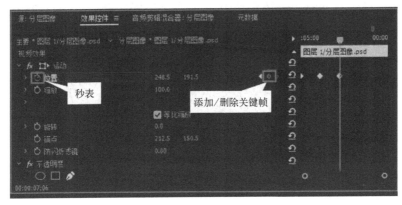

图4-9　添加关键帧

（2）选择关键帧

在"效果控件"选项卡右侧的时间轴中单击关键帧标记来选中某个关键帧，选中的关键帧高亮显示。单击属性名称，可将该属性的所有关键帧选中。也可通过〈Shift〉或〈Alt〉键进行多个关键帧的选择。

（3）移动关键帧

在"效果控件"选项卡右侧的时间轴上将时间指示器移动到一个位置，然后单击并拖动一个关键帧标记，在移动到时间指示器位置附近时，将自动吸附到时间指示器的位置，实现精确移动关键帧。

（4）复制关键帧

当在不同的对象中有相同的关键帧设置时，可复制已经设置好的关键帧，然后粘贴到目标对象。先单击"效果控件"选项卡中的某个属性名称，全部选中其关键帧，右击并在弹出的快捷菜单中选择"复制"选项；然后在时间轴中选择其他素材片段，单击激活"效果控件"，右击并在弹出的快捷菜单中选择"粘贴"选项即可完成关键帧的复制。

（5）删除关键帧

可以将时间指示器移动到已添加关键帧位置处，单击"添加/删除关键帧"按钮或按〈Delete〉键即可删除关键帧。

【案例 4.1】四季轮回关键帧动画。

操作思路：通过在不同的时间帧对旋转、缩放等属性添加关键帧，并修改属性值，设置动态变化效果。

案例 4.1

操作步骤：

1）新建一个名为"四季轮回"的项目文件，设置"捕捉格式"为"HDV"。导入"春.jpg""夏.jpg""秋.jpg""冬.jpg"4个图像文件。

2）将"春.jpg"拖动到"新建"按钮上创建一个序列。在时间线中选择"春.jpg"，打开"效果控件"选项卡，展开"运动"选项组。

3）将时间播放线移到 0 帧处，单击"切换动画"按钮添加一个关键帧，设置"位置"为"1000，250"。

4）在时间轴左上角的"播放指示器位置"处输入"00：00：00：10"，将播放头精确定位到第 10 帧，如图 4-10 所示。激活"效果控件"选项卡，分别单击"旋转""缩放"前面的秒表，添加关键帧，并将"缩放"设为 50，将"位置"设为"400，250"。

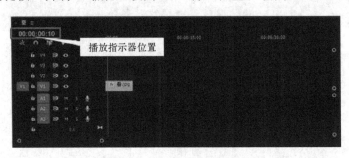

图 4-10　精确定位时间

5）将播放指示器定位到第 20 帧处，设置"位置"为 200，125，调整"旋转"为"360"。

6）在"运动"选项上右击，并在弹出的快捷菜单中选择"复制"选项，复制所有的关键帧。将"夏.jpg"拖动到 V2 轨道上 20 帧处，激活"效果控件"选项卡，在"运动"上右击，并在弹出的快捷菜单中选择"粘贴"选项，粘贴关键帧。

7）单击"关键帧导航器"右侧的"转到下一关键帧"按钮，跳转到最后一个关键帧位置处，将"位置"属性修改为"600，125"。

8）将播放指示器定位到"00：00：02：10"处，将"秋.jpg"拖动到 V3 轨道上，用同样的方法粘贴关键帧，并将最后一个关键帧的位置修改为"200，375"。

9）将播放指示器定位到"00：00：03：05"处，将"冬.jpg"拖动到 V4 轨道上，用同样的方法粘贴关键帧，并将最后一个关键帧的位置修改为"600，375"。

10）将播放指示器定位到"00：00：05：00"处，单击"工具箱"中的"剃刀工具"，按〈Shift〉键的同时，在播放指示器位置处单击，将"夏.jpg""秋.jpg"和"冬.jpg"分割成两部分，删除 5 秒之后的素材。

4.3.4　字幕制作

字幕是影片中传递信息最有效的手段之一，起到解释画面、补充内容的作用。Premiere Pro CC 提供了字幕制作功能，可以创建字幕文件，并像使用普通素材一样直接使用字幕文件。

1. 字幕设计窗口

执行"文件"→"新建"→"字幕"命令或按〈Ctrl+T〉快捷键，均可弹出如图 4-11 所示"新建字幕"对话框。在"视频设置"选项组下按当前序列的宽度、高度和时基定义字幕文件，在"名称"文本框中可对字幕进行命名，单击"确定"按钮，进入"字幕"窗口。

"字幕"窗口由字幕工具、字幕设计、字幕属性、字幕动作和字幕样式 5 部分组成，如图 4-12 所示。"字幕设计"窗口可通过鼠标拖动改变大小，也可以拖动调整各个部分的大小。

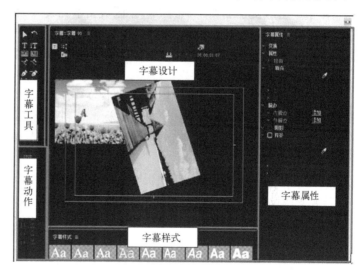

图 4-11　"新建字幕"对话框　　　　　　　　图 4-12　"字幕"窗口

（1）字幕工具

字幕工具部分包括文字工具、图形工具、辅助工具和当前样式预览。文字工具、区域文字工具和路径文字工具可输入文字、段落文字和沿路径排列的文字，这三类文字工具都有横排和竖排之分。钢笔工具和形状工具则可以绘制不同的形状。选择工具可以用来选择文字对象，旋转工具则可以旋转文字对象。

（2）字幕设计

字幕设计面板是文字输入的区域，可以在其中输入文字或绘制图形，区域内的两个方框分别定义了字幕的安全范围和字幕动作的安全范围。

（3）字幕属性

字幕属性面板用来对输入的文字进行如"变换""填充""描边""阴影"等效果的设置。

（4）字幕动作

字幕动作面板可以对字幕对象进行对齐、分布等操作。

（5）字幕样式

字幕样式面板提供了许多预置的文字样式，可以直接选择将其添加到文字对象上。

2. 编辑字幕

在 Premier Pro CC 中可以为影片或图像添加文字，也可以创建图形，它们都是字幕对象。

（1）用文字工具创建文字对象

字幕工具中的创建文字工具可以创建水平或垂直排列的文字，或沿路径排列的文字，以及水平或垂直的段落文字。

1）创建水平/垂直文字。

单击"文字工具"中的"垂直文字工具"，然后在字幕设计面板中单击并输入文字。

2）创建段落文字。

单击"区域文字工具"中的"垂直区域文字工具"，然后在字幕设计面板单击并拖动鼠标，创建文字的区域范围，然后输入文字；如果文字不能在区域内完全显示，可用"选择工具"单击文字对象，然后拖动文字对象四周的控点进行调整。

3）创建路径文字。

单击"路径文字工具"中的"垂直路径文字工具"，然后在字幕设计面板单击并拖动鼠标产生锚点，移动位置再次单击并拖动鼠标，直到路径形状绘制完毕；再次单击相应的"路径文字工具"，在路径开始处单击并输入文字，文字将沿路径排列。

（2）设置文字属性

创建文本后，可在字幕属性面板对文本进行设置。

1）变换设置。

变换设置主要对字幕进行位置、大小、角度、透明度的整体调整。

2）属性设置。

属性设置主要对文本的字体样式、字体大小、行距、字距和字形等进行设置。

3）填充设置。

填充设置可以为文本指定填充状态，即使用颜色或纹理来填充对象。

4）描边设置。

描边设置可以为文本添加外侧/内侧描边，并指定描边的粗细、颜色、类型和透明度。

5）阴影设置

阴影设置为文本添加阴影效果，并对阴影的颜色、大小、距离等进行设置。

（3）编辑文字对象

1）文字对象的选择与移动。

使用"选择工具"，单击文字对象即可选中，拖动鼠标可将文字对象在设计窗口内移动。也可以在选中对象时，使用键盘上的方向键移动。

2）文字对象的旋转与缩放。

选中文字对象后，对象四周出现有 8 个控点的矩形框，拖动控制点即可缩放对象。按〈Shift〉键，则可以等比例缩放对象。

当文字对象处于选定时，单击"旋转工具"，将鼠标指针移动到对象上单击并拖动鼠标即可旋转对象。

3）改变文字对象的方向。

选中文字对象，然后执行"字幕"→"方向"命令，即可改变文字对象的排列方向。

4）设置文字的对齐与分布。

同时选中多个文本，单击"字幕动作"中的"对齐"按钮即可将多个对象对齐，单击"分布"按钮可将多个对象等距分布。

5）排版段落文字。

当字幕窗口中的文字较多时，对字幕的排版就非常重要了。可以通过制表位来完成对文字的对齐、缩进等操作。

【案例 4.2】 排版段落文字。

操作思路：使用段落文字对象和制表位配合创建段落文字字幕。

案例 4.2

操作步骤：

1）建立字幕，在"字幕"窗口中输入段落文字，如图 4-13 所示。

2）选中段落文字对象，单击"字幕"窗口上方的"制表位"按钮，打开"制表位"对话框。

3）单击"制表位"对话框上方的首行对齐标志，然后在标尺上单击建立首行缩进标志，同时注意观察字幕窗口中的黄色参考线。建立其他两个缩进标记点，对应段落文字中的黄色参考线，分别调整为居中位置和右对齐位置，如图 4-14 所示。然后单击"确定"按钮关闭对话框。

图 4-13　段落文字

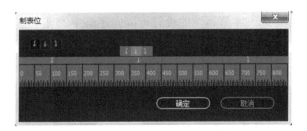

图 4-14　添加制表位

4）单击"文字"工具，将鼠标指针移动到标题的前面并按两次〈Tab〉键，将文字缩进为居中状态。

　5）在首行按一次〈Tab〉键，将文字首行缩进对齐。

　6）在尾行按三次〈Tab〉键，将文字右对齐。

　7）然后单独选中标题对其进行字体、大小等的设置，最终效果如图4-15所示。

图4-15　段落排版效果

　（4）建立图形对象

　"字幕工具"中还包括各种图形创建工具，可以创建直线、矩形、圆等，还可以使用钢笔工具创建任意形状的图形。

　1）使用形状工具创建图形。

　选择任意一个形状工具，将鼠标指针移动到字幕设计窗口，单击并从左上角向右下角拖动，即可创建相应的图形。

　2）使用钢笔工具创建图形。

　钢笔工具可建立贝塞尔曲线，然后通过调整曲线路径控制点来修改路径的形状，从而创建任意形状的图形。

　单击"钢笔工具"，将鼠标指针移动到要创建图形的位置，单击创建一个控制点，移动到第二个位置，再次单击创建第二个控制点，依次移动并单击直到图形形状建立，在结束位置再次单击结束创建。

　（5）插入图形

　在影片字幕的制作中，经常需要插入一些图标，制作图文混排的版式。在字幕设计区域的空白位置右击，在弹出的快捷菜单中选择"图形"→"插入图形"选项，在打开的对话框中选择图形文件即可将图形插入到字幕中。

　（6）创建与应用字幕样式效果

　通过字幕属性的设置可以为字幕中的文字建立许多不同的文字效果，"字幕样式"面板中提供了大量预置的样式可供直接使用，也可以将设置好的样式保存到"字幕样式"面板。

　1）创建样式

　选择设置好效果的对象，单击"字幕样式"选项，在弹出的菜单中选择"新建样式"选项，在打开的对话框中输入新样式的名称并单击"确定"按钮，即可将创建一个新样式到"字幕样式"面板。

　2）应用样式

　单击对象，然后单击"字幕样式"面板中想要应用的样本即可。

（7）在项目中应用字幕

字幕创建完成后，单击"关闭"按钮关闭"字幕"窗口，字幕文件将出现在"项目"窗口中，将其从"项目"窗口直接拖到时间轴上，即可在项目中应用字幕。

（8）导出字幕

在"项目"窗口中选择字幕，执行"文件"→"导出"→"标题"命令，可以将当前字幕导出为.prtl文件。

3．动态字幕效果

当字幕的内容较多时，屏幕内无法完全显示，可以制作动态的字幕，使得字幕在窗口内移动。

Premiere 提供了字幕在屏幕上下滚动或右游动的功能，还可以使用关键帧动画使字幕产生更多不同类型的运动。

（1）纵向滚动字幕

创建静态字幕后，单击"字幕"窗口上部的"滚动/游动选项"按钮，打开如图4-16所示的"滚动/游动选项"对话框，选中"滚动"选项，并设置相应的参数确定字幕滚动的范围及速度。

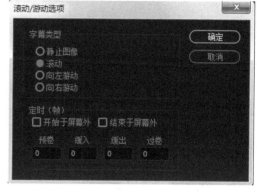

图4-16 "滚动/游动选项"对话框

滚动字幕只能实现自下而上的滚动，如果需要实现自上而下的滚动，可以通过序列嵌套实现。即将字幕添加到序列后，将序列作为素材添加到另一序列中，再将该素材设置倒播即可。

（2）横向游动字幕

在"滚动/游动选项"对话框中选中"向左游动"或"向右游动"选项，即可实现字幕对象的左右游动。

（3）字幕动画

可以对字幕应用关键帧动画，制作出变化多样的动态字幕效果。

【案例4.3】 简单动态字幕。

操作思路：通过对字幕对象创建关键帧动画来实现字幕的动态效果。

案例4.3

操作步骤：

1）新建项目文件，并创建字幕文件"白条"和"简洁"，分别如图 4-17 和图 4-18所示。

2）在"项目"窗口中选择"白条"将其拖动到时间轴上，切换到"源"窗口的"效果控件"选项卡。

3）0 秒时，单击"缩放"选项前的秒表，创建关键帧，并取消选中"等比缩放"复选框，将"缩放高度"设为10；1秒时，再将"缩放高度"恢复到100。

4）1 秒时，单击"位置"选项前的秒表，建立关键帧；2 秒时，将位置坐标修改为"800，400"。

图 4-17 白条字幕 图 4-18 简洁字幕

5）保持播放指示器在 2 秒位置，将"简洁"拖动到 V2 轨道上。

6）在"效果控件"选项卡中，单击"位置"选项前的秒表，将位置坐标修改为"-180，400"；3 秒时，将位置坐标修改为"430，360"。

7）将播放指示器移动到 5 秒位置，用"剃刀工具"将"简洁"片段分割，并删除 5 秒后的片段。

播放观察效果：白条在屏幕中央由短变长，然后向右移动，文字自屏幕外向右移动到白条位置。

4.3.5 视频过渡效果

镜头是组成影片的基本单位。一个电影或者一个节目都是由一个个镜头连接而成的，镜头与镜头之间的连接方式称为"过渡"，也称为"切换"或"转场"。切换的方式有多种，如新闻片中镜头与镜头之间常用直接切换的方式，叫作"切"；在纪录片等较正式的影片中则常用"淡入""淡出"等方式。

在"时间轴"窗口的"效果"选项卡的"视频过渡"下有 7 组过渡效果，每组下又有几个至十几个数量不等的过渡，还可以载入外部的过渡效果插件。

过渡特效可以添加到一个片段的首或尾，称为单面过渡；也可以在两个片段的连接处添加，称为双面过渡。在通常情况下，影片中使用的是双面过渡。

1．添加过渡效果

在"时间轴"窗口的"效果"选项卡中展开"视频过渡"选项，从中选择一个效果，将其拖动到"时间轴"窗口中轨道的两个片段连接处，即可在这两个片段之间添加过渡效果。添加过渡效果后，在两个片段之间显示出添加的过渡效果，一般会显示出一个方框标志，如图 4-19 所示。

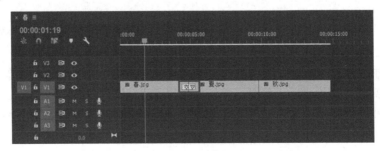

图 4-19 特效标志

还可以在轨道处于选中状态时，按〈Ctrl+D〉快捷键，添加默认过渡效果。若此时播放指示器显示的时间在两个片段连接处，则添加双面过渡；选中一个片段，按〈Ctrl+D〉快捷键，则将其未连接的一端添加默认过渡效果，默认过渡效果一般为"交叉溶解"。若要修改默认过渡效果，可在"效果控件"选项卡中的效果名称上右击，在弹出的快捷菜单中选择"将所选过渡设置为默认过渡"选项。

2．编辑过渡效果

添加的过渡效果可根据需要在"效果控件"选项卡中进行适当的修改。在时间轴中选中要更改的过渡效果，切换到"效果控件"选项卡，如图 4-20 所示。观察右侧的时间线区域，在两段影片间有一个重叠区域，这就是发生切换的范围。

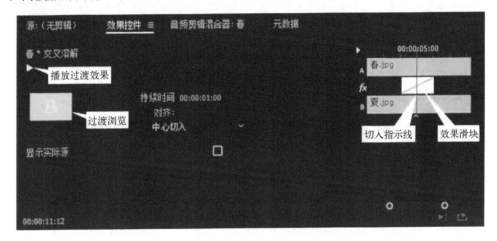

图 4-20 "效果控件"选项卡

- "播放过渡效果"按钮：单击该按钮，可以在"过渡浏览"中预览应用的过渡效果。
- "持续时间"选项：用于设置过渡效果的持续时间，默认为 1 秒。可以在文本框中直接输入或用鼠标直接拖动改变持续时间。
- "对齐"选项：用于设置过渡效果放置的位置，也就是设置过渡效果与两个素材之间的位置关系，由图 4-20 中的"切入指示线"表示。单击"切入指示线"右侧的下拉按钮，其下拉菜单中包括"中心切入""起点切入""终点切入"和"自定义起点"选项。可通过拖动效果滑块来设置"自定义起点"。
- "显示实际源"选项：选中该选项后，可以看到实际的剪辑画面。

3．替换和删除过渡效果

可以在"时间轴"窗口的"效果"选项卡中选择新的效果，将其直接拖动到原来的效果位置，即可替换片段上的效果。

对于在时间轴片段中已经添加的过渡效果，选中该过渡效果并右击，在弹出的快捷菜单中选择"清除"选项，将其删除。或者选中时间轴上的过渡效果，按〈Delete〉键将其删除。

【案例 4.4】 多重过渡效果。

操作思路：通过在视频片段间添加过渡效果，使得片段切换时呈现多重变化。

案例 4.4

操作步骤：

1）新建项目文件"多重过渡"，执行"编辑"→"首选项"→"常规"命令，在打开的"首选项"对话框中，将"静止图像默认持续时间"修改为4秒。

2）导入美食图片"1.jpg"至"15.jpg"和字幕文件"你饿了吗"，部分素材如图4-21所示。

3）依次将"1.jpg"至"5.jpg"拖动到V1轨道中，按顺序将"6.jpg"至"10.jpg"拖动到V2轨道中，再按顺序将"11.jpg"至"15.jpg"拖动到V3轨道中。

图4-21　部分素材

4）最后将"你饿了吗"字幕文件拖至V3轨道上方，自动添加轨道V4，并与其他轨道的素材对齐，如图4-22所示。

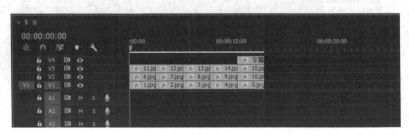

图4-22　放置素材

5）选择V1轨道上的"1.jpg"，在"效果控件"选项卡中将"缩放"设为30，位置设为"80，150"。V1轨道上的其他素材做相同处理。

6）选择V2轨道上的"6.jpg"，在"效果控件"选项卡中将"缩放"设为30，位置设为"240，150"。V2轨道上的其他素材做相同处理。

7）选择V3轨道上的"11.jpg"，在"效果控件"选项卡中将"缩放"设为30，位置设为"400，150"。V3轨道上的其他素材做相同处理。

8）选择V4轨道上的字幕，在"效果控件"选项卡中将"缩放"设为50，位置设为"340，250"。

9）将"带状滑动"添加到轨道V1中片段"1.jpg"的首端；将"菱形划像""划出""随机擦除""伸展"依次添加到V1轨道上素材的连接处。

10）采用步骤9）中的方法，为V2、V3轨道上的片段添加过渡效果。

11）为"你饿了吗"字幕添加位置关键帧动画，在16秒时，位置坐标为"-110，250"；17秒时，位置坐标为"340，250"。

4.3.6　视频效果

1. 视频效果简介

在Premiere Pro CC中，可以对视频剪辑使用各种视频及音频效果。视频效果是指对视频素材进行一些特殊处理，使其形成更加艺术化的特殊效果，如对视频的色彩处理、浮雕效果，利用视频效果制作水中倒影、闪电效果、画中画等。视频效果也叫作滤镜。Premiere Pro CC 提供了 17 种视频效果组。

2．应用视频效果

（1）视频效果的使用

使用视频效果时，只需要从"时间轴"窗口中"效果"选项卡的"视频效果"中把需要的效果拖拽到"时间轴"窗口的素材片段上，并根据需要在"源"窗口的"效果控件"选项卡中调整参数，最后在"节目"窗口中看到所应用的效果。

（2）删除视频效果

如果对应用的视频效果不满意，或者不需要视频效果，可以将其删除，方法如下。

1）在"源"窗口的"效果控件"选项卡中需要删除的效果上右击，在弹出的快捷菜单中选择"清除"命令。

2）在"源"窗口的"效果控件"选项卡中选中需要删除的效果，按〈Delete〉键或〈BackSpace〉键删除效果。

3）在"源"窗口的"效果控件"选项卡中选择窗口菜单中的"移除效果"命令，在弹出的"删除属性"对话框中选择需要删除的效果，如图 4-23 所示。

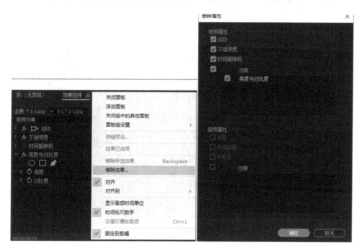

图 4-23　删除效果

（3）临时关闭视频效果

在使用视频特效后，有时需要让视频特效不起作用，但又不想删除掉，那么可以临时关闭视频特效。在"时间轴"窗口中选中应用效果的剪辑，在"特效控制台"面板中选择该效果，单击效果名称左侧的"效果开关"按钮即可临时关闭特效。

（4）应用多个视频效果

在 Premiere Pro CC 中，可以对一个剪辑或剪辑序列应用一种或多种视频效果，以获得特殊的效果。如果对一个剪辑应用多个视频效果时，它们的应用次序会影响到最终的结果，在输出时，在列表中的视频效果会按照次序依次从上到下进行渲染。

【案例 4.5】 消除视频拍摄抖动。

案例 4.5

操作思路：通过使用"变形稳定器"视频效果消除视频片段拍摄时不稳定造成的画面抖动。

操作步骤：

1）新建项目文件"消除抖动"，导入素材"手机抖动.mp4"。

2）将"手机抖动.mp4"拖到时间轴的 V1 轨道。

3）选中轨道中的片段，再选择"视频效果"→"扭曲"→"变形稳定器"选项，即可应用"变形稳定器"效果。

4）添加效果后，会在后台立即开始分析，"节目"窗口出现如图 4-24 所示图像。

图 4-24　"变形稳定器"工作过程

5）"变形稳定器"分析素材结束后，调整如图 4-25 所示的"变形稳定器"效果的相关参数。

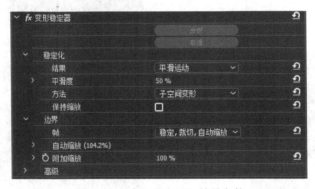

图 4-25　"变形稳定器"效果参数

若想完全消除摄像机运动，可在"结果"选项后选择"没有运动"，若仅想使摄像机运动稳定，可选择"平滑运动"。本例选择"平滑运动"。

"平滑度"选项指明了稳定摄像机原运动的程度，值越高越平滑，本例选择默认的"50%"。

"方法"选项指定"变形稳定器"为稳定素材而对其执行的操作方式，本例选择"位置"。

"帧"选项控制边缘在稳定结果中以何种方式显示，本例选择"仅稳定"。

在后台分析和"变形稳定器"设置完成后即可消除因摄像机移动而造成的轻微抖动。

【案例 4.6】　水墨画效果。

操作思路：通过使用"黑白"效果将素材转换为无彩效果，然后通过"查找边缘""色阶""高斯模糊"等命令制作水墨画效果，最后通过"键控"命令制作印章。

案例 4.6

操作步骤：

1）新建一个名为"水墨画"的项目文件，导入图像文件"黄山松.jpg"和"黄山松题词.jpg"。

2）在"项目"窗口中选择"黄山松.jpg"，将其拖到"时间轴"窗口的V1轨道中。

3）在"时间轴"窗口的"效果"选项卡中选择"视频效果"→"图像控制"→"黑白"选项，将其拖到时间轴中的"黄山松.jpg"上。在"源"窗口的"效果控件"选项卡观察到"黑白"效果是一个无参数的视频效果，此时"节目"窗口中画面已经变成黑白，如图4-26所示。

图4-26 "黑白"效果

4）在"时间轴"窗口的"效果"选项卡中选择"视频效果"→"风格化"→"查找边缘"选项，将其拖到时间轴中的"黄山松.jpg"上。在"源"窗口的"效果控件"选项卡中设置"查找边缘"效果，将"与原始素材混合"设为65%，如图4-27所示。

图4-27 "查找边缘"效果

5）在"效果"选项卡中选择"视频效果"→"调整"→"色阶"选项，将其拖到时间轴中的"黄山松.jpg"上。在"效果控件"选项卡中设置"色阶"效果，单击如图4-28所示的"设置"按钮，打开"色阶设置"对话框，如图4-29所示。单击拖动黑色滑块，设置暗部的"输入色阶"为36，单击"确定"按钮关闭对话框。

6）在"效果"选项卡中选择"视频效果"→"模糊"→"高斯模糊"选项，将其拖到时间轴中的"黄山松.jpg"上。在"效果控件"选项卡中设置"高斯模糊"效果，设置"模糊度"为12，如图4-30所示。

7）在"项目"窗口中选择"黄山松题词.jpg"，将其拖到时间轴上的V2轨道中。

图 4-28 "色阶"效果

图 4-29 "色阶设置"对话框

图 4-30 "高斯模糊"效果

8）在"效果"选项卡中选择"视频效果"→"键控"→"颜色键"选项，将其拖到时间轴中的"黄山松题词.jpg"上。在如图 4-31 所示的"效果控件"选项卡中设置"颜色键"效果，单击"主要颜色"选项后的"滴管"工具，再在"节目"窗口的"黄山松题词.jpg"图像的背景上单击，然后在"效果控件"选项卡中设置"颜色容差"为 80，即可清除图像背景，清除图像背景后"节目"窗口的图像效果如图 4-32 所示。

图 4-31 "颜色键"效果

图 4-32　清除图像背景后的图像效果

9）在"效果"选项卡中选择"视频效果"→"颜色校正"→"色彩"选项，将其拖到时间轴中的"黄山松题词.jpg"上。在如图 4-33 所示"效果控件"选项卡中设置"色彩"效果，单击"将黑色映射到"选项后的色块，然后在弹出的"拾色器"对话框中设置颜色，在此设置颜色为 RGB（155，20，20），最终的水墨画效果如图 4-34 所示。

图 4-33　"色彩"设置

图 4-34　水墨画效果

4.3.7　调节音频

对于一部完整的影片来说，声音有非常重要的作用，无论是同期的录音，还是后期的配音和伴乐，都是不可或缺的。

Premiere 具有强大的音频处理能力，通过"源"窗口的"音频剪辑混合器"选项卡，可以使用专业混音器的工作方式来控制声音。

"音频剪辑混合器"选项卡可通过"窗口"菜单打开，如图 4-35 所示。用户可以在"音频剪辑混合器"选项卡中选择相应的音频控制器来调节"时间轴"窗口中各个轨道的音频对象。

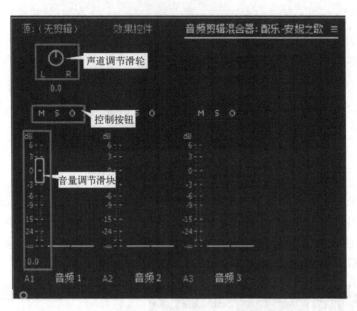

图 4-35　音频剪辑混合器

1. 控制按钮

控制按钮可以控制音频调节时的调节状态。

"M"按钮：单击该按钮后，该轨道音频会设置为静音状态。

"S"按钮：单击该按钮后，其他未选中独奏按钮的轨道音频将自动设为静音状态。

"O"按钮：单击该按钮后，可以利用输入设备将声音录制到轨道上。

2. 声道调节滑轮

若该轨道音频为双声道，可以使用声道调节滑轮调节播放声道。向左拖动滑轮，左声道声音增大；向右拖动，右声道声音增大。

3. 音量调节滑块

音量调节滑块可以控制当前轨道音频的音量。向上拖动滑块，可以增大音量；向下拖动滑块，可以减小音量。

4.3.8　影片输出

Premiere Pro CC 提供了多种影片输出方式，可以把影片输出为能在电视上直接播放的电视节目，也可以输出为专门在计算机上播放的 AVI 文件、静止图片序列或是动画文件等。

选择要输出的序列，再执行"文件"→"导出"→"媒体"命令，弹出"导出设置"对话框，在其中可对文件的输出格式、输出名称等进行设置。单击"格式"下拉按钮，在弹出的下拉列表框中选择相应的媒体格式。选中"导出视频"和"导出音频"复选框后可同时导出视频和音频。

在"视频"选项卡中，可选择用于影片压缩的编解码器。在"音频"选项卡中，可为输出的音频设置"采样率""声道"和"采样类型"。在"发布"选项卡中，可选择将影片输出到不同的视频平台。

4.4 After Effects CC 应用

After Effects CC 是一款优秀的视频合成编辑软件，可以对视频、音频、动画、图片和文本等进行编辑加工，并生成影片。After Effects CC 被广泛应用于影视制作、商业广告、网页动画等领域。

4.4.1 After Effects CC 概述

双击桌面上的 AE 快捷图标，启动 After Effects CC 2018 软件，打开如图 4-36 所示的"开始"对话框，可以选择"新建项目"或"打开项目"选项。单击"新建项目"按钮，将进入如图 4-37 所示的标准工作界面。

图 4-36 "开始"对话框

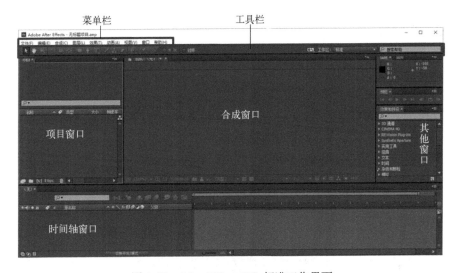

图 4-37 After Effects CC 标准工作界面

After Effects CC 根据制作内容的不同，提供了动画、文本、应用效果等多种预置的工作界面，以满足不同的工作需求。

1. "项目"窗口

"项目"窗口位于标准工作界面的左上角,主要用来输入、组织和管理项目中所使用的素材。在素材目录区的上方,显示了所选素材的名称、大小、持续时间、帧频等属性,如图 4-38 所示。在"项目"窗口的底部则提供了"新建文件夹""新建合成"和"删除"等对素材文件操作的按钮。

2. "时间轴"窗口

"时间轴"窗口是进行素材组织的重要场所,视频编辑的绝大部分操作都是在此完成的,在该窗口中可以控制各种素材之间的时间关系。在"时间轴"窗口中导入素材后,素材将以图层的形式出现在窗口中,通过控制图层可实现动画效果。"时间轴"窗口中的变动结果将在"合成"窗口中显示。"时间轴"窗口如图 4-39 所示。

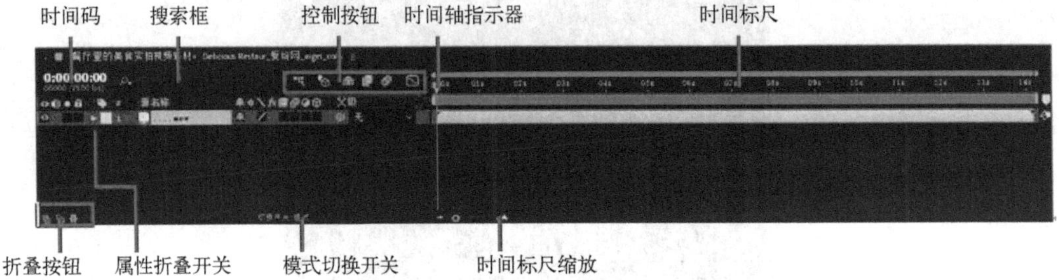

图 4-48 "项目"窗口

图 4-39 "时间轴"窗口

"时间轴"面板右侧还有一个"渲染队列"窗口,用于显示合成后进行渲染的内容,可以在该窗口中设置渲染的参数。

3. "合成"窗口

"合成"窗口是视频效果的预览区,可以预览素材或者播放合成的视频片段。

4. "预览"窗口

"预览"窗口可以控制合成视频的播放。

5. "效果/预设"窗口

"效果/预设"窗口中包含许多音频和视频效果,以及各种内置的预置,可以将这些效果拖动到合成的素材中应用。

6. 工具栏

工具栏中提供了对视频和音频素材文件进行编辑的多种工具,如图 4-40 所示。

图 4-40 工具栏

选取工具（〈V〉键）：用于选择一个或多个素材。

手形工具（〈H〉键）：用于移动"合成"窗口中素材的位置。

缩放工具（〈Z〉键）：用于放大或缩小"合成"窗口中素材的显示比例。

旋转工具（〈W〉键）：用于旋转"合成"窗口中的素材。

统一摄像机工具（〈C〉键）：用于旋转、移动或伸缩摄像机视图。

锚点工具（〈Y〉键）：也称向后平移工具，用于改变素材的轴心点位置。

矩形工具（〈Q〉键）：用于创建矩形等形状的蒙版。

钢笔工具（〈G〉键）：用于绘制和调整路径或者创建任意形状的蒙版。

横排文本工具：用于创建各种文本。

画笔工具（〈Ctrl+B〉键）：用于绘制图形。

仿制图章工具：用于复制画面的图像内容。

橡皮擦工具：用于擦除画面中不需要的图像内容。

Roto 画笔工具（〈Alt+W〉键）：用于绘制蒙版，可以对画面进行自动抠像处理。

操控点工具（〈Ctrl+P〉键）：用于快速创建动画。

坐标轴模式：有局部坐标轴、世界坐标轴和视图坐标轴 3 种模式，可采用不同的坐标轴查看视图。

4.4.2　After Effects CC 的基本操作

1．创建项目及合成

制作视频文件时，首先要创建一个项目文件，设定项目的名称等。执行"新建"→"新建项目"命令，或者按〈Ctrl+Alt+N〉组合键，即可创建一个项目文件。

项目文件创建完成后，还必须创建一个合成文件才能进行视频的编辑操作。执行"合成"→"新建合成"命令，或按〈Ctrl+N〉组合键，弹出如图 4-41 所示的"合成设置"对话框，在对话框中可以设置合成的宽度、高度、帧速率、持续时间和背景等参数，单击"确定"按钮即可创建一个合成。

2．保存项目文件

执行"文件"→"保存"命令或按〈Ctrl+S〉组合键，即可保存当前项目文件。若该项目文件为初次保存，将打开"另存为"对话框。

3．素材的导入

素材是 After Effects 的基本构成元素，可以导入音频、视频、图像文件、Photoshop 分层文件、图形文件、其他合成文件、Premiere 工程文件和 swf 文件等。

执行"文件"→"导入"命令或按〈Ctrl+I〉组合键，或者在"项目"窗口空白处双击，均可打开"导入文件"对话框，从中选择一个或多个素材文件导入。

在导入素材文件时，动态素材、音频素材和单层的静态素材直接导入即可；而序列素材可参看 4.3.2 节中 Premiere Pro CC 的素材导入部分。

在导入含有图层信息的素材时，可以选择"素材""合成"或"合成-保持图层大小"的方式导入，如图 4-42 所示。

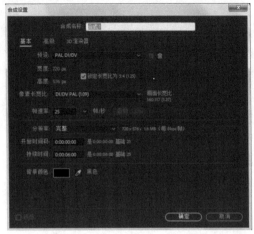
图 4-41 "合成设置"对话框

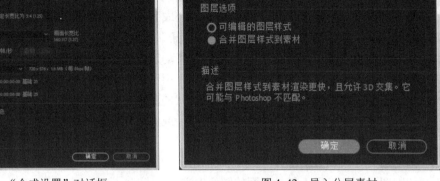
图 4-42 导入分层素材

当以"合成"方式导入素材时，After Effects 将整个素材作为一个合成，同时保留素材的图层信息。

当以"素材"方式导入素材时，可以选择以"合并图层"方式或选择部分图层方式将素材导入。

当以"合成—保持图层大小"方式导入素材时，各图层将保持原有尺寸，不再与合成保持一致，并且可以选择图层样式是否能编辑。

4. 素材的移动和删除

如果导入的素材没有放置在相应的文件夹中，可以选择要移动的素材，然后将其拖动到相应的文件夹上松开鼠标即可。对于不再需要的素材和文件夹，可以在选择素材后，按〈Delete〉键删除。

5. 替换素材

如果对已经导入的素材不满意，可以在"项目"窗口中相应的素材上右击，在弹出的快捷菜单中选择"替换素材"→"文件"选项，在打开的"替换素材文件"对话框中选择一个替换的素材即可。

6. 查看素材

在"项目"窗口中双击素材，即可根据素材类型的不同，打开相应的窗口来进行素材的预览。

7. 添加素材

要进行视频编辑，必须先将素材添加到时间轴。在"项目"窗口中选择一个素材，然后直接拖动到"时间轴"窗口中，松开鼠标即可将素材添加到时间轴中。

8. 设置入点和出点

将素材添加到时间轴后，在"时间轴"窗口中双击素材，即可打开对应的素材窗口。拖动时间滑块，然后单击"入点"或"出点"按钮，即可为素材片段设置入点或出点。也可在"时间轴"窗口中设置"工作区域开头"和"工作区域结尾"来设置入点和出点。

4.4.3 图层及图层操作

图层是创建合成的基本组件，在合成中添加的素材都将作为一个图层使用。在"时间轴"窗口中可以看到素材之间图层与图层的关系。

1．图层的类型

After Effects 中的图层主要有素材图层、文本图层、固态图层、灯光图层、摄像机图层、空对象图层、形状图层和调节图层。

2．调节图层

调节图层主要用于辅助影片进行色彩和特效的调整。执行"图层"→"新建"→"调节图层"命令，可以创建调节图层，还可以直接在调节图层上应用特效，同时调节下方的所有图层。

3．层的基本属性

在 After Effects 中，图层属性可以用来制作动画效果。除单独的音频层外，其他的所有图层都有 5 个基本的变换属性，分别是锚点、位置、缩放、旋转和不透明度。单击"时间轴"窗口中图层左侧的下拉按钮，可以展开图层的变换属性，如图 4-43 所示。

图 4-43　图层的变换属性

（1）"锚点"属性

锚点又称为轴心点，图层的位置、缩放和旋转都是基于轴心点的，不同的轴心点位置在进行变换操作后将产生不同的效果。轴心点位置默认在素材的几何中心，选择工具栏中的"锚点工具"，然后在轴心点上单击拖动可改变轴心点位置；也可直接改变轴心点的属性来改变轴心点位置。可按〈A〉键打开轴心点属性。

（2）"位置"属性

"位置"属性主要用来制作图层的位移动画，可按〈P〉键打开位置属性。二维图层包括 X 轴和 Y 轴两个参数，三维图层包括 X 轴、Y 轴和 Z 轴 3 个参数，分别用来控制图层在不同轴的位置。

（3）"缩放"属性

"缩放"属性以轴心点为基准改变图层图像的大小，可按〈S〉键打开。可以激活"缩放"属性前的"缩放锁定"按钮，进行图层图像的等比例缩放。

（4）"旋转"属性

"旋转"属性以轴心点为基准旋转图层，可按〈R〉键打开。"旋转"属性由"圈数"和"度数"两部分组成。

（5）"不透明度"属性

"不透明度"属性以百分比形式调整图层的不透明度，可按〈T〉键打开，通常用来制作渐变动画。

（6）图层的高级属性

"时间轴"窗口中，还有一个参数区域，主要用来对素材图层显示、质量、效果、运动模糊等高级属性进行设置，如图 4-44 所示。

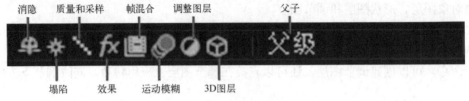

图 4-44　高级属性

● 消隐：单击图层前面的"消隐"按钮，为图层添加消隐标记然后单击"时间轴"窗口上方的"消隐开关"按钮，可将具有消隐标记的图层隐藏，如图 4-45 所示。

图 4-45　开关按钮

● 塌陷：单击该按钮，矢量图层将会被优化；预合成中的合成图层则将被合成为二维图层，同时保留预合成前的效果。
● 质量和采样：设置"合成"窗口中素材的显示质量，单击可在高质量与低质量显示之间切换。
● 效果：对于添加了效果的图层，单击该按钮，当前图层将取消效果应用。
● 帧混合：在渲染时对影片进行柔和处理。选择动态素材图层，单击图层的"帧混合"按钮，然后单击如图 4-45 所示的"帧混合开关"按钮，即可对图层进行帧混合。
● 运动模糊：显示图层位移动画产生的模糊效果。
● 调整图层：单击图层的"调整图层"按钮，可将该图层制作成透明图层。
● 3D 图层：单击图层的"3D 图层"按钮后，可将图层由二维图层转换为三维图层。
● 父子：单击并拖动图层的"父子"按钮下的螺旋形图标，将其拖动到另一个图层上，可建立两个图层的父子关系，当前图层为子层，拖动的目标层为父层。

4. 图层的基本操作

（1）选择图层

在"时间轴"窗口中直接单击图层的名称或时间条即可选择图层，若需要选择多个图层可按〈Shift〉键单击需要的图层即可。

（2）调整图层的顺序

在"时间轴"窗口中，选择需要改变顺序的图层，然后将其拖动到需要的位置即可改变该图层的顺序。

（3）复制和粘贴图层

在 After Effects 中，可以使用复制和粘贴命令复制图层及图层的属性。选择一个图层，按〈Ctrl+C〉组合键即可复制该图层，按〈Ctrl+V〉组合键即可将该图层粘贴形成一个新图层。新图层和复制的源图层具有相同的入点，如图 4-46 所示。

图 4-46　复制和粘贴图层

若想在新的入点粘贴该图层，可在复制图层后，调整时间轴指示器的位置，然后按〈Ctrl+Alt+V〉组合键，可将复制的图层入点设到时间轴指示器所指示的位置，如图 4-47 所示。

图 4-47　设置入点到时间轴指示器

也可以选择图层，然后按〈Ctrl+D〉组合键，直接复制一个图层。

（4）删除图层

选择一个图层后，直接按〈Delete〉键即可将该图层删除。

（5）拆分图层

选择图层后，执行"编辑"→"拆分图层"命令可将该图层从时间轴指示器位置处拆分成两个图层，用于进行不同的操作。

（6）设置图层的父子关系

当移动一个图层时，若要使其他图层也跟着该图层发生相应变化，可以将该图层设为父层。在"时间轴"窗口中，单击图层右侧"父级"的下拉列表并从中选择一个图层，可设立两个图层的父子关系，当前层为子层，选择的图层为父层。一个父层可以同时拥有多个子层，但一个子层只能有一个父层。

4.4.4　关键帧及关键帧动画

关键帧是组成动画的基本元素，一个关键帧动画至少需要通过两个关键帧来完成。

（1）创建关键帧

拖动时间轴指示器到需要添加关键帧的位置，单击一个属性前面的"钟表"按钮，即可在此时间轴位置添加一个关键帧。对于已经添加了关键帧的属性，在其他时间线位置处修改该属性的值，可自动在该位置添加一个关键帧；也可通过单击属性左侧的"在当前时间添加"→"删除关键帧"选项，即可在该位置添加关键帧。

（2）选择关键帧

单击工具箱中的"选择"工具，在需要选择的关键帧上单击即可选择该关键帧。也可单击运动路径关键帧来进行关键帧的选择。

（3）复制和粘贴关键帧

选择要复制的关键帧，执行"编辑"→"复制"命令即可复制该关键帧。在要粘贴关键帧的位置，执行"编辑"→"粘贴"命令即可将剪贴板中的关键帧粘贴到该位置。

（4）删除关键帧

选择要删除的关键帧，执行"编辑"→"清除"命令或按〈Delete〉键均可删除关键帧。

（5）移动和跳转关键帧

单击并拖动关键帧可将关键帧移动到其他位置。单击属性前面的向左、向右按钮，即可跳转到上一个或下一个关键帧。

（6）关键帧动画

通过对层属性或效果属性设置关键帧，并在不同的时间点设置不同的属性值创建相应的关键帧动画。

4.4.5 蒙版

After Effects 中，蒙版用来创建复杂的合成效果。用户通过创建任意形状的蒙版、修改蒙版、创建蒙版动画、设置蒙版模式来创建复杂的合成效果。

在合成影像时，处于上方的影像必须是透明的。在 After Effects 中，可以使用 Alpha 通道、蒙版和键控来定义一个影像中的透明区域。Alpha 通道用来存储选区信息，其中白色区域是选区完全不透明，黑色区域为非选区完全透明。蒙板也是用来定义图层的透明信息的，蒙板中的黑色表示完全透明，白色则表示完全不透明。

1. 创建蒙版

在 After Effects 中，可以在合成的一个图层中创建一个或多个蒙版，创建的方法有以下几种。

（1）蒙版工具绘制蒙版

在"合成"窗口中或"时间轴"窗口的图层面板中选择一个图层，单击工具栏中的"矩形蒙版工具"或其他工具，然后将鼠标指针移动到"合成"窗口中单击并拖动即可创建一个相应形状的蒙版。若在选择图层后，直接双击工具栏中的"矩形工具"可创建一个与图层大小相同的蒙版。

（2）钢笔工具绘制蒙版

在工具栏中选择"钢笔"工具，在"合成"窗口中直接单击并拖动创建贝塞尔点绘制开放或闭合的曲线路径，即可创建贝塞尔蒙版。

（3）用自动追踪命令创建蒙版

在 After Effects 中，可以用"自动追踪"命令将图层的 Alpha 通道、RGB 颜色信息或亮度信息转换为路径蒙版。

选择一个图层，执行"图层"→"自动追踪"命令，可打开如图 4-48 所示的"自动追踪"对话框。设置相应的选项后，单击"确定"按钮，即可自动生成蒙版，如图 4-49 所示。

图 4-48 "自动追踪"对话框

图 4-49 自动追踪蒙版

（4）文本字符蒙版

在"时间轴"窗口中选择文本图层或在"合成"窗口中选择若干字符，然后执行"图层"→"从文本创建蒙版"命令，可创建如图 4-50 所示的文本字符蒙版。

图 4-50　文本字符蒙版

2．编辑蒙版

（1）修改蒙版形状

创建的蒙版有时还需要修改，以更适合图像轮廓要求。蒙版形状的改变通常通过移动锚点的位置来实现。

1）选择锚点。单击工具栏中的"选择"工具，再单击一个锚点即可选择该锚点；按住〈Shift〉键的同时单击多个锚点，可选择多个锚点，也可通过框选的方式选择多个锚点。

2）移动锚点。选择锚点后，单击并拖动鼠标可移动锚点以修改蒙版形状。

3）添加/删除锚点。单击工具栏中"钢笔"工具下的"添加锚点"工具，然后在蒙版形状上需要添加锚点的位置单击，即可添加一个锚点。

单击工具栏中"钢笔"工具下的"删除锚点"工具，然后在蒙版形状上需要删除的锚点上单击，即可删除该锚点。选择锚点后，直接按〈Delete〉键，也可删除该锚点。

4）转换锚点。锚点有角点和平滑点两种类型：角点连接直线；平滑点连接曲线并且可以通过方向线控制曲线的形状。单击工具栏中"钢笔"工具下的"转换点"工具，然后在角点上单击可将角点转换为平滑点；在平滑点上单击可将平滑点转换为角点。

（2）羽化蒙版

选择带有蒙版的图层，按〈M〉键打开"蒙版"属性，设置"蒙版羽化"的值，即可为当前蒙版设置羽化效果。

（3）复制蒙版

在一个图层中创建了蒙版后，可以执行"编辑"→"复制"命令复制该蒙版，然后将其粘贴到另一个图层即可。

（4）删除蒙版

在"时间轴"窗口中选择蒙版，然后按〈Delete〉键即可删除该蒙版；也可执行"图层"→"蒙版"→"移除所有蒙版"命令将所选图层中所有蒙版删除。

（5）调整蒙版的透明度

选择含有蒙版的图层，展开"蒙版"属性，设置"蒙版不透明度"的值即可调整蒙版的透明度。

（6）反转蒙版

选择含有蒙版的图层，展开"蒙版"属性，单击右侧的"反转"按钮即可反转蒙版。

（7）修改蒙版混合模式

蒙版模式类似于 Photoshop 中的图层混合模式。创建蒙版后，如果不修改蒙版的混合模式，默认值为"无"，即路径不起蒙版作用。

3．蒙版动画

蒙版动画实际上就是设置蒙版属性的关键帧动画。

【案例4.7】 折扇效果。

操作思路：通过创建并调整不同时间帧位置的蒙版形状，制作折扇打开的动画效果。

案例4.7

操作步骤：

1）新建项目文件，在"项目"窗口空白处双击，导入素材文件"扇子.psd"，打开图4-51所示的对话框，选中"合并图层样式到素材"选项，单击"确定"按钮退出对话框。

2）导入素材后的"项目"窗口如图4-52所示，包括一个"扇子"合成文件和一个文件夹。

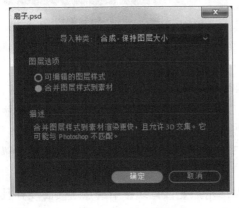

图4-51 导入PSD素材

图4-52 "项目"窗口

3）在"项目"窗口中选择"扇子"合成文件并打开。在"时间轴"窗口选择"扇柄"图层，单击工具栏中的"向后平移（锚点）"工具，在"合成"窗口中选择中心点并将其移动到扇扣位置。

4）将时间轴指示器拖拽到0秒位置，按〈R〉键，展开"扇柄"图层的"旋转"属性。单击左侧的码表，创建关键帧，并修改"旋转"角度为"-149°"。

5）将时间轴指示器拖拽到5秒位置，设置"旋转"角度为0，系统自动创建关键帧。

6）将时间轴指示器再次拖拽到0秒位置，选择"扇面"图层，单击工具栏中的"钢笔"工具，在"合成"窗口中绘制如图4-53所示的蒙版轮廓。按〈M〉键，展开"扇面"图层的蒙版属性，单击"蒙版路径"左侧的码表，创建一个关键帧。

7）将时间轴指示器拖拽到0秒12帧位置，使用工具栏中的"选择"工具调整锚点位置，并利用"添加锚点"工具在适当的位置添加锚点，蒙版轮廓如图4-54所示。

8）用同样的方法在1秒、1秒12帧、2秒、2秒12帧、3秒、3秒12帧和4秒分别创建如图4-55～图4-61所示的蒙版轮廓。

图4-53 0秒蒙版轮廓

图4-54 0秒12帧蒙版轮廓

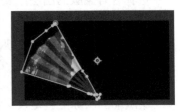
图4-55 1秒蒙版轮廓

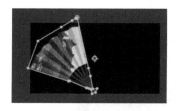
图 4-56 1 秒 12 帧蒙版轮廓

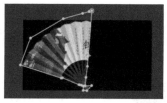
图 4-57 2 秒蒙版轮廓

图 4-58 2 秒 12 帧蒙版轮廓

图 4-59 3 秒蒙版轮廓

图 4-60 3 秒 12 帧蒙版轮廓

图 4-61 4 秒蒙版轮廓

9）单击"预览"窗口中的"播放"按钮，预览折扇打开动画效果，其中的几帧画面如图 4-62 所示。

图 4-62 折扇动画中的几帧画面

4.4.6 特效应用

1. 文字特效

文字不仅是传达信息的重要元素，也是画面中不可缺少的设计元素。文字与效果的结合使其在影视作品中的表现更加绚丽多彩、引人注目。

【案例 4.8】 爆炸文字。

操作思路：通过"碎片"效果和关键帧动画的结合实现文字爆炸效果。

案例 4.8

操作步骤：

1）新建项目文件，在"合成"窗口中单击"新建合成"按钮，打开"合成设置"对话框，设置"合成名称"为"爆炸文字"，"宽度"为 720，"高度"为 576，"帧速率"为 25，"持续时间"为 3 秒，"颜色"为"黑色"。

2）在"时间轴"窗口的空白位置处右击，在弹出的快速菜单中选择"新建"→"纯色"命令，在打开的"纯色"对话框中，设置"名称"为渐变。

3）在右侧"效果和预设"选项卡中选择"生成"→"梯度渐变"选项，双击"梯度渐变"效果，为纯色层添加如图 4-63 所示的渐变效果。

4）在"项目"窗口的"效果控件"选项卡中，展开"梯度渐变"效果，设置"渐变起点"为（720，288），"渐变终点"为（0，288），其他参数保持不变，修改后的渐变效果如图4-64所示。

图4-63　梯度渐变效果

图4-64　修改后渐变效果

5）单击工具栏中的"横排文字工具"按钮，在"合成"窗口中输入文字"爆炸文字"，在右侧"字符"选项卡中设置"字体"为"Adobe 黑体"，"大小"为 120，"填充颜色"为红色（255，0，0），"描边颜色"为粉红（255，200，200），描边粗细为5。文字效果如图 4-65所示。

6）在"时间轴"窗口中单击"渐变"图层左侧的"显示 | 隐藏"按钮，将"渐变"图层隐藏。

7）选择"爆炸文字"文本图层，双击左侧"效果和预设"选项卡中的"模拟"→"碎片"效果，在"合成"窗口中添加碎片效果，如图4-66所示。

图4-65　文字效果

图4-66　添加碎片效果

8）在"项目"窗口的"效果控件"选项卡中展开"碎片"效果，设置"视图"为"已渲染"。

9）打开"形状"选项组，设置"重复"为 60，"凸出深度"为 1。打开"作用力 1"选项组，设置"位置"为（0，288），"半径"为 0.2，"强度"为 8。

10）打开"渐变"选项组，设置"碎片阈值"为 0。

11）将时间轴指示器拖拽到 0 秒位置处，分别单击"位置"和"碎片阈值"前的码表，添加关键帧。

12）将时间轴指示器拖拽到 3 秒位置处，设置"位置"为（720，288），"碎片阈值"为100。

13）单击"预览"窗口中的"播放"按钮，预览文字爆炸动画效果，其中的几帧画面如图4-67所示。

图 4-67　文字爆炸动画中的几帧画面

2. 滤镜特效

After Effects 集成了许多滤镜特效，包括三维、模糊与锐化、透视、颜色校正、风格化等。滤镜特效不仅能够对影片进行艺术加工，还可以提高影片的画面质量和效果。

【案例 4.9】 雨滴滑落。

操作思路：通过"CC 水银"效果和关键帧动画的结合实现雨滴滑落效果。

操作步骤：

1）新建项目文件，在"合成"窗口中单击"新建合成"按钮，在打开的"合成设置"对话框中设置"合成名称"为"雨滴滑落"，"宽度"为 1046，"高度"为 706，"帧速率"为 25，"持续时间"为 5 秒。

2）在"项目"窗口中导入素材"窗户.jpg"，并将其拖动到时间轴上。选择"窗户.jpg"图层，按〈Ctrl+D〉组合键复制图层。

3）在复制生成的图层上右击，在弹出的快捷菜单中选择"重命名"选项，将其重命名为"雨滴"。

4）选择"雨滴"图层，执行"效果"→"模拟"→"CC Mr .Mercury"命令，为该图层添加 CC 水银效果。

5）在"项目"窗口的"效果控件"选项卡中，设置 CC 水银效果参数如图 4-68 所示。设置"Radius X"为 340，"Radius Y"为 10，"Producer"为（656，0），"Velocity"为 0，"Birth Rate"为 0.1，"Longevity（sec）"为 4，"Gravity"为 0.3。

6）设置"Animation"为"Direction"，"Influence Map"为"Constant Blobs"，"Blob Birth Size"为 0.2，"Blob Death Size"为 0.05；打开"Light"选项组，设置"Light Intensity"为 16，"Light Direction"为"0×-12°"，如图 4-69 所示。

图 4-68　CC 水银效果参数 1

图 4-69　CC 水银效果参数 2

153

7）选择"雨滴"图层，单击工具栏中的"钢笔工具"，在"合成"窗口创建如图 4-70 所示的蒙版。

图 4-70　创建蒙版

8）单击"预览"窗口中的"播放"按钮，观看预览效果，部分帧画面如图 4-71 所示。

图 4-71　雨滴滑落效果部分帧画面

4.4.7　渲染与输出

在 After Effects 中，从源文件到生成影片的过程称为渲染。影片前期制作完成后，执行"合成"→"添加到渲染队列"命令或按〈Ctrl+M〉组合键，即可将当前合成添加到渲染队列，同时"时间轴"窗口将自动切换为"渲染队列"窗口，如图 4-72 所示。参数设置完成后，单击"渲染"按钮渲染输出。

图 4-72　"渲染队列"窗口

4.5　案例：粒子效果

案例 4.10

【案例 4.10】　粒子效果。

操作思路：制作一个用多彩的随机字符来组成走动小孩的身形，并逐渐消散的粒子效果。该案例需要使用 Trapcode 公司出品的 Particular 粒子插件来实现效果，请事先下载安装。

操作步骤：

（1）制作小孩贴图

1）新建项目文件，在"项目"窗口中导入素材"小孩.png"～"小孩 8.png"。在"项目”窗口中创建文件夹，命名为“小孩”，将导入的素材拖动到文件夹中。

2）新建合成，“合成名称”为“小孩”，“预设”为“NTSC D1”，“帧速率”为 30，“持续时间”为 4 秒。将“小孩 1.png”～“小孩 8.png”依次拖到时间轴上。

3）设置“小孩 1”图层的入点为 0，出点为 15 帧；“小孩 2”图层的入点为 15 帧，出点为 1 秒；“小孩 3”图层的入点为 1 秒，出点为 1 秒 15 帧……“时间轴”窗口如图 4-73 所示。

（2）制作文字贴图

1）再新建合成，“合成名称”为“文字”，设置“宽度”和“高度”均为 250，“帧速率”为 30，“持续时间”为 4 秒。

图 4-73 “时间轴”窗口

2）单击工具栏中的“文字”工具，在“合成”窗口中输入字母“A”，并适当调整字体及大小。

3）在“时间轴”窗口中展开文字图层的属性，单击右侧的“动画”级联按钮，在弹出的菜单中选择“字符位移”选项，文字图层将增加“动画制作工具 1”属性。

4）展开“动画制作工具 1”属性，单击“字符位移”前的码表，在 0 帧处，设置其值为 0；在 4 秒处，设置其值为 120。该操作将实现字符由 A、B、C、D……顺序依次变化，每帧变化 1 次。

（3）制作粒子合成

1）新建合成，“合成名称”为“粒子”，“预设”为“NTSC D1”，“帧速率”为 30，“持续时间”为 4 秒。

2）将“小孩”合成与“文字”合成拖动到时间轴上，“文字”合成在上方，并在“合成”窗口中调整其位置如图 4-74 所示。

3）在文字图层上新建黑色的纯色图层，并命名为“粒子”。

4）单击“小孩”图层的“3D 图层”开关，开启 3D 图层，并将“小孩”图层和“文字”图层隐藏。

5）选择“粒子”图层，执行“效果”→“Trapcode”→“Particular”命令，为该图层添加粒子效果。在“项目”窗口的“效果控件”选项卡中，展开“发射器”选项组，设置“粒子/秒”为 20000，“发射器类型”为“图层”，如图 4-75 所示。

6）展开“发射器”下的“发射图层”选项组，设置“图层”为“小孩”；同时将“速率”“随机速率”“分布速度”“继承运动速度”和“发射器尺寸 Z”的值均设为 0，如图 4-76 所示。该操作将使粒子限定在小孩的身形范围内。

图 4-74　调整位置

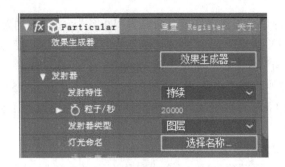

图 4-75　发射器设置

7）展开"粒子"选项组，设置"生命"为 2 秒，"生命随机"为 50，可以使得粒子生命在 2 秒内上下浮动 50%，即粒子生命在 1～3 秒变化，增加随机效果。

8）设置"粒子类型"为"精灵着色"，并展开"材质"选项组，设置"图层"为"文字"，"时间采样"为"随机，播放一次"，如图 4-77 所示。该操作可使不同字母随机替代粒子。

图 4-76　设置发射图层

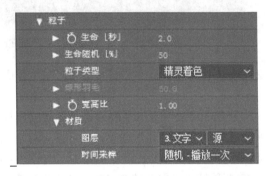

图 4-77　粒子设置

9）设置"尺寸"为 5，"随机尺寸"为 12，"不透明度随机"为 60，"随机颜色"为 100，如图 4-78 所示。该操作可使字母产生大小、颜色和不透明度的随机变化。

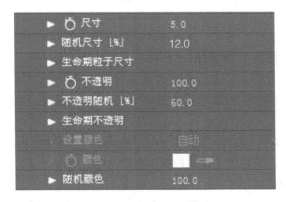

图 4-78　设置字母变化

10）将"粒子"图层的轨道混合模式更改为"相加"，如图 4-79 所示。

图 4-79　更改图层混合模式

（4）制作消散效果

1）展开"发射器"选项组，单击"粒子/秒"和"速率"前面的码表，创建关键帧。

2）在 2 秒位置，设置"粒子/秒"为 20000，"速率"为 0；3 秒位置，设置"粒子/秒"为 0，"速率"为 500。该设置使得在 2 秒前，持续发射粒子，在 3 秒时开始停止发射粒子，且加快速度向外消散。

3）粒子消散动画制作完毕。执行"合成"→"添加到渲染队列"命令，在"渲染队列"中设置输出格式等参数，然后单击"渲染"按钮，将合成渲染输出。影片部分帧画面如图 4-80 所示。

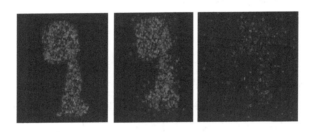

图 4-80　影片部分帧画面

4.6　本章小结

本章首先介绍了数字视频的相关概念；介绍了获取视频素材的常用方法；然后以 Adobe Premiere 软件和 After Effects 软件为例，介绍了视频的简单剪辑操作、视频效果和过渡效果的应用及字幕的制作等。

4.7　练习与实践

1．选择题

（1）构成视频的最小单位为_____。

　　A．秒　　　　　　　B．画面　　　C．时基　　　　　　D．帧

（2）"项目"窗口主要用于管理当前编辑中需要用到的_____。

　　A．素材片段　　　B．工具　　　C．效果　　　　　　D．视频文件

（3）下面_____选项不是导入素材的方法。

A. 执行"文件"→"导入"命令或直接使用该菜单的〈Ctrl+I〉组合键

B. 在"项目"窗口中的任意空白位置右击，在弹出的快捷菜单中选择"导入"选项

C. 直接在"项目"窗口中的空白处双击即可

D. 在浏览器中拖入素材

（4）在 Premiere 中，可以为素材设置关键帧，以下关于设置关键帧的方式描述正确的是_____。

A. 仅可以在"时间轴"窗口和"效果控件"选项卡为素材设置关键帧

B. 仅可以在"时间轴"窗口为素材设置关键帧

C. 仅可以在"效果控件"选项卡为素材设置关键帧

D. 不但可以在"时间轴"窗口或"效果控件"选项卡为素材设置关键帧，还可以在"源"窗口设置

（5）可以选择单个轨道上在某个特定时间之后的所有素材或部分素材的工具是 _____。

A. 选择工具　　　　　　　　　B. 滑行工具

C. 轨道选择工具　　　　　　　D. 旋转编辑工具

（6）在两个素材衔接处加入转场效果（Transitions），两个素材应该_____。

A. 分别放在上下相邻的两个视频轨道上

B. 两段素材在同一轨道上

C. 可以放在任何视频轨道上

D. 可以放在任何音频轨道上

（7）在 After Effects 中，复制图层的快捷键是_____。

A.〈Ctrl+V〉　　　　B.〈Ctrl+B〉　　　　C.〈Ctrl+C〉　　　　D.〈Ctrl+D〉

（8）在 After Effects 中，对于生成蒙版的描述不正确的是_____。

A. 可以用"钢笔工具"绘制自由蒙版

B. 可以用"矩形"和"椭圆蒙版工具"绘制规则蒙版

C. 可以在准备建立蒙版的目标图层上右击，在弹出的快捷菜单中选择"蒙版"→"新蒙版"选项，绘制各种蒙版

D. 可以利用 Photoshop 或 Illustrator 中绘制的路径作为蒙版

2. 操作题

（1）自行拍摄校园生活视频片段，通过剪辑合成，制作一个短片，并为其添加视频效果、转场效果、字幕和音效。

（2）用 After Effects 软件制作一个电子相册，综合利用各种滤镜特效，为相片添加动态效果。

第5章　二维动画制作技术

二维动画制作技术，简称二维动画，又称为平面动画，泛指在二维平面上的动画形式，也包含由三维动画转化而成的平面动画。

二维动画是多媒体技术中一种丰富的、引人入胜的内容表现形式，可以将抽象的概念、意境等转化为更易于理解和接受的视听符号，是多媒体技术中较为重要的一个分支。

本章使用 Adobe Animate CC 2018 软件，结合翔实的案例演示，阐述二维动画的主要操作步骤和方法。

教学目标

● 掌握动画的概念和动画的基本原理
● 了解动画的类型、起源和发展历程
● 了解 Animate CC 的界面与基本工具的使用
● 掌握 Animate CC 的 5 种基本动画类型的使用方法
● 掌握为场景添加音频的方法
● 掌握 ActionScript 3.0 代码调试脚本
● 能够独立完成一个二维动画片段

5.1　动画概述

本节主要介绍动画的概念、类型、起源与发展，以及动画产生的原理等。

5.1.1　动画的概念与类型

动画是将静止的画面变为动态的艺术，实现由静止到运动的过程。动画是一种将"隐式"意识外化为"显式"形态的过程，是一种技术和艺术相结合的产物。在多媒体技术领域，动画是将一段意识形态的抽象内容通过技术手段制作成连续播放画面的表现形式，展现在网络、移动端、播放器等媒体上的一种动态影片。

从动画的视觉空间划分，动画可分为二维动画（平面动画）和三维动画（空间动画）。二维动画是指平面的动画表现形式，它运用传统动画的概念，通过平面上物体的运动或变形来实现动画的过程，具有强烈的表现力和灵活的表现手段。创作二维动画的软件有 Animate（前身是 Flash）、GIF Animator 等。三维动画是指模拟三维立体场景中的动画效果，虽然它也是由一帧帧的画面组成的，但它表现了一个完整的立体世界。通过计算机可以塑造一个三维的模型和场景，而不需要为了表现立体效果而单独设置每一帧画面。目前创作三维动画的软件有 3ds Max、Maya、Cinema 4D、Blender 等。本章主要学习二维动画的制作。

5.1.2　动画的起源

动画的起源可以追溯到 1640 年的"魔术幻灯"（Magic Lantern），如图 5-1 所示。和现代投影机的原理类似，魔术幻灯是将连续图案绘制在玻璃上，然后将这些玻璃幻灯片放置在一个开有小孔的金属容器中，容器中的光源会将玻璃上的图案投射到墙上。

图 5-1　魔术幻灯

　　在 17 世纪末至 19 世纪，这种类似动画的物品相继出现，例如，如图 5-2 所示的"魔术画片"（Thaumatrope）、"幻透镜"（Phenakistoscope）以及如图 5-3 所示的"走马盘"（西洋镜 Zoetrope）等，这些物品最早都是以玩具的形式来娱乐大众，并没有具体、完整的内容。

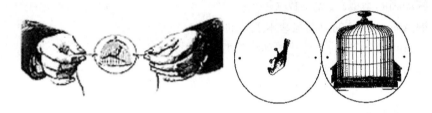

图 5-2　魔术画片

　　直至 1868 年风靡世界的"手翻书"的出现，才标志着动画即将成为一个产业。图 5-4 所示的"手翻书"是将连续画面绘制在一叠纸上，或者将连续画面制作成一本书，当快速翻动书籍时，就形成了动画的片段。这时的"手翻书"，有些已经有了相对独立的故事内容，画面有一定的艺术设计感，播放形式类似现代的"逐帧播放"，可以称之为动画的雏形。

图 5-3　走马盘　　　　　　　　　　　图 5-4　手翻书

5.1.3　动画的基本原理

　　"手翻书"体现了快速翻动书页产生动画效果的现象，是应用"动画基本原理"的典型案例。

　　1824 年，英国科学家皮特·马克·罗杰特在他的研究报告《移动物体的视觉暂留现象》中提出：形象刺激在最初显露后，能在视网膜上停留一段时间。这样，当各种分开的刺激迅速地连续显现时，在视网膜上的刺激信号会重叠起来，形象就成为连续进行的了。也就是说，当人眼所看到的影像消失后，人眼仍能继续保留其影像 0.1～0.5 秒的时间，因此，当多幅连续的画面快速出现在人眼中时，前一个画面的印象还没有消失，下一个稍微有一点差别的画面又出现，连续不断的形象衔接起来，就形成了动画效果。

这一现象称作"视觉暂留"，或"余晖效应"，指运动变化中的图形在人类的眼睛中会有暂时停留的现象，如图 5-5 所示。在生活中，也有很多"视觉暂留"现象。夜晚用手电筒在空中画圈，就可以看到一个连续的光圈；电风扇在转动时，旋转的叶片看起来像是一个圆圈；挥舞一段燃烧着的木炭时，呈现火带，等等。

动画的基本原理就是利用人眼的"视觉暂留"现象，将动态画面分解后画成许多动作瞬间（如图 5-6 所示），再使用技术手段制作成一系列画面，给视觉造成连续变化的动态效果。动画的基本原理与电影、电视一样，都是视觉暂留。

图 5-5 "视觉暂留"现象

图 5-6 连续动作分解（部分）

5.2 Adobe Animate CC 简介

Animate 的前身是 Flash，是一款在国内外广泛应用的二维交互式矢量动画制作软件。1995 年，Flash 的前身 Future Splash 诞生，这一版本功能甚少，只有简单的工具和时间轴。1997 年，FutureWave 公司被美国 Macromedia 公司收购，并将 Future Splash 更名为 Flash 1，从此开启了 Flash 最为辉煌的 10 年。2005 年 12 月，Flash 被 Adobe 公司收购。2015 年 12 月，Adobe 公司将其更名为 Animate CC，从此，Flash 改头换面，进入全新的 An 时代。

5.2.1 Adobe Animate CC 工作界面

打开 Adobe Animate CC（本章简称 An）中文版，软件界面如图 5-7 所示，主要包括菜单栏、舞台、图层、时间轴、属性面板、工具栏等，和之前的 Flash CS6 比较类似。

1. 菜单栏

菜单栏包含了 An 的操作命令，有"文件""编辑""视图"等共 11 个菜单，单击每一个菜单的下拉菜单命令，能够实现指定的操作。

2. 工具栏

工具栏位于软件界面的最右侧，包含了用于图形绘制和编辑的各种工具，利用这些工具可以绘制图形、创建文字、选择对象、填充颜色等。单击工具栏上的 ▶▶ 按钮，可以将工具栏折叠为图标。

图 5-7　Animate CC 软件界面

3．舞台、场景和工作区

An 界面中间最大的区域为工作区，工作区中间的白色区域为舞台。工作区和舞台是绘制图形、制作动画的重要区域。

工作区和舞台共同构成的一个动画片段，称为一个场景，场景是动画的一个单元，相当于舞台剧的一幕。在工作区上方 场景 1 图标显示当前场景的名称。

"舞台"和"工作区"有什么区别？
- 工作区比舞台要大，工作区为灰黑色区域，舞台默认为白色区域。
- 制作过程中，舞台和工作区都可以进行绘制和动画制作。
- 输出时，只输出舞台部分，工作区的内容不会显示。

4．"时间轴"面板

"时间轴"面板是一个显示图层和帧的面板，用于控制和组织文档内容在一定时间内播放的帧数，同时可以控制影片的播放和停止。"时间轴"面板主要包括图层、帧和时间线等。

5．面板组

在工作区和"时间轴"面板的右侧，集合了多个功能面板，称作面板组。在面板组中有颜色、样本、对齐、变形等常用功能面板。使用时单击打开，再次单击则关闭。

在默认界面中，属性面板和库面板是展开的区域，这两个面板使用最为频繁。为节省空间，可将这两个功能面板拖放到面板组中，折叠成一个图标。

6．常用工具

An 提供了丰富的矢量绘图工具和编辑工具，利用它们可以方便地绘制出栩栩如生的矢量图。An 常用工具及其功能如表 5.1 所示。

表 5.1 常用工具及其功能

图标	图标名称	作用
	选择工具	选择舞台中的对象，可以移动、改变对象的大小和形状，按〈Alt〉键可实现复制操作
	部分选取工具	选择矢量图形（不包含实例对象），增加和删除矢量曲线的节点，改变矢量图形的形状等
	任意变形工具组	长按此按钮可进行任意变形工具和渐变变形工具两种命令模式的切换：任意变形工具用来改变对象的位置、大小、旋转角度和倾斜角度等；渐变变形工具用于改变填充物的位置、大小、旋转角度和倾斜角度等
	3D 旋转工具组	长按此按钮可进行 3D 旋转、3D 平移两种命令模式的切换：在 3D 空间旋转、平移影片剪辑
	套索工具组	长按此按钮可进行套索工具、多边形工具、魔术棒三种命令模式的切换：用于在舞台中选择不规则区域或多个对象
	钢笔工具组	长按此按钮可进行钢笔工具、添加锚点工具、删除锚点工具、转换锚点工具四种命令模式的切换：绘制矢量曲线图形
	文本工具	输入及编辑字符和文字对象
	线条工具	绘制各种形状、粗细、长度、颜色和角度的矢量直线
	矩形工具组	长按此按钮可进行两种命令模式的切换：绘制矩形或圆角矩形，按〈Shift〉键可绘制正方形
	椭圆工具组	长按此按钮可进行两种命令模式的切换：绘制椭圆或基本椭圆，按〈Shift〉键可绘制正圆
	多角星形工具	绘制多角星形
	铅笔工具	绘制任意形状的矢量曲线图形
	画笔工具（Y）	可像画笔一样绘制任意形状和粗细的矢量曲线图形，宽度可使用宽度工具进行调节
	画笔工具（B）	刷子工具，用来绘制具有一定宽度、笔触、样式的线条
	骨骼工具组	向图形或元件实例添加骨骼，长按此按钮可进行骨骼工具、绑定工具两种命令模式的切换
	颜料桶工具	给矢量线围成的区域（填充物）填充颜色或图像内容
	墨水瓶工具	改变线条的颜色、形状和粗细等属性
	滴管工具	将舞台中选择的对象的一些属性赋予指定对象
	橡皮擦工具	擦除舞台上的图形或图像对象等
	宽度工具	用以调整画笔工具（Y）的笔刷宽度
	摄像头	实现场景的推拉、平移、晃动等镜头效果
	手形工具组	长按此按钮可进行手形工具、旋转工具、时间划动工具三种命令模式的切换，在舞台上通过拖动鼠标来移动编辑画面的观察位置
	缩放工具	改变舞台工作区和其内对象的显示比例

5.2.2 元件、实例与库

元件是构成动画的基本单元，按功能分为影片剪辑、按钮、图形 3 种。这 3 种元件都有独立的时间轴，都可以实现独立的功能。影片剪辑是一个完整的动画片段；按钮是一个单独的按钮外观；图形是一个完整的图形区域。元件具有可重用性，可以减少文件大小和缩短动画下载时间。

所有的元件都存储在"库"面板中，并且多个文档可以互相访问已经打开的"库"面板。从库中应用到场景中的元件，称作该元件的一个"实例"。实例与元件是一一对应的关系，无论在库中修改元件，还是在场景中修改实例，内容都会发生改变。

【案例5.1】 使用元件制作一个动画片段"闪烁的星光"。

操作思路：使用元件嵌套，完成"星光"元件的闪烁效果；使用多个图层实现满天星的效果。

案例 5.1

操作步骤：

1）打开 Adobe Animate CC，在弹出的欢迎界面中单击"ActionScript 3.0"，新建一个"ActionScript 3.0"文档，如图5-8所示。

图5-8　An欢迎界面

2）在右侧"属性"面板中，单击"舞台"后方的色卡，将舞台颜色设置为深灰色或者黑色，如图5-9所示，用来模拟夜晚的天空。

图5-9　设置舞台颜色

3）执行"插入"→"新建元件"命令，在弹出的"创建新元件"对话框中，选择"类型"为"影片剪辑"，"名称"为"星光"，如图5-10所示，创建一个影片剪辑元件。

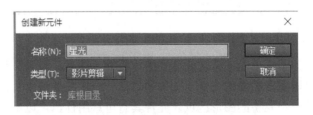

图5-10　创建"星光"元件

为什么创建影片剪辑元件，而不是图形元件呢？
- 影片剪辑元件除了完成单独的动画效果外，还可以用来放置图形对象，本例中，"星光"元件是没有动画效果的。
- 将"星光"元件设置为影片剪辑，是因为影片剪辑具有滤镜属性，可以模拟出星星的光晕，图形元件没有滤镜效果。

4）在工具栏中选择"多角星形工具"，然后在"属性"面板的"工具设置"选项组中，单击"选项"按钮，如图 5-11 所示，将多角星形的样式改为"星形"，"边数"为"5"。

5）在"填充和笔触"选项组，修改填充色为白色，单击"笔触"选项后方的色卡，将"笔触"设置为"无"，如图 5-12 所示。在"星光"图形元件的中心，绘制一个白色的五角星对象如图 5-13 所示。

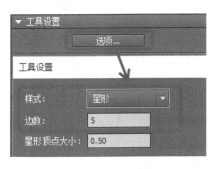

图 5-11　修改多角星形属性

图 5-12　修改填充色和笔触

6）执行"插入"→"新建元件"命令，在弹出的"创建新元件"对话框中，选择"类型"为"影片剪辑"，"名称"为"闪烁的星光"，创建第二个影片剪辑。打开"库"面板，元件列表如图 5-14 所示。

图 5-13　绘制星形

图 5-14　库面板

7）添加滤镜。在"库"面板中双击"闪烁的星光"元件前的 按钮，进入元件编辑模式，从"库"面板中选择"星光"元件，并拖放到"闪烁的星光"元件的中心，此时，"星光"元件就嵌套在"闪烁的星光"元件中，"闪烁的星光"应用了"星光"元件的一个实例。

在"闪烁的星光"的编辑区域，选中"星光"，注意不是在"库"面板中选择。打开"属性"面板，单击并展开"滤镜"选项组，单击 添加"模糊"滤镜，也可以单击 删除滤镜。

修改"模糊 X"和"模糊 Y"的参数为"10 像素"，也可以根据自身元件大小，设置其他合理的像素值，调整"品质"为"高"，参数调整如图 5-15 所示，完成的元件效果如图 5-16 所示。

图 5-15 设置模糊滤镜的参数

图 5-16 加上滤镜的元件效果

8）设置元件的闪烁动画。确保在"闪烁的星光"影片剪辑的编辑区域，然后在"时间轴"面板中，选择第 20 帧并右击，在弹出的快捷菜单中选择"插入关键帧"选项，创建第二个关键帧（默认第一帧为一个关键帧）。

在"属性"面板的"位置和大小"选项组中，修改元件的宽和高，如图 5-17 所示，使元件在第二个关键帧时变小；"色彩效果"选项组中，添加"Alpha"样式，并设置值为"20%"，如图 5-18 所示，使元件在第二个关键帧时透明度降低，也就是星光变暗。

图 5-17 修改元件比例

图 5-18 修改元件透明度

选择第 1 帧并右击，在弹出的快捷菜单中选择"复制帧"选项；然后选择第 40 帧并右击，在弹出的快捷菜单中选择"粘贴帧"选项，将第一个关键帧复制到第三个关键帧上，从而保证星光的闪烁是一个完整的循环。

选择第 1 帧并右击，在弹出的快捷菜单中选择"创建传统补间"选项，为 1~19 帧创建一个补间动画，此时拖动播放头，就能看到星星由大变小，由亮变暗的动画效果。同样，为 20~40 帧也执行相同的设置：选择第 20 帧并右击，在弹出的快捷菜单中选择"创建传统补间"选项，为 20~40 帧创建一个补间动画。完成的时间轴如图 5-19 所示。

图 5-19 "闪烁的星光"元件的时间轴

9）单击左上角"场景 1" ，返回场景编辑区域，此时场景中还没有任何对象。从"库"面板中将"闪烁的星光"影片剪辑拖放到舞台中，在工具栏"手形工具"上双击，可以将舞台最大化，以查看"闪烁的星光"元件相对于舞台的大小，如果大小不合适，可以使用工具栏中的"变形工具"调节，或者在"属性"面板中，直接设置其大小参数。此时，按〈Ctrl+Enter〉组合键进行测试影片，发现已经有了一个星星在闪烁了。

10）创建满天星。使用多个图层，应用多个"闪烁的星光"元件实例，使场景中的星星随机闪烁。选择图层 1 第 40 帧并右击，在弹出的快捷菜单中选择"插入帧"选项，此时会插入一个普通帧，起到延长动画的效果，在第 41 帧往后，图层 1 就没有任何内容了。

依此方法，随机创建多个图层（在"时间轴"面板左下方，单击 按钮新建图层），在每个图层上随机拖放一些"闪烁的星光"元件，调整其大小和位置，设置不同的动画起始帧和结束帧，如图 5-20 所示。

图 5-20   创建多个图层

11）预览、保存、发布动画。按〈Ctrl+Enter〉组合键测试影片，能看到满天星动画效果，如图 5-21 所示。执行"文件"→"保存"命令，在弹出的"另存为"对话框中，可以将文件保存为".fla"源文件，方便下次编辑。也可以保存为".xfl"格式，该格式产生一个包含所有过程文件的文件夹，保证在以后编辑时所用的外部声音、图片等素材资源不丢失。本例没有使用外部文件，保存为".fla"文件格式。

执行"文件"→"发布"命令，可以在源文件存储根目录下默认生成扩展名为".swf"和".html"两种格式的动画文件，".swf"文件需要使用"Flash Player"播放器打开，一般安装文件自动安装播放器，如果没有，可以网上自行搜索下载。也可以执行"文件"→"发布设置"命令，增删其他发布格式。

最终动画效果如图 5-21 所示。

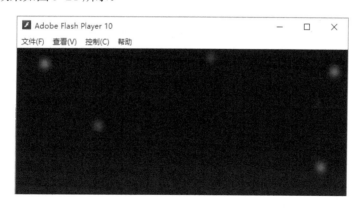

图 5-21   闪烁的星光动画效果

5.3   基本动画

动画是随着时间的变化而产生的连续画面变化。An 作为二维计算机交互动画的典型代表，提供了很多简单易用的动画类型：逐帧动画、传统补间、补间动画、补间形状、遮罩动画、引导线动画和骨骼动画等。

5.3.1 逐帧动画

逐帧动画是依据传统动画原理，将动画内容逐帧绘制出来，再连续播放的动画类型。逐帧动画技术上最为简单，但艺术表现力最高。

【案例5.2】 使用逐帧动画制作一个动画片段"打字效果"。

操作思路：创建文本，进行文本分离，按文本字符个数插入相应的关键帧数量，从最后一个关键帧顺次向前删除字符，得到字符依次出现的动画效果。

操作步骤：

1）打开 Adobe Animate CC，新建一个"ActionScript 3.0"文档。

2）使用"文本工具" T 在舞台中心单击，并输入文字"Happy Birthday"。使用"选择工具" 选中文字，在"属性"面板中将"文本类型"设置为"静态文本"，设置文字"颜色"为红色，"大小"为 50 磅，如果文字多行显示，可以将文本的"宽"设置为 350，设置字体"样式"为"Italic"，参数设置及文字效果如图 5-22 所示。

图 5-22　文字参数设置及效果

3）在舞台中选中文本并右击，在弹出的快捷菜单中选择"分离"选项（在 Flash 的早期版本中称作"打散"），或者按〈Ctrl+B〉组合键，将文本分离成单个字符的状态，如图 5-23 所示。

图 5-23　分离文本

4）分离后的文本共有 13 个字符，除了当前第 1 帧是关键帧以外，需要在图层 1 插入 12 个关键帧，按〈F6〉键 12 次，插入 12 个关键帧，如图 5-24 所示。

选择第 12 帧，将舞台上的最后 1 个字符"y"删除，如图 5-25 所示；选择第 11 帧，将最后 2 个字符"ay"删除；选择第 10 帧，将最后 3 个字符"day"删除……以此类推，直到第 1 帧。

图 5-24 插入 12 个关键帧　　　　　　　　　　图 5-25 第 12 帧删掉最后一个字符

5）按〈Ctrl+Enter〉组合键测试影片，能看到文字的闪动速度太快，如果要调整文字的播放速度，可以在每一个关键帧后面插入一个或多个普通帧（〈F5〉键）进行降速，如图 5-26 所示。

也可以调整文档的播放速度。单击舞台或者工作区，在"属性"面板中，设置帧频"FPS"为 12，如图 5-27 所示。

图 5-26 插入普通帧进行降速　　　　　　　　图 5-27 设置帧频

什么是"帧频"？
● 帧频指动画的播放速度，即一秒钟播放多少幅画面。
● 帧频的单位为 FPS（Frame Per Second，帧/秒）。
● 动画有"全动画"和"半动画"之分，前者帧频为 24 FPS，表示一秒钟播放 24 幅画面；后者帧频为 12 FPS，表示一秒钟播放 12 幅画面。
● 帧频越高，动画越流畅；帧频越低，动画越卡顿；当低于 8 FPS 时，人眼便能看出破绽。

6）预览、保存、发布动画。按〈Ctrl+Enter〉组合键预览影片，如无问题，可以执行"文件"→"保存"命令，保存为".fla"源文件，或者保存为".xfl"格式文件夹。

执行"文件"→"发布"命令，在源文件存储根目录下默认生成扩展名为".swf"的动画文件。

最终动画效果如图 5-28 所示。

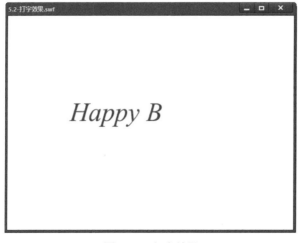

图 5-28 打字效果

5.3.2　补间动画

目前的 An 版本中，共有 3 种补间类型：传统补间、补间动画和补间形状。其中传统补间和补间形状是 Flash 版本中的补间类型。

1．传统补间

传统补间主要用来记录对象由于位置、大小、比例的改变而产生的动画效果。

【案例5.3】使用传统补间制作一个动画片段"小球弹跳"。

操作思路：使用 3 个关键帧，分别绘制小球的起始、落地、起始状态；在关键帧位置设置传统补间；设置补间的缓动。

案例 5.3

操作步骤：

1）打开 Adobe Animate CC，新建一个"ActionScript 3.0"文档。

2）在工具栏选择"椭圆工具" ⬤，按〈Shift〉键在舞台上绘制一个正圆。使用"选择工具" ▶ 选择正圆的填充色，单击"属性"面板，为正圆填充一个黑白放射渐变填充。使用"渐变变形工具" ▣（按住"任意变形工具"不松，切换为"渐变变形工具"）修改填充中心，使小球高光处于左上方。小球的创建和颜色、高光的调整如图 5-29 所示。

3）使用"选择工具"框选舞台上的小球（注意要全部框选，包括边线）并右击，在弹出的快捷菜单中选择"转换为元件"选项，或者按〈F8〉键打开"转换为元件"对话框，进行如图 5-30 所示的设置。将小球转化为图形元件。

图 5-29　小球的创建和颜色调整

图 5-30　"转换为元件"对话框

4）在场景中选择第 1 帧，将小球移动到舞台的上方，作为小球弹跳的起始位置。选择第 10 帧，按〈F6〉键插入关键帧，将小球垂直移动到舞台的下方，作为小球的落地位置。选择第 1 帧并右击，在弹出的快捷菜单中选择"复制帧"选项，选择第 20 帧并右击，在弹出的快捷菜单中选择"粘贴帧"选项，将第 1 帧的起始位置粘贴到第 20 帧，保证小球的弹跳有一个完整的过程。

5）分别在第 1 帧和第 10 帧处右击，在弹出的快捷菜单中选择"创建传统补间"选项，产生蓝色补间帧如图 5-31 所示。

图 5-31　创建补间帧

6）按〈Ctrl+Enter〉组合键预览影片，发现小球的弹跳是匀速的。需要修改补间的"缓动"选项使动画看起来更加逼真。

什么是"缓动"？
- 自然界中的物体在进行移动时，大多不是匀速运动的，一般具有加速度或者减速度，这被称作缓动。
- 缓动包括"缓入"（ease-in）和"缓出"（ease-out）。
- 缓动可以让对象的动作看起来更加流畅。

选择第 1 帧，在"属性"面板的"补间"选项组设置缓动为缓入"Ease In"，曲线类型为"Quad"，结果如图 5-32 所示；选择第 10 帧，设置缓动为缓出"Ease Out"，曲线类型为"Quad"，结果如图 5-33 所示。

图 5-32　设置缓入　　　　　　　　　　　图 5-33　设置缓出

7）按〈Ctrl+Enter〉组合键预览影片，小球有了加速和减速运动。

8）执行"文件"→"保存"命令，保存为"弹跳小球.fla"源文件。

2．补间形状

补间形状用于记录对象形状、颜色、大小、比例等的改变。例如，一行文字变成一朵花，一只大象变成一只猴子等。补间形状是 An 特有的动画类型，使用计算机插补技术，将两个关键帧之间的形状变化过程使用计算机程序计算生成。所以这样的计算机插补动画有一定的随机性。

【案例5.4】使用补间形状为"小球弹跳"添加一个阴影动画。

操作思路：新建图层，放置在小球图层的下方；在小球落地帧绘制一个椭圆；将其复制到起始帧和弹起帧，并调整阴影的大小；在第 1 帧和第 10 帧添加补间形状。

案例 5.4

操作步骤：

1）打开【案例 5.3】完成的"弹跳小球.fla"文件，另存为"带有阴影的弹跳小球.fla"。

2）双击"图层_1"，将图层重命名为"小球"，单击"图层_1"后方的锁定图层按钮，将当前图层锁定，如图 5-34 所示。An 和 PS、AE 一样，画面都是基于图层的，多层对象叠加得到最终的效果，上层影响和覆盖下层对象。为了便于操作，一般可以锁定或者隐藏图层。

3）单击"时间轴"面板左下角的"新建图层"按钮，在"小球"图层上方新建一个"图层_2"，双击图层名称，重命名为"阴影"，作为小球阴影所在的图层，如图 5-35 所示。

图 5-34　修改图层名称并锁定图层　　　　图 5-35　新建"阴影"图层

注意：每个动画对象都要在单独的一个图层上！
- 进行动画制作时，在同一个图层上设置多个动画对象的补间、逐帧等，往往会产生错误。
- 把每一个需要设置动画的个体都放置在单独的图层上，保证动画功能的单一。

4）选择"阴影"图层的第 10 帧，按〈F6〉键插入关键帧。使用"椭圆工具" 在舞台上小球的下方绘制一个椭圆，修改其填充颜色为灰色。这时发现阴影覆盖在小球的上方，这是因为阴影图层在小球图层的上方。选中"阴影"图层，将其拖动到小球图层的下方，如图 5-36 所示。

图 5-36　调整图层顺序

5）复制"阴影"图层的第 10 帧，粘贴到第 1 帧。选中第 1 帧，使用"任意变形工具"
将阴影进行等比例缩放，因为小球弹起时，阴影比较小，落地时阴影最大。

复制"阴影"图层的第 1 帧，粘贴到第 20 帧。使得小球的起始位置和弹起位置的阴影大小一致。

6）分别选择"阴影"图层的第 1 帧和第 10 帧并右击，在弹出的快捷菜单中选择"创建补间形状"选项，这时在第 1～9 帧、第 10～20 帧间产生绿色补间帧，如图 5-37 所示。至此，完整的动画就完成了。

图 5-37　创建补间形状

7）执行"文件"→"保存"命令，或按〈Ctrl+S〉组合键，保存源文件。

3．补间动画

补间动画结合了"动画编辑器"，能够使用运动曲线的方式表现更加细腻、复杂的动画效果。

案例 5.5　

【案例5.5】使用补间动画制作一个动画片段"火柴头"。

操作思路：在场景中插入动画对象，在动画结束的帧上插入普通帧延长动画时间；为中间帧"创建补间动画"；双击关键帧之间的补间帧，打开"动画编辑器"，修改曲线，得到动画效果。

操作步骤：

1）打开"5.5-动画补间-开始"文档，也可以从官网 https://helpx.adobe.com/animate/tutorials.html 下载所需文档资源，并进行元件修改。将文件中原有图层删除，新建"图层_1"，将"火柴头"元件拖放到舞台上,准备工作如图5-38所示。

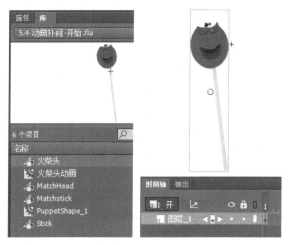

图5-38 场景准备

2)选择第20帧,按〈F5〉键插入帧,然后选择第1帧并右击,在弹出的快捷菜单中选择"创建补间动画"选项,此时第2~20帧呈现蓝色补间帧。和传统补间不同的是,补间动画的补间帧上没有方向箭头。

选择第20帧,使用"选择工具"将舞台上的火柴头向右上方移动。此时舞台上会产生一条浅蓝色的路径线,线上的实心点代表帧。当鼠标靠近路径线时,可以调整线的形状,如图5-39所示。

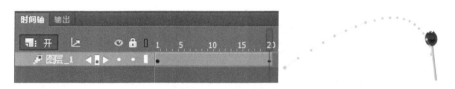

图5-39 创建补间动画

3)在第1~20帧之间的补间帧上双击,即可在"时间轴"面板上打开"动画编辑器",单击"在图形上添加锚点"按钮 ，可以分别为 X 位置和 Y 位置添加锚点,并调整曲线,如图5-40所示。

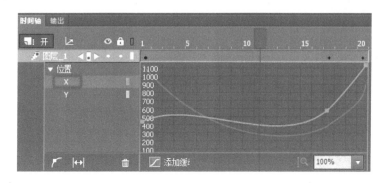

图5-40 动画编辑器

4）按〈Ctrl+Enter〉组合键预览影片，火柴头按照 X 位置和 Y 位置曲线进行运动。执行"文件"→"保存"命令，或按〈Ctrl+S〉组合键，保存源文件。

5.3.3　遮罩动画

An 的遮罩和 PS、Pr、AE 中的遮罩类似，可以绘制一个特定的区域遮盖另一个或者多个图层，从而有选择性地显示区域内容。例如，在片头片尾中，可以使用圆形区域动画显示强调的内容等。

【**案例5.6**】使用遮罩制作一个动画片段"画轴展开"。

操作思路：创建一个与画等大的矩形，作为遮罩；画不做任何动画，完成遮罩的动画即可。

案例 5.6

操作步骤：

1）打开 Adobe Animate CC，新建一个"ActionScript 3.0"文档。

2）执行"文件"→"导入"→"导入到库"命令，导入一张位图图片，可使用任意图片。

3）双击"手形工具"，使舞台最大化显示。在"库"面板中将位图图片拖放到舞台上，如果图片过大超过舞台，可以选择图片，使用"任意变形工具"并按〈Shift〉键进行等比例缩放。

4）双击"图层_1"，将其重命名为"画"，在第 20 帧按〈F5〉键插入普通帧，并锁定该图层。

5）新建"图层_2"，重命名为"画的遮罩"。选择该图层第 1 帧，使用"矩形工具"在舞台上绘制一个和位图图片等大的矩形，如图 5-41 所示。

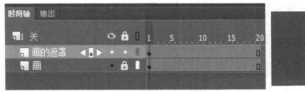

图 5-41　新建图层并绘制与位图等大图形

6）选择"画的遮罩"图层第 20 帧，按〈F6〉键插入关键帧。选择第 1 帧，使用"任意变形工具"将矩形缩放到左侧。选择第 1 帧并右击，在弹出的快捷菜单中选择"创建补间形状"选项，拨动播放头，蓝色矩形向右移动展开，逐渐覆盖位图图片，如图 5-42 所示。

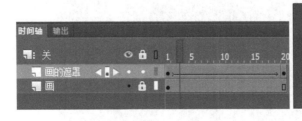

图 5-42　在"画的遮罩"图层设置矩形变形动画

7）在"画的遮罩"图层上右击，在弹出的快捷菜单中选择"遮罩层"选项，当前图层自动将属性修改为"遮罩层"，同时将其下方的一个图层设定为"被遮罩层"。遮罩层的内容将消失不见，但是被遮罩层图形覆盖的内容将显示出来。拨动播放头，看到画面从左到右逐渐展开，如图 5-43 所示。

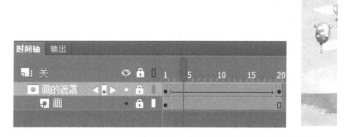

图 5-43　修改图层属性为"遮罩层"

8）新建图层，并命名为"画轴 1"，使用矩形和椭圆工具，在位图的左侧绘制一个画轴。框选整个画轴，按〈F8〉键，打开"转换为元件"对话框，将其转换为图形元件，"名称"为"画轴"，如图 5-44 所示。锁定"画轴 1"图层。

图 5-44　绘制画轴并转化为元件

9）新建图层，命名为"画轴 2"，从库中将"画轴"图形元件拖放到舞台上，和"画轴 1"图层上的画轴对齐，如图 5-45 所示。

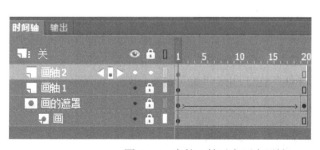

图 5-45　在第 1 帧对齐两个画轴

10）选择"画轴 2"图层第 20 帧，按〈F6〉插入关键帧，将"画轴"元件水平平移到位图的右侧边缘。单击第 1 帧并右击，在弹出的快捷菜单中选择"创建传统补间"选项，此时拨动播放头，画轴展开的效果，如图 5-46 所示。

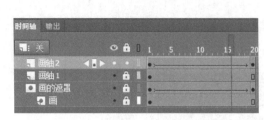

图 5-46　为"画轴 2"创建传统补间

11）按〈Ctrl+Enter〉组合键预览影片，执行"文件"→"保存"命令，或按〈Ctrl+S〉组合键，保存源文件。

5.3.4　引导线动画

引导线动画可以将对象约束到特定的路径进行运动，这个路径就称作"引导线"，放置"引导线"的图层就称为"引导层"。引导线动画和遮罩动画一样，都需要两个或两个以上图层配合使用。

【案例5.7】使用引导线制作一个动画片段"纸飞机"。

操作思路：绘制纸飞机元件，创建两个关键帧，创建传统补间动画；绘制一条路径线，将其转化为引导层，引导纸飞机；分别将纸飞机两个关键帧上的元件中心吸附到路径线两个端点。

操作步骤：

1）打开 Adobe Animate CC，新建一个"ActionScript 3.0"文档。

2）使用"线条工具" 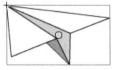 在舞台上绘制一个纸飞机，并按〈F8〉键转换为元件。将"图层_1"重命名为"纸飞机"，并在第 20 帧按〈F6〉插入关键帧，如图 5-47 所示。

图 5-47　绘制一个纸飞机

3）新建图层，重命名为"引导线"，在第 1 帧，使用"钢笔工具"或者"铅笔工具"绘制一个连续的曲线。注意：线条一定要连续，不能出现断点。选择当前图层并右击，在弹出的快捷菜单中选择"引导层"选项，将当前图层转换为引导层。将下层的"纸飞机"图层向"引导线"图层靠近，使"引导线"图层引导"纸飞机"图层，如图 5-48 所示。

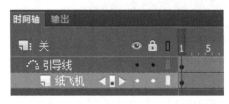

图 5-48　绘制引导线创建引导层

4）选择"纸飞机"图层第 1 帧，将舞台上的纸飞机元件中心对齐到引导线右上角。移动时鼠标尽量靠近元件中心，这时会出现一个小圆圈，将圆圈对齐路径线右上角端点，能够感觉到纸飞机元件中心和路径线的吸附关系。选择"纸飞机"图层第 20 帧，以同样的方法将纸飞机的中心对齐到引导线左下角端点，如图 5-49 所示。

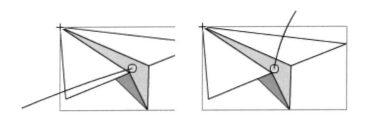

图 5-49　将纸飞机的中心对齐到引导线端点

选择"纸飞机"图层第 1 帧并右击，在弹出的快捷菜单中选择"创建传统补间"选项，创建纸飞机的补间。拨动播放头，纸飞机沿着路径线运动，如果纸飞机没有沿路径线运动，请使用"缩放工具"检查路径线是否有缺口。

5）选择"纸飞机"图层第 1 帧，在"属性"面板选中"调整到路径"复选框，使纸飞机不再做平移，而是沿着路径线方向移动，如图 5-50 所示。

6）将播放头移动到第 1 帧，选择纸飞机元件，使用"任意变形工具"调整纸飞机的头部，使头部方向倾斜到路径线上。同样调整第 20 帧的纸飞机的头部，如图 5-51 所示。拨动播放头，纸飞机完全沿着路径线运动，如图 5-52 所示。

图 5-50　选中"调整到路径"复选框

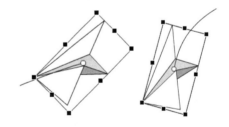

图 5-51　调整纸飞机头部

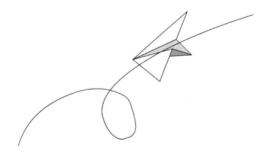

图 5-52　纸飞机完全沿着路径线运动

7）按〈Ctrl+Enter〉组合键预览影片。预览和输出影片时，引导线是不会显示的。执行"文件"→"保存"命令，或按〈Ctrl+S〉组合键，保存源文件。

5.3.5　骨骼动画

骨骼动画利用反向运动学工具模拟对象关节的联动运动，很好地解决了自然界中的人物、动物、植物的真实动画的制作。An 的"骨骼工具" ![骨骼工具图标] 和"绑定工具" ![绑定工具图标] 都属于反向运动学工具。

> 什么是"反向运动学"？
> - 自然界中，动植物的运动都是根部带动尾部运动，称作"正向运动"。例如，人走路时，是大腿带动小腿，再带动踝关节。
> - 反向运动是尾部带动根部运动，二维和三维动画的骨骼动画多数属于反向运动。

【案例5.8】 使用"骨骼工具"制作一个"海草摆动"动画。

操作思路：绘制海草；使用"骨骼工具"在海草上单击并拖动鼠标创建骨骼；在不同的帧上设置骨骼动画。

操作步骤：

1）打开 An，新建一个"ActionScript 3.0"文档。

2）使用"钢笔工具"，在舞台上绘制一颗海草，填充绿色。将"图层_1"重命名为"海草"，如图 5-53 所示。

图 5-53　绘制一颗海草

3）单击工具栏中的"骨骼工具" ![骨骼工具图标] ，从海草的根部开始单击并拖动鼠标，依次单击 3～5 次，为海草创建一个骨骼，这时会在"海草"图层的上方新增一个"骨架_1"图层，如图 5-54 所示。

图 5-54　为海草添加骨架

4）单击"骨架_1"图层的第 20 帧，按〈F5〉插入帧。分别在第 8 帧、15 帧、20 帧处调整舞台上的海草骨骼，使其略微呈现摇晃姿态，如图 5-55 所示。

图 5-55　设置骨骼摆动姿态

5）按〈Ctrl+Enter〉组合键预览影片。执行"文件"→"保存"命令，或按〈Ctrl+S〉组合键，保存源文件。

5.4　场景与音频

动画场景的使用可以使动画情节更加完整，让动画的制作更加便捷。符合故事内容的动画音频，可以让动画更加富有趣味性。一部好的动画短片，不能缺少背景音乐、特效声音、旁白配音和人物对白等。

5.4.1　多场景的应用

An 支持多场景编辑、制作动画。一个动画可以包含多个场景，一个场景就像舞台剧中的一幕。也可以理解为一个固定的环境就是一个场景，当环境发生改变时，更换场景可以使动画编辑更加简单。

1．场景面板

执行"窗口"→"场景"命令，或者按〈Shift+F2〉组合键，可以打开"场景"面板，如图 5-56 所示。"场景"面板与"颜色""变形""属性""库"面板一样，也可以放在软件界面右侧的"面板组"中。

2．添加和复制场景

在"场景"面板单击左下角的"添加场景"按钮，可以直接在"场景 1"下方添加一个新的场景，即"场景 2"，如图 5-57 所示。也可以执行"插入"→"场景"命令，直接新建一个场景，如图 5-58 所示。

图 5-56　"场景"面板

图 5-57　添加场景

在"场景"面板中选择一个场景，例如，选择"场景 2"，单击左下角的"重制场景"按钮，可以在选择场景的下方添加一个副本，如图 5-59 所示。复制场景可以解决动画中需要重复的画面。

图 5-58　插入场景

图 5-59　复制场景

3．移动和删除场景

在"场景"面板中上下拖动场景名称或者图标，即可上下移动场景，进行场景顺序调整。

在"场景"面板左下角单击"删除场景"按钮，弹出如图 5-60 所示的对话框，单击"确定"按钮删除所选定的场景。

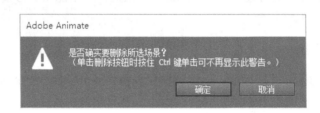

图 5-60　删除场景

4．场景重命名

在"场景"面板中双击场景名称，即可给场景重命名。重命名场景可以见名知意，方便编辑。也可以在使用 ActionScript 脚本编写交互程序时方便调用。

5.4.2　音频的添加与修改

为 An 场景添加声音，可以极大地提升媒体作品的观感，增强作品的体验，得到更好的视听效果。声音包括背景音乐、角色对白、旁白、效果音等。An 支持各种类型的声音文件，MP3 和 WAV 这两种音频格式压缩比适中、音效好，最为常用。

1．导入声音

执行"文件"→"导入"→"导入到库"命令，导航到存储声音的文件夹，并选择音频文件，此时音频文件就导入到"库"面板中了，如图 5-61 所示。

2．应用声音

新建一个图层，重命名为"Sounds"。在 40 帧按〈F5〉键插入帧。选择"Sounds"图层的第 1 帧，在"属性"面板的"声音"选项组中，在"名称"下拉列表中选择已经导入的音频文件，如图 5-62 所示。此时"Sounds"图层已经有音频线显示，如图 5-63 所示。

图 5-61　将音频文件导入库

图 5-62　应用声音

图 5-63　"Sounds"图层上的音频线

　　也可以选择"Sounds"图层，直接将音频从"库"面板拖放到舞台上，即可为当前图层应用一个音频。

3．移除声音

　　若要移除音频，可以在"属性"面板的"声音"选项组中，在"名称"下拉列表中选择"无"，如图 5-64 所示。若要更改音频，选择已经导入的其他音频的名称即可。

4．声音同步

　　声音同步指声音的播放方式。在"属性"面板的"声音"选项组中，在"同步"下拉列表中共有"事件""开始""停止""数据流"4 种同步方式，如图 5-65 所示。

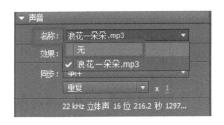

图 5-64　移除声音

图 5-65　声音同步

- "数据流"是最为常用的同步方式，可以将音频作为背景音乐使用。在这种方式下，声音加载在对应的时间轴图层上，帧数代表音频文件实际播放时间。
- "事件"和"开始"用于特定的事件，由 ActionScript 编写脚本触发相应的操作。
- "停止"用于停止一段声音。

5．编辑声音

An 可以对声音进行简单的淡入淡出、调整音量、剪切等处理。选择"Sounds"图层的 1

帧，单击"属性"面板"声音"选项组中"效果"后方的"编辑声音封套" ![icon] 按钮，即可打开"编辑封套"对话框，对声音进行编辑处理，如图5-66所示。

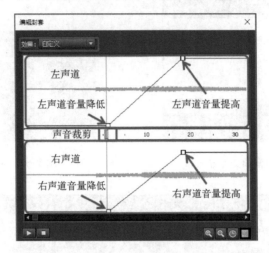

图 5-66   编辑封套

在"效果"下拉列表中设置了淡入淡出的类型；上下两个部分分别是"左声道"和"右声道"的音频线，音频线上方的直线是音量线，可以调整相应的音量线增大或减小音量，在音量线上单击可以添加节点，以标记音量的大小转折；拖动中间的滑块可以对声音进行裁剪。

5.5   脚本语言 ActionScript 3.0

An 软件较早期版本的脚本语言是 ActionScript 1.0 和 2.0，目前使用的是 ActionScript 3.0，简称 AS3.0。这是一种类似于 Java 的面向对象的高级程序设计语言，执行效率高，简单易用。

5.5.1   脚本介绍

和其他编程语言一样，AS3.0 也有自己的常用术语和语法规则。

1. 变量

变量是程序在内存中开辟的一个内存空间、一个存储位置，也可以理解为容器。

变量和实例名的命名规则有：使用英文字母、数字、美元符号、下划线这 4 类字符命名；区分大小写；不能以数字开头；不能使用 AS3.0 的关键字。

变量可以保存所有类型的数据，包括整型（int、uint）、数值型（number）、布尔型（boolean）、字符串型（string）等。

2. 函数

函数是具有一定功能意义的代码块。函数可以通过参数进行重复调用，接收数据并返回值。在进行程序设计时，可以将一段相对独立的功能模块编写成函数，便于重用和提高编码效率。

3．对象

对象是面向对象程序设计的核心和基本元素，对象把一系列的数据和操作该数据的代码封装在一起，从而使得程序设计者在编程时不必关心对象内部的设计。例如，在 An 中，所有影片剪辑和按钮元件实例都属于对象。所有对象都有属于自己的属性和方法，有自己的名称（在每个程序中都是唯一的），某些对象还有一组与之相关的事件。

4．方法

方法也是函数，是执行一定操作或完成一定行为的过程。例如，MovieClip（影片剪辑）对象比较常用的方法就是 stop( )和 gotoAndPlay( )。stop( )的功能是停止影片剪辑；gotoAndPlay( )的功能是使影片剪辑跳转到某一个时刻进行播放。

5．属性

所有的对象都有属性，属性用于定义对象的特性。例如，影片剪辑的 x、y 坐标，宽度，高度，缩放比例等属性。

6．点语法

几乎所有的面向对象程序设计语言都遵循点语法。点语法有以下两种用途。

1）点"."被用来指明与某个对象或影片剪辑相关的属性和方法。

2）用于标识指向影片剪辑或变量的目标路径。

点语法表达式由对象或影片剪辑实例名开始，接着是一个点，最后是要指定的属性、方法或变量，例如，"dog._alpha"表示调用对象 dog 的_alpha 属性；要使舞台上的实例"bird"移动到第 24 帧并停止在那里，可以使用语句："bird.gotoAndstop(24); "。

5.5.2　脚本应用实例：鼠标拖动

【案例5.9】使用 AS3.0 制作"鼠标拖动"动画效果。

操作思路：创建一个影片剪辑元件，在"动作"面板为其添加脚本代码片段。

操作步骤：

1）打开 An，新建一个"ActionScript 3.0"文档。

2）使用"椭圆工具"，再按〈Shift〉键在舞台上绘制一个正圆，填充颜色和边线可以随意设置。使用"选择工具"框选正圆，按〈F8〉键转换成元件，"名称"为"鼠标拖动"，"类型"为"影片剪辑"，"对齐"为"中心对齐"，如图 5-67 所示。

图 5-67　转换为影片剪辑元件

3）在"库"面板双击"鼠标拖动"影片剪辑名称左侧图标，可进入该影片剪辑元件编辑模式。也可以在"场景_1"舞台上双击该元件进入编辑状态，还可以在"库"面板的元件预览区域双击进入编辑状态。

在"图层_1"的第 20 帧，按〈F6〉键插入关键帧。框选圆形，使用"缩放工具"并按〈Shift〉键对圆形进行等比例放大。使用"选择工具"，然后单击圆形的填充色，在"样本"或"颜色"面板为其更改填充色。

选择"图层_1"的第 1 帧并右击，在弹出的快捷菜单中选择"创建补间形状"选项。

新建两个图层。在"图层_1"选择 1～20 帧，按〈Alt〉键不松，将 1～20 帧拖动复制到"图层_2"的第 7～26 帧以及"图层_3"的第 14～33 帧，如图 5-68 所示。

拨动播放头，或者按〈Enter〉键进行动画预览。

> 注意！
> ● 当鼠标箭头右下角出现矩形框时，可以移动帧。
> ● 在选择帧时确保鼠标状态保持在箭头形状。

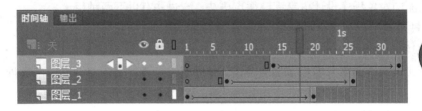

图 5-68　设置影片剪辑动画效果

4）单击舞台左上角的 场景 1 按钮返回场景 1，选择舞台上编辑过的影片剪辑（如果舞台上还没有对象，可以从"库"面板中把第 3）步完成的"鼠标拖动"影片剪辑拖放到舞台中），然后在"属性"面板，将"鼠标拖动"影片剪辑的"实例名称"修改为"follow_mc"，如图 5-69 所示。

图 5-69　设置"实例名称"

> 注意！
> 只要将对象从"库"面板拖放到舞台中，舞台中的对象就是库中元件的一个实例。
> ● 如果要进行脚本编辑，必须为实例设置"实例名称"。
> ● "实例名称"好比变量名，是脚本访问对象的关键。

5）在舞台上框选该影片剪辑实例，按〈F9〉键打开"动作"面板。单击右上方的"代码片段"按钮 <>，如图 5-70 所示。依次展开"ActionScript""动作"文件夹，双击"拖放"代码段，如图 5-71 所示，将代码段应用到当前场景中，此时在"图层_1"的上方自动添加了一个"Actions"的脚本图层，在第 1 帧上有"a"标识，标识该帧上有脚本代码。"时间轴"面板如图 5-72 所示。

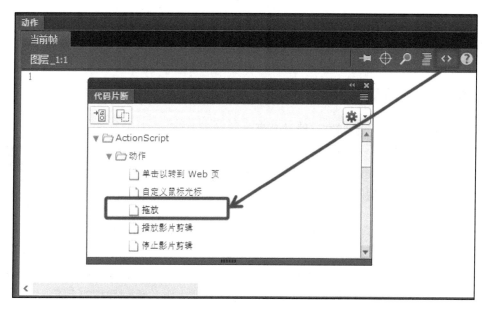

动作
当前帧
图层_1:1
代码片断
ActionScript
动作
单击以转到 Web 页
自定义鼠标光标
拖放
播放影片剪辑
停止影片剪辑

图 5-70　动作面板

动作
当前帧
Actions:1
/* 拖放
通过拖放移动指定的元件实例。
*/
follow_mc.addEventListener(MouseEvent.MOUSE_DOWN, fl_ClickToDrag);
function fl_ClickToDrag(event:MouseEvent):void
{
follow_mc.startDrag();
}
stage.addEventListener(MouseEvent.MOUSE_UP, fl_ReleaseToDrop);
function fl_ReleaseToDrop(event:MouseEvent):void
{
follow_mc.stopDrag();
}

图 5-71　添加代码段

时间轴
输出
关
Actions
图层_1
1
5

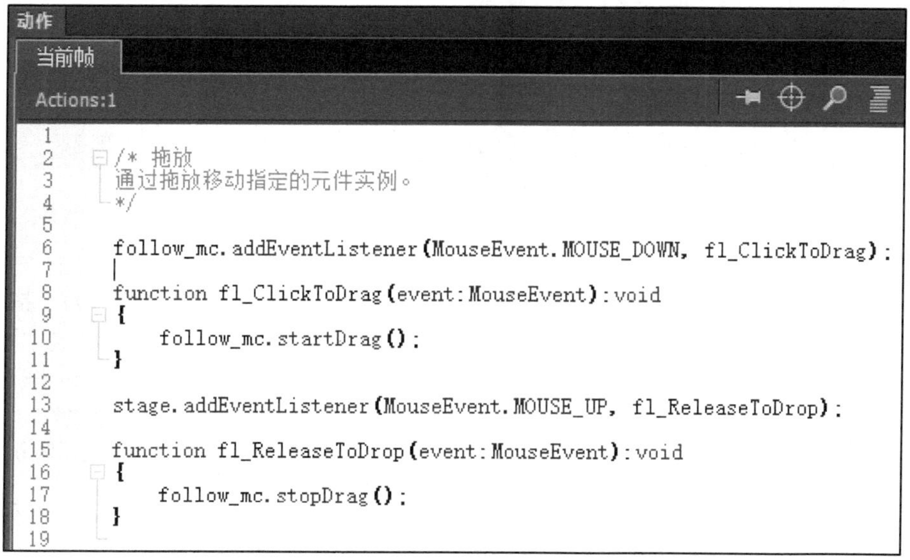

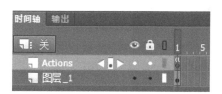

图 5-72　“Actions”图层

6）按〈Ctrl+Enter〉组合键预览影片。影片剪辑开始播放，当单击影片剪辑并拖动时，影片剪辑跟随鼠标一起运动，当松开鼠标左键时，影片剪辑停止跟随。执行"文件"→"保存"命令，或按〈Ctrl+S〉组合键，保存源文件。

5.6 案例：按钮交互跳转

【案例5.10】制作一个按钮交互跳转动画。

操作思路：创建一个按钮、两个场景以及一个预设动画；为按钮添加代码片段。（本案例全部使用软件预设完成，学有余力者可以自行在此框架上增删内容）。

操作步骤：

1）打开 An，新建一个"ActionScript 3.0"文档，按〈Ctrl+S〉组合键存储为".fla"文件。

2）使用"文本工具" T 在舞台上单击，然后输入文字"单击播放"。使用"选择工具"选中文本，在"属性"面板中调整文字的位置、大小、系列和填充颜色，如图 5-73 所示。

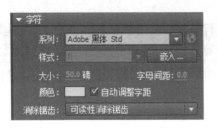

图 5-73　创建文本

3）选择文本，按〈F8〉键转换为元件，"名称"为"play_btn"，"类型"为"按钮"，对齐中心，如图 5-74 所示，将文本转化为按钮元件。

图 5-74　转换为元件

> 按钮的名称为什么要加"_btn"后缀呢？
> 在给实例对象进行命名时，为了便于区分类别，An 有一些默认的扩展名设置。
> ● _mc：影片剪辑（MovieClip）的扩展名。
> ● _btn：按钮（Button）的扩展名。
> ● _txt：文本字段（TextField）的扩展名。
> ● _sound：声音（sound）的扩展名。

4）在舞台上双击按钮元件，进入元件的编辑区域。将"图层_1"重命名为"按钮文本"。按钮元件只有 4 帧，分别是"弹起""指针经过""按下"和"点击"，代表了按钮的 4 个状态。

● "弹起"：按钮默认未触发，或者鼠标未放在按钮上的按钮外观。
● "指针经过"：鼠标在按钮上停留时的按钮外观。

- “按下”：鼠标单击按钮并且不松开时的按钮外观。
- “点击”：鼠标可以单击的按钮区域。

依次按〈F6〉键为“指针经过”和“按下”插入关键帧，选择“指针经过”关键帧，缩小文本，修改字体颜色；选择“按下”关键帧，放大文本，修改字体颜色；前 3 个关键帧上的文本如图 5-75 所示。

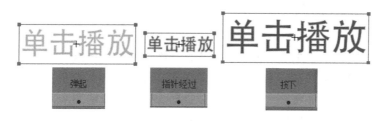

图 5-75　前 3 个关键帧上的文本

5）选择第 4 个关键帧“点击”，按〈F7〉键插入“空白关键帧”。空白关键帧也是关键帧的一种。两者的区别是：插入关键帧可以延续前一个关键帧的画面内容，插入空白关键帧可以清除当前画面的所有内容。在第 4 个关键帧“点击”上绘制按钮区域，以便单击时触发这一区域即可响应鼠标事件。

由于此处是空白画面，不方便确定绘制区域的位置，可以在“时间轴”面板的右下方，单击“绘图纸外观”按钮，如图 5-76 所示。这时前面 3 帧的内容会以半透明的方式显示，便于观察当前帧需要绘制图形的位置，如图 5-77 所示。

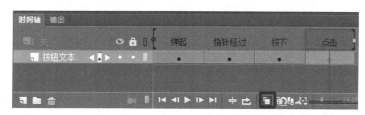

图 5-76　单击“绘图纸外观”按钮

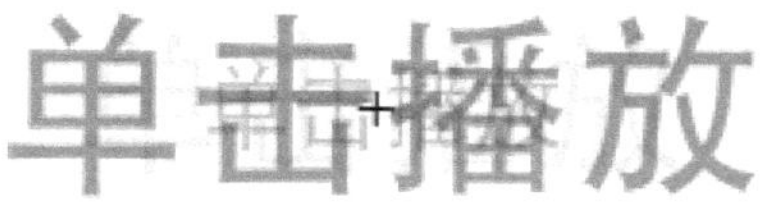

单击播放

图 5-77　前 3 帧文字半透明显示

6）使用“矩形工具” ，选择第 4 帧“点击”，在舞台上绘制一个矩形区域，颜色任意，大小能够覆盖前 3 帧文字即可。绘制完毕再次单击“绘图纸外观”按钮。

7）单击舞台左上角的 场景 1 按钮返回到场景 1，按〈Ctrl+Enter〉组合键测试影片，使用鼠标单击按钮，已经出现按钮效果。选择按钮，在“属性”面板，添加“实例名称”为“play_btn”。接下来，设置单击按钮以后的跳转动作。

8）执行“插入”→“场景”命令，新建“场景 2”。

9）使用“椭圆工具”再按〈Shift〉键在舞台上绘制一个正圆，使用“选择工具”框选此正圆，按〈F8〉键转换为影片剪辑元件，名称任意，如图 5-78 所示。

图 5-78 "转换为元件"对话框

10）选择该图形元件，打开"动画预设"面板 。如果面板组没有此面板按钮，可以执行"窗口"→"动画预设"命令打开该面板，展开"默认预设"文件夹，选择"3D 弹入"选项，单击"应用"按钮，如图 5-79 所示。此时，就为选择的图形元件对象应用了一个动画预设。此时，"图层_1"就增加了相应的动画补间帧，如图 5-80 所示。小球效果如图 5-81所示。

图 5-79 为影片剪辑元件设置预设

图 5-80 小球图层动画补间帧

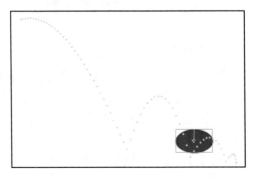

图 5-81 添加了动画预设的元件效果

11）单击舞台上方的"编辑场景"按钮，选中"场景 1"，如图 5-82 所示，返回场景 1。按〈F9〉键打开"动作"面板，再打开"代码片段"，依次展开"ActionScript""时间轴导航"文件夹，双击"在此帧处停止"，加载相应的脚本，如图 5-83 所示。

图 5-82　返回"场景 1"

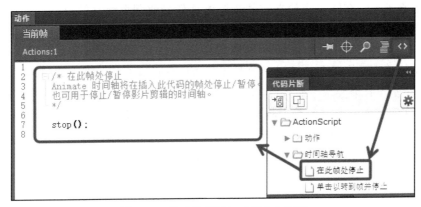

图 5-83　为当前帧添加"停止"代码

12）在舞台中选择按钮，按〈F9〉键打开"动作"面板，打开"代码片段"，依次展开"ActionScript""时间轴导航"文件夹，双击"单击以转到下一场景并播放"，加载相应的脚本，如图 5-84 所示。此时，Actions 图层第 1 帧的代码如图 5-85 所示。

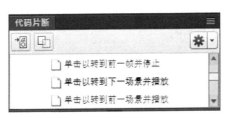

图 5-84　设置跳转代码

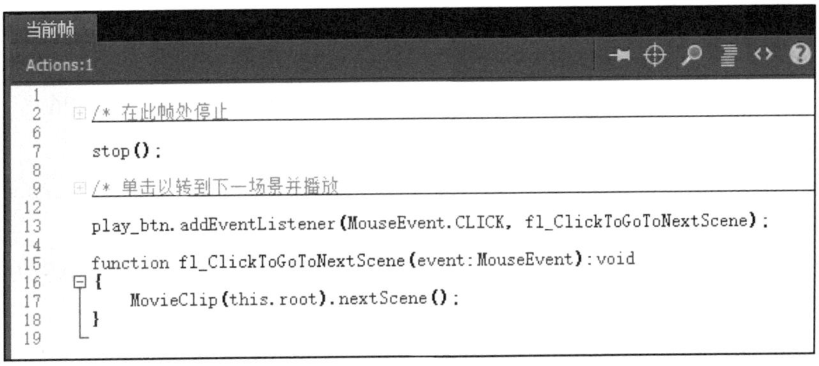

```
1
2  ⊟ /* 在此帧处停止
6
7     stop();
8
9  ⊟ /* 单击以转到下一场景并播放
12
13    play_btn.addEventListener(MouseEvent.CLICK, fl_ClickToGoToNextScene);
14
15    function fl_ClickToGoToNextScene(event:MouseEvent):void
16  ⊟ {
17        MovieClip(this.root).nextScene();
18    }
19
```

图 5-85　Actions 图层第 1 帧的代码

13）按〈Ctrl+Enter〉组合键预览影片。影片剪辑开始播放，当单击"单击播放"按钮时，跳转到小球弹跳动画场景。

执行"文件"→"保存"命令，或按〈Ctrl+S〉组合键，保存源文件。

5.7　本章小结

本章通过对 Adobe Animate CC 2018 基本知识和操作的讲解，简要介绍了一种二维计算机动画的实现方法。作为一款主流的动画和多媒体制作工具，An 不仅秉承了 Flash 简单易用的优点，更弥补了 Flash 在网页播放端安装浏览器插件导致网页漏洞的缺陷，增加了 HTML5 Canvas、WebGL 等文件类型以及摄影机等内容。目前 An 已经能够很好地完成多媒体技术中动画以及交互动画内容的制作。

本章首先对动画的概念、类型、起源和基本原理进行介绍。在多媒体动画内容的制作中，技术只是基本技能要求，如何将内容完善，需要制作者对动画的基本概念有所了解。

元件、实例和库，是 An 最为基本和核心的内容，也是制作动画必须熟练掌握的部分。深刻理解并掌握元件，可以极大地节省动画制作时间，提高动画执行效率。

逐帧动画、补间动画、遮罩动画、引导线动画、骨骼动画等，是 An 基本的动画类型。一个完整的动画由一种或多种动画类型构成。其中，逐帧动画是最接近传统手绘动画的一种类型，最具细腻的表现力；补间动画和骨骼动画是 An 软件发展中变化较大的两种类型，也是计算机运算参与度最高的动画类型。

场景的使用能够使动画制作更加明晰，音频则能增强动画内容的视听效果，丰富动画的表现力。AS3.0 脚本语言可以实现交互操作。

目前二维动画的工具软件还有很多，例如，Adobe After Effects 也可以实现二维动画效果，"万彩动画大师"也是制作 MG 动画的好帮手。因此，软件的学习不是最重要的，动画的思想和制作动画的思路才是必需的。

5.8　练习与实践

1．单项选择题

（1）动画的基本原理，是应用了_____现象。

    A．魔术幻灯　　　　　B．走马盘　　　　　C．视觉暂留　　　　D．手翻书

（2）在 Adobe Animate CC 2018 中，系统预设的动画播放速度是_____FPS。

    A．12　　　　　　　　B．24　　　　　　　　C．30　　　　　　　D．26

（3）Adobe Animate CC 2018 的前身是_____。

    A．Audition　　　　　B．Flash　　　　　　C．Photoshop　　　　D．Premiere

（4）以下属于 Adobe Animate CC 2018 版本新增的工具是_____。

    A．摄像头　　　　　　B．场景　　　　　　C．元件　　　　　　D．AS3.0

（5）在工具栏中，_____工具能对对象的形状和大小进行改变。

    A．选择工具　　　　　　　　　　　　B．任意变形工具

    C．钢笔工具　　　　　　　　　　　　D．多角星形工具

（6）在工具栏中，_____工具能修改对象的中心点。

    A．选择工具   B．多角星形工具

    C．钢笔工具   D．任意变形工具

（7）如果要绘制一个五角星，使用的工具是_____。

    A．多角星形工具   B．五角星工具

    C．矩形工具   D．椭圆工具

（8）将对象转换为元件的快捷键是_____。

    A．〈Shift〉   B．〈F8〉   C．〈F5〉   D．〈F6〉

（9）"舞台"和"工作区"的区别是_____。

    A．工作区比舞台区域要大，工作区为灰黑色区域，舞台默认为白色区域

    B．在制作过程时，舞台和工作区都可以进行绘制和动画制作

    C．在进行输出时，只输出舞台部分，工作区的内容不会显示

    D．以上全是

（10）以下对关键帧和普通帧的描述，错误的是_____。

    A．关键帧上可以记录动画信息

    B．普通帧的作用是延长动画时间

    C．关键帧和普通帧的作用可以互换

    D．关键帧也包括空白关键帧

2．多项选择题

（1）Adobe Animate CC 2018 版本可以完成的动画类型有_____。

    A．逐帧动画   B．补间动画

    C．引导线动画   D．遮罩动画

（2）按钮元件包含_____关键帧。

    A．弹起   B．指针经过

    C．按下   D．点击

（3）Adobe Animate CC 2018 的存储格式有_____。

    A．.exe   B．.xfl

    C．.fla   D．.3ds

（4）以下关于 Adobe Animate CC 2018 的存储格式，正确的是_____。

    A．.fla 格式可以重新编辑

    B．.xfl 格式是包含了源文件及相关资源文件的文件夹

    C．HTML 文件格式可以再次进行编辑

    D．.swf 格式可以打开直接编辑

（5）元件的种类有_____。

    A．图形元件   B．影片剪辑元件

    C．图层元件   D．按钮元件

3．简答题

（1）简述动画的原理。

（2）帧与关键帧之间的区别是什么？

（3）简述引导动画和遮罩动画的制作原理及制作方法。

（4）简述 Adobe Animate CC 2018 传统补间、补间动画和补间形状在创建过程中的使用对象，创建方法的区别和联系。

（5）简述在动画制作中使用元件的优点。

4．操作题

（1）绘制一把雨伞。

（2）绘制树叶元件，并画出一棵树，制作树叶逐渐变为黄色并落下的动画。

（3）制作文字闪光效果，要求文字边缘的颜色不断变化，形成闪光效果。

（4）制作一个水泡上升的动画。

（5）制作一个祝贺新年的电子音乐贺卡。

（6）制作一个具有两个以上场景，有播放控制按钮以及背景音乐的动画。

第6章 三维动画制作技术

三维动画制作技术是利用计算机软硬件设施实现三维空间的模型创建、场景可视化、特效制作、光影实现、虚拟仿真、游戏开发、广告栏包、产品设计、辅助教学和工程应用等内容的新型媒体技术手段。

教学目标

- 理解三维动画的基本概念
- 理解三维动画的特点
- 了解三维动画的常用制作软件
- 能够使用建模工具进行简单模型的创建、材质设置、贴图添加等
- 能够设置简单三维动画的关键帧
- 理解并掌握三维动画的实现流程

6.1 三维动画概述

三维动画技术目前在影视、特效、广告、游戏、虚拟仿真等诸多领域都有涉及，本节主要介绍三维动画的概念、特点，以及三维软件的种类、三维动画的实现流程等。

6.1.1 三维动画的概念与特点

三维动画制作技术是计算机技术与动画艺术的结合，是多媒体技术的一个重要内容。随着计算机软硬件的不断发展，使得虚拟仿真、游戏交互、场景建模等诸多领域都与三维动画技术密切相关。

所谓三维动画，是计算机三维软件按照一定的比例进行模型创建（包括角色、物体、场景等模型）；角色对象以及场景的材质贴图设定，然后创建角色骨骼，模拟角色、摄影机的动画；最后设置室内外灯光、环境，并生成最终的动画效果。

三维动画是在虚拟的空间中构建仿真世界的制作技术。能够充分展现设计师头脑中虚构的空间和角色，例如，詹姆斯·卡梅隆导演的《阿凡达》，其最初构想可以追溯到 1977 年，在 1993 年有条件进行拍摄时，他最想完成的并不是《泰坦尼克号》，而是《阿凡达》。期间历经波折，直到 2009 年才完成制作并上映。最终给全球观众呈现了一个全新的虚拟的世界——潘多拉星球，以及星球上各种虚构的角色和生物。《京华时报》评论："电影中最迷人的是潘多拉的风景，导演展示了一个近乎完美的星球，各种不同形态的植物发着光，声势浩大的瀑布奔流而下，还有色彩艳丽的飞龙等动物，无论是 3D 效果还是故事都非常棒。"

另外，三维动画还具有视觉表现力强、制作周期短、替代高危拍摄、高效率与高效益、重组时空等特点。

1. 视觉表现力强

首先，三维动画通过计算机进行精确建模，能够还原逼真的人物、动物、自然环境

等，光效、烟雾等场景特效也使画面更具表现力和视觉冲击力。其次，除了还原真实场景外，三维动画还可以创建现实中不存在的对象，在影视、广告、建筑、医学等领域起重要作用。第三，三维动画的沉浸感也是其他技术无法替代的。无论从宏观到微观，从现实到虚拟，从二维到三维，三维动画都具有无法比拟的强烈的视觉表现力，成为越来越多的视觉表现者的首选。

2．制作周期短

相比传统逐帧绘制的二维动画，三维动画的制作周期相对较短。三维动画可以使用虚拟演员进行动作表演，从而大大缩短手动设置动作关键帧的时间。这一过程称作动作捕捉。动作捕捉可以记录并处理人体或其他物体动作，通过特定的设备，将这些记录的数据和计算机创建的虚拟模型相匹配，达到快速实现角色动作信息的作用。这一技术目前广泛应用在影视制作、医疗、体育等行业。

3．替代高危拍摄

在影视拍摄中，很多高危镜头是多数演员无法完成的，尽管有替身，但是出于安全考虑，很多影视剧在制作时都会选择使用三维动画或三维特效来实现。例如，高楼坠落、极地求生等高危动作，都会使用三维人物模型来替代实现，从而避免实景拍摄可能造成的人员伤亡。

4．高效——高效率与高效益

三维动画带来的高效率与高效益，也是众多使用者青睐的原因之一。三维动画将先进的技术与艺术结合，碰撞出创作的火花。美国导演罗兰·艾默里奇执导的电影《2012》，大量展现了地球上的各类文明——美国白宫、巴西里约热内卢基督像、法国埃菲尔铁塔等被破坏的景象。影片使用了 1400 个 CG 特效，约花费近 2 亿美元，但也带来了 7.69 亿美元的票房收入，以及奥斯卡最佳视觉效果奖。

5．重组时空

三维动画技术与虚拟现实技术、增强现实技术结合，可以将真实时空与虚拟时空相结合，打造时间、空间的交互。重组时空的特点为游戏、仿真模拟等提供了身临其境的沉浸感。例如，游戏玩家通过三维动画技术构建的虚拟角色，将自身带入到一个完全虚幻的时间和空间中，通过执行任务，得到相应的"战果"等奖励。

6.1.2 三维动画的制作软件和实现流程

三维动画的发展可以追溯到 1995 年，在 1995—2000 年，皮克斯的《玩具总动员》等作品将观众带入三维动画时代。2000 年之后，皮克斯、梦工场、华纳兄弟三大阵营展开了三维世界的角逐，也带来了一批高质量的三维动画影片如《极地特快》《冰河世纪》《怪物史瑞克》等。

三维影视动画的繁荣促进了三维动画制作软件的设计与开发。早期的三维动画制作软件之于普通设计者而言是高高的云端，不论计算机硬件还是软件技术，个人都无法进行设计与创作。直到 20 世纪 90 年代，3D Studio MAX 的诞生，才宣告三维动画进入个人创作时代。之后，广大三维爱好者的创作激情被点燃，三维动画制作软件也如雨后春笋般出现，如 3ds Max、Maya、ZBrush、Cinema 4D、Blender、SketchUp、Softimage、Poser 等。这些三维软件种类繁多，造型方法各不相同，但大多都具备三维模型创建、渲染输出、动画关键帧、骨骼系统、毛发系统和动力学模块等。

1．3ds Max

3ds Max 软件欢迎界面如图 6-1 所示，其前身是 3D Studio 系列软件，是一款基于 PC 的三维动画渲染和制作软件。

2．Maya

Maya 与 3ds Max 功能相当，从 1998 年面世以来，与 3ds Max 之争就从未间断过。当然，这种争论仅存在于三维软件学习者与使用者之中。2009 年 Maya 被 3ds Max 所属的 Autodask 公司收购，这两款软件的界面风格、用户使用习惯也趋同。但是，Autodask 公司并没有磨灭两者的差异性，它们各有所长：Maya 擅长三维角色的塑造，在影视特效领域占有一席之地；3ds Max 则更侧重于工业、建筑、游戏造型的创建。Maya 的 Logo 如图 6-2 所示。

图 6-1　3ds Max 软件欢迎界面

图 6-2　Maya 的 Logo

3．Cinema 4D

Cinema 4D 简称 C4D，软件 Logo 如图 6-3 所示。虽然取名寓意"4D 电影"，但是 Cinema 4D 是一款时下非常流行的 3D 绘图和造型软件。Cinema 4D 拥有较高的运算速度和强大的渲染插件，在影视特效、广告栏包、工业设计等方面应用广泛，颇受业界用户的喜爱。

图 6-3　Cinema 4D 的 Logo

4．Blender

相比前 3 款软件，Blender 起步较晚，但是，它的出现掀起一场软件革新的风暴。Blender 是一款开源的跨平台全能三维动画制作软件，除了提供建模、动画、材质、渲染等常规三维软件的必备模块外，还提供了音频处理、视频剪辑等一系列动画短片制作解决方案。此外，还将后期合成软件中的键控抠像、摄像机反向跟踪、遮罩等高级合成技术整合在软件中。不同于 3ds Max "插件集合"的拼装特性，Blender 的诞生基于更优的图形处理方案和先进的 GPU 技术。Blender 的软件界面更加人性化，操作更加便捷，如图 6-4 所示。

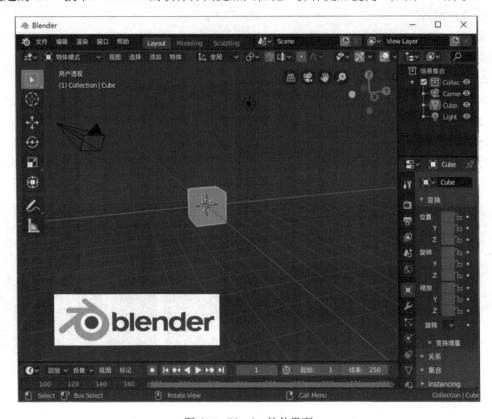

图 6-4　Blender 软件界面

三维动画制作软件虽多，但基本工作流程大致相似。主要分为构思动画、建立模型、动画制作、渲染输出四大模块。制作流程如图 6-5 所示。

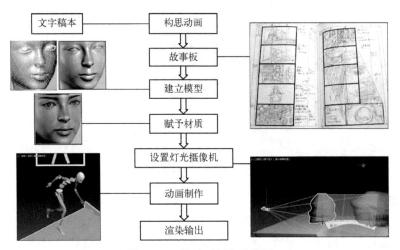

图 6-5　三维动画制作流程图

1）构思动画分为文字稿本、分镜头稿本两个环节。分镜头稿本又称为"故事板"，是一种细化文字稿本，用画面的形式讲述动画的形式。

2）建立模型需要在三维软件中对模型进行刻画，依据用途的不同，一般分为粗模和精模。粗模面片数较少，可用于实时交互游戏；精模细节丰富，可用于静帧高清图渲染输出。

3）动画制作包括关键帧设置、动力学模拟、骨骼绑定、布料解析等环节，是最为复杂而且烦琐的过程。

4）渲染输出直接决定了最终作品的质量。渲染包括材质贴图处理、灯光摄影机架设、环境搭建、渲染器参数调节等。

6.2 3ds Max 简介

3ds Max 是 AutoDesk 公司的三维主打产品，是一款功能强大的三维空间智能化设计、开发、应用工具软件，在国内外拥有广泛的用户群体。3ds Max 更新速度快，每年一个版本，从 20 世纪 90 年代开始的 1.0、2.0、3.0 直至 9.0，随后开始以"年份"记录版本号：2008、2009、2010……2018、2019。历经近 30 年的发展，3ds Max 将诸多优秀的插件吸纳进来，成为自己的"骨骼和血液"。虽然有使用者诟病其"插件集合体"的缺陷以及缺乏系统性，但是，这仍然不影响 3ds Max 在三维工具软件中的强大地位。

本章以 3ds Max 软件为例，介绍三维动画的设计与制作过程。如无特殊声明，本章中所有讲解和案例演示都以 3ds Max 2018 中文版为基础。3ds Max 2018 版软件的下载和安装过程，各类资源网站都有非常详细的说明，如有需要，请自行下载安装软件，在此不再赘述。

6.2.1 软件界面与工具

打开 3ds Max 2018 中文版，软件界面如图 6-6 所示，主要包括界面上方的 1、2、3 标识的标题栏、菜单栏、工具栏，软件主体交互操作区域——4、12 标识的四视图区域和视图控制区，软件功能区域——5、8、10、11 标识的命令面板、时间轴、动画播放控件、动画关键点控件等。界面风格比较人性化，交互操作和工具的选用都比较合乎用户使用习惯。

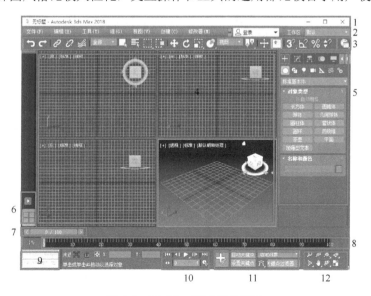

图 6-6 3ds Max 2018 软件界面

1）标题栏：显示软件版本信息、文件名称，以及最小化、还原、关闭3个按钮。

2）菜单栏：包含文件、编辑、工具、组、视图、创建、修改器、动画、图形编辑器、渲染、Civil View、自定义、脚本、内容、Arnold、帮助16个常用菜单，如图6-7所示。囊括了新建、重置、保存、导入、导出、撤销、重做、镜像、阵列等文件操作和编辑操作，以及软件中的部分创建、修改、渲染、输出等操作。

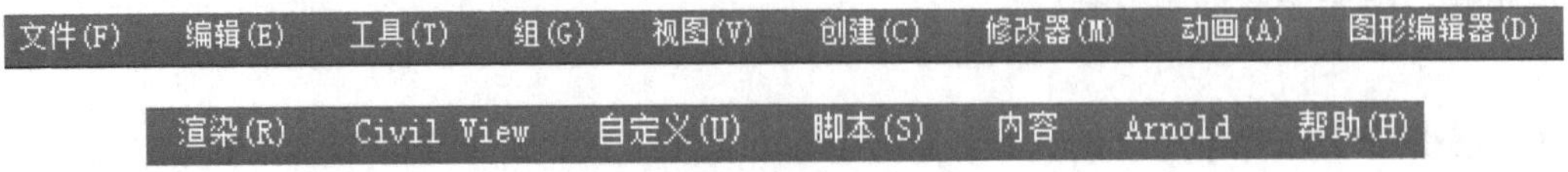

| 文件(F) | 编辑(E) | 工具(T) | 组(G) | 视图(V) | 创建(C) | 修改器(M) | 动画(A) | 图形编辑器(D) |

| 渲染(R) | Civil View | 自定义(U) | 脚本(S) | 内容 | Arnold | 帮助(H) |

图6-7 菜单栏

3）工具栏：软件中常用工具按钮都在此区域。当一行显示不全时，可以将鼠标放在工具栏空白位置，即变成手形工具，然后左右滑动工具栏以查看工具。

4）视图区：视图区是软件中最大的区域，也是最为直观和重要的交互区域，三维模型的效果实时呈现在此区域。默认包括"顶""前""左""透视"4个视图。

5）命令面板：命令面板是3ds Max软件最为重要的区域，位于软件的右侧。三维模型的创建、修改命令都在此，同时，也包含灯光、摄影机、辅助对象、空间扭曲等相关参数。

6）视图布局选项卡：用来进行标准视图和自定义视图的切换，可以满足不同的视图结构需要。

7）时间滑块：用于控制动画的播放时间，时间滑块所在的位置即为动画当前时间。

8）时间轴：是一个包括时间和刻度的区域，用于显示具体的时间，默认以"帧"为单位，显示"0～100"共101帧。

9）迷你脚本侦听器：进行简单脚本的输入与运行，也实时反馈软件运行状态。

10）动画播放控件：用于控制动画的播放、前进、倒退、关键点的切换、时间配置等。

11）动画关键点控件：进行"自动关键点"和"设置关键点"（手动）的切换设置。

12）视图控制区：进行视图的平移、缩放、环绕、最大化等操作。一般有对应的快捷键。

3ds Max 2018的工具、命令、操作非常多，表6.1所示为几种常用工具和操作，更多工具会在后文中讲解。

表6.1 常用工具介绍

按　钮	按钮名称	作　用
	选择对象	单击以选中对象
	按名称选择	打开"从场景选择"对话框，通过选择名称来选择场景中的对象
	矩形选择区域	共有五种选择区域，按住鼠标不松可进行其他区域的选择
	选择并移动	单击选中对象，并沿着X、Y、Z中的一个或两个、三个方向进行移动
	选择并旋转	单击选中对象，并沿着X、Y、Z中的一个或两个、三个方向进行旋转
	选择并均匀缩放	单击选中对象，并沿着X、Y、Z中的一个或两个、三个方向进行缩放；共有3种缩放，按住鼠标不松可进行其他方式的选择
	角度捕捉切换	用以捕捉栅格点、轴心、中心等，或者将鼠标动作限制在一定的角度中，在按钮上右击，打开"栅格和捕捉设置"进行具体参数的设置
	镜像	选中对象，再单击该按钮，打开"镜像"对话框，将对象沿某一个或两个镜像轴进行镜像或者翻转

按 钮	按 钮 名 称	作 用
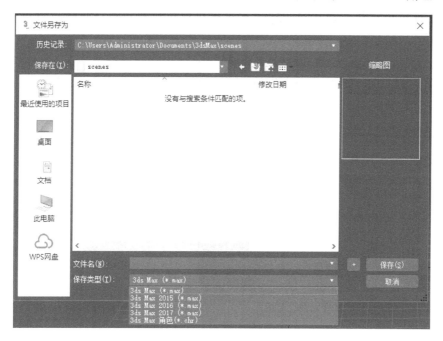	曲线编辑器	单击该按钮即可打开"轨迹视图-曲线编辑器"面板，可以使用"关键点-切线-曲线"的方式标记对象的动作信息
	材质编辑器	单击该按钮即可打开"材质编辑器"面板，有"精简"和"Slate"两种编辑模式，提供对象的材质、贴图功能
	渲染产品	单击该按钮渲染选择的视图

6.2.2 文件保存与归档

在所有的软件操作中，输出和存档都是必需的。3ds Max 软件也有自动保存的功能，可以通过"自定义"菜单的"首选项"命令，打开"首选项"对话框；在"文件"选项卡中进行文档的备份时间设置。还可以通过"自定义"→"配置用户路径"命令，可以更改文档存储位置。

1. 文件保存

在工具栏的"文件"菜单下找到"保存"或者"另存为"选项，可以打开"文件另存为"对话框，如图 6-8 所示。在"文件名"文本框中输入文件名称，可以使用中文命名。默认的保存类型为"*.max"，它是 3ds Max 软件的源文件格式，这种格式的文件可以反复打开编辑，因此，所有的三维动画文件都需要存储"*.max"源文件格式。3ds Max 2018 支持保存类型向下兼容，在"保存类型"下拉列表中可以存储"3ds Max 2015""3ds Max 2016""3ds Max 2017" 3 个较低版本的源文件格式。还可以存储角色版本"3ds Max 角色"。

图 6-8 "文件另存为"对话框

2. 归档

三维动画制作过程中会用到贴图素材、光域网、VR 代理文件子图等，直接存储的"*.max"源文件格式并没有将这些外部素材存储进来，仅仅是存储了访问这些素材的链接地址。当源文件发生移动，或者使用的素材发生变化（移动或重命名）时，再次打开源文件，会弹出"缺少外部文件"对话框，显示丢失的文件列表，如图 6-9 所示。如果单击"继续"按钮，则缺失的文件无法找回。如图 6-10 所示，苹果模型的贴图全部丢失。

图 6-9 "缺少外部文件"对话框　　　　　　　图 6-10　贴图文件丢失

　　归档的操作非常简单，打开需要归档的文件，执行"文件"→"归档"命令，打开"文件归档"对话框，输入文件名，选择保存类型，然后单击"保存"按钮。归档也可以向下兼容，如图 6-11 所示。归档的文件以"*.zip"压缩包的格式对所有使用到的贴图、光域网、VR 代理文件子图等素材文件进行存储。解压缩以后所有文件都在同级目录下，如图 6-12 所示。

图 6-11　"文件归档"对话框　　　　　　　　图 6-12　归档后的文件存储

6.3　基础建模

　　三维模型的创建是进行三维动画制作的第一步，3ds Max 软件提供了修改器建模、复合对象建模、编辑多边形建模、编辑网格建模、面片建模、曲面建模等多种建模方法。本节重点学习修改器建模、复合对象建模这两种基础建模方法。

6.3.1 修改器建模

3ds Max 软件命令面板的第二个选项卡是"修改"面板,所有对选定对象的参数修改,以及修改器的添加、删除等操作都在此面板进行。如果没有选择任何对象,"修改"面板是空的,如图 6-13 所示。只有在选中对象时,"修改"面板才可以使用,如图 6-14 所示。选中一个球体后,"修改"面板中诸如半径、分段等参数就可以修改了。此时单击"选择修改器"下拉列表,会显示可以添加的修改器,如图 6-15 所示。选择合适的修改器,即为当前对象添加了一个修改器命令。

图 6-13 空的"修改"面板　　图 6-14 "修改"面板　　图 6-15 "选择修改器"下拉列表

三维对象的模型细节必须通过添加不同的修改器,进行多次参数的修改来完成。修改器中的各种命令是建模的灵魂。

严格意义上讲,修改器建模也包含 6.4 节的编辑多边形建模,其属于高级建模的范畴。但为了讲解方便,先介绍"挤出""锥化""车削""噪波"等简单易用的修改器建模方法。

1. 挤出

挤出修改器的原理是将二维对象通过在某一个维度(例如 Z 轴)进行一定数量增量延长,得到三维模型。它是一个典型的"二维转三维"修改器,只能添加在诸如图形、样条线、文字等二维对象上,不能添加在茶壶、立方体、圆柱等三维对象上。

2. 锥化

锥化修改器能够应用在二维和三维对象上,可以使对象沿着某一个锥化轴进行一定数量曲线的弯曲变化,效果如图 6-16 所示。

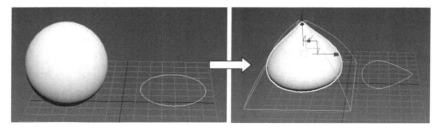

图 6-16 锥化效果

3．车削

车削是一种特殊的建模方法，将截面图形沿着某个轴旋转而得到的三维模型对象。车削只能应用在二维图形对象上，不能在三维对象上使用车削。

4．噪波

噪波修改器可以实现物体表面随机凹凸变化的效果，用来模拟凹凸不平的地面、山峰、河流、石块等对象。其工作原理是在对象的 X、Y、Z 中的一个或者多个维度上添加噪波强度和迭代次数，从而改变对象的外形。图 6-17 所示为两个完全相同的球体，右侧添加噪波（Noise）修改器，并修改参数得到的效果。

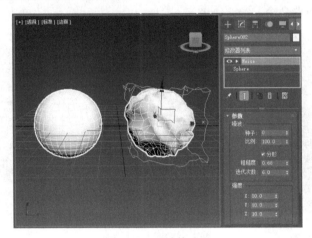

图 6-17　噪波修改器

6.3.2　修改器建模实例：立体字与酒杯

【案例6.1】　使用挤出修改器创建立体文字。

操作思路：使用文本工具创建文本，为文本添加"挤出修改器"，修改挤出参数，效果如图 6-18 所示。

案例 6.1

操作步骤：

1）打开命令面板，使用"创建"→"图形"→"文本"工具，在前视图单击创建默认文本，如图 6-19 所示。

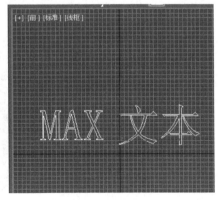

图 6-18　【案例 6.1】效果　　　　　　　　　　图 6-19　创建文本

2）确保在任一视图中选中文本对象，在"修改"面板中，将文本框中默认的"MAX 文本"改成需要的任何内容，例如"CG 世界"；将字体参数由默认的"宋体"改成其他字体，如"微软雅黑"，如图 6-20 所示。

3）确保在任一视图中选中文本对象，在"修改"面板中的"修改器列表"下拉列表中选择"挤出"选项，将数量增加合适的数值，例如 12，如图 6-21 所示。

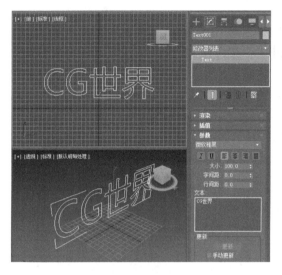

图 6-20　修改文本属性

图 6-21　修改"挤出数量"

【案例6.2】　使用车削修改器创建酒杯。

操作思路：使用"线"绘制 1/2 截面图形，添加"车削修改器"并调整参数，效果如图 6-22 所示。

操作步骤：

案例 6.2

1）打开命令面板，使用"创建"→"图形"→"线"工具，在前视图依次单击创建连续线段，这是酒杯的1/2 截面图形，如图 6-23 所示。

图 6-22　【案例6.2】效果

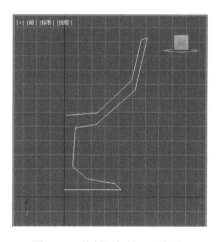

图 6-23　绘制酒杯的 1/2 截面

2）确保在前视图中选中对象，在"修改"面板中，单击"Line"左侧的下拉按钮，选择 Line 修改器的"顶点"层级。Line 也是一个修改器，是系统在创建线时自动生成的，因此，不用额外添加"编辑样条线"修改器。在"顶点"层级下，对顶点进行平滑、Bezier 处理、选中顶点并右击，在弹出的快捷菜单中选择"平滑"或"Bezier"选项，然后调整成图 6-24 所示形状。

3）在"修改"面板单击"顶点"以退出当前层级。在"修改器列表"下拉列表中选择"车削"，对齐选择"最小"，分段数为 20，选中"焊接内核"选项，如果发现透视图中模型表面为黑色，代表模型表面法线方向错误，选中"翻转法线"选项，如果模型表面正常，则不需要选中"翻转法线"选项，具体参数调整如图 6-25 所示。

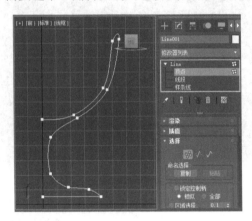

图 6-24　对 Line 进行平滑处理

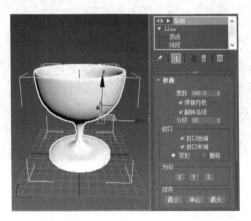

图 6-25　添加"车削修改器"并调整参数

"翻转法线"是什么意思？必须选中吗？
- 所有构成模型的面都有法线方向，可以把正向法线所在的面理解成正面，反向法线所在的面为背面。为了节省渲染，3ds Max 所有背面默认都具有"背面消隐"的属性，即所有背面默认是黑色，或不渲染，或消失看不到。
- 并不是所有的车削操作都需要选中"翻转法线"选项。
- 选中"翻转法线"选项的前提是：在透视图显示的模型表面颜色为黑色，或显示不正确，或能同时看到正反两个面以及剖面。
- 取消选中"翻转法线"选项的前提是：在透视图显示的模型表面颜色正确。
- 如果不确定法线是否正确，可以反复选中、取消选中进行对比，也可以加上灯光阴影渲染输出查看。

6.3.3　复合对象建模

复合建模是结合两个或两个以上的对象，使用特定的复合命令产生新的三维模型。复合建模的参与对象可以是二维或者三维模型。

"复合对象"面板的位置比较特殊，在软件右侧命令面板的"创建"选项卡下方，单击"创建类别"下拉列表，选择"复合对象"选项，如图 6-26 所示，即可弹出"复合对象"面板，如图 6-27 所示。

图 6-26 "创建类别"下拉列表

图 6-27 "复合对象"面板

复合命令共有变形、散布、一致、连接、水滴网格、布尔、图形合并、地形、放样、网格化、ProBoolean、ProCutter 等 12 种。当在场景中没有选择对应的起始类型时,面板上的命令灰色禁用。例如,在透视图创建一个立方体并选中,此时"地形"和"放样"选项灰色禁用,其他选项都可用,如图 6-27 所示。

6.3.4 复合对象建模实例:公路

【案例6.3】 使用放样复合命令创建公路。

操作思路:创建闭合图形,作为公路的截面;创建曲线,作为公路的长度;选择一个图形,添加"放样"命令;选择"获取图形"→"获取路径"选项来修改参数。

案例效果如图 6-28 所示。

操作步骤:

1)在命令面板中,使用"创建"→"图形"→"线"工具,在前视图依次单击创建闭合图形,如图 6-29 所示,这个闭合图形作为公路的截面。

图 6-28 【案例 6.3】效果

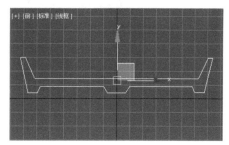

图 6-29 创建公路截面图形

在创建闭合图形时,当鼠标回到起始点单击时,会弹出"是否闭合样条线?"对话框,单击"是"按钮进行闭合曲线。如果第一次创建的图形不够理想,可以在"修改"面板中,选择 Line 修改器的"顶点"层级,对其顶点进行修改。

2）在命令面板中，使用"创建"→"图形"→"线"工具，在顶视图依次单击并拖动鼠标创建一条曲线，在"插值"选项组中将"步数"设置为 20，如图 6-30 所示。这条曲线作为公路的总长度。

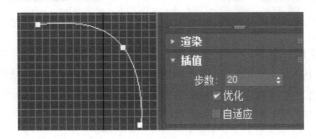

图 6-30　创建公路长度曲线

在创建线段时，每次单击可以创建没有任何弯曲度的折线，如果在单击的同时按住鼠标并拖动，则会创建带有弯曲度信息的曲线，这些线段上的点也就成了"Bezier"点，可以在"修改"面板的"顶点"层级下，通过对"Bezier"点手柄的调整，来调整曲线的曲度信息。

3）在任意视图中选择闭合图形，在命令面板中，依次选择"创建"→"复合对象"→"放样"选项，在"创建方法"选项组中单击"获取路径"按钮，如图 6-31 所示。

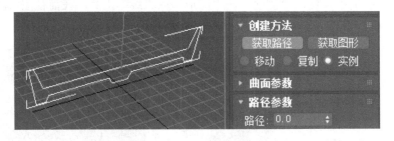

图 6-31　单击"获取路径"按钮

4）这时鼠标会变成"+"号，在任意视图中拾取路径线，会生成截面和路径线复合形成的三维模型，如图 6-32 所示。如果路径线不够平滑，可以在"蒙皮参数"选项组中，将"路径步数"修改成 20，或更高。如果公路的距离较短，也可以调整步骤 2）创建的线段的端点，得到更长的公路。

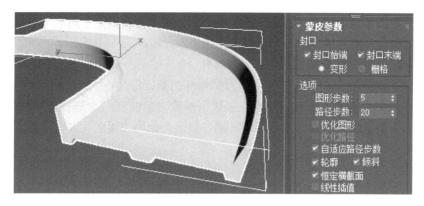

图 6-32　生成公路三维模型

6.4　高级建模

3ds Max 软件的高级建模主要包含"编辑多边形""编辑网格"两种建模方法。其中，"编辑多边形"建模方法尤其常用。为三维对象添加"编辑多边形"修改器，或者将对象转化为"可编辑多边形"状态，可以获得更多的编辑命令和工具，得到更加逼真、细腻的细节效果。

6.4.1　编辑多边形建模

挤出、车削等修改器建模和 12 种复合建模可以创建出简单的三维对象，但是，如果要实现精细模型的创建，例如，一只可爱的卡通猴子的造型、一群潘多拉星球的外星人、一座欧洲哥特式建筑的古堡……基础建模就无能为力了。这时，可以使用"编辑多边形"进行建模。

"编辑多边形"实质上是一个三维修改器——应用在三维对象的修改命令，可以给任意一个三维对象增加顶点、边、边界、多边形、元素 5 个可编辑层级，如图 6-33 所示。通过对顶点或者边等层级对象的修改，可以刻画出模型的平滑表面，或者繁复的装饰花纹。

为什么高级建模必须使用"编辑多边形"呢？
- 在进行雕塑时，使用刻刀雕刻对象的细节。
- 在三维软件中，鼠标就是手中的刻刀，有些三维建模软件就是以"雕刻"的原理进行细节刻画的。
- 3ds Max 将三维物体细节细分为顶点、边、边界、多边形、元素 5 个层级，用鼠标调整对象表面时，需要在 5 个层级间进行切换。
- 虽然这种方式比较保守，效率不高，但是，这是初学者最容易接受和掌握的，也是相对较为简单的建模方法。

图 6-33　编辑多边形

6.4.2　多边形建模实例：咖啡杯

若要使用车削创建一个酒杯，则将一个截面图形沿轴旋转一定的角度数得到模型即可。

例如，酒杯就是将半截面沿 Z 轴旋转 360° 得到的。如果要得到更多的细节车削就无法实现了。本节通过咖啡杯的建模，学习多边形建模的基本方法。

【案例6.4】 使用"编辑多边形"创建咖啡杯。

操作思路：创建一个切角圆柱体，作为咖啡杯的基础形体；添加"编辑多边形"修改器；在"顶点"层级下修改对象细节；使用"多边形"层级的"挤出"命令创建杯柄并修改；使用"塌陷"进行顶点合并；修改咖啡杯形状细节；添加"网格平滑"修改器。

操作步骤：

1）在命令面板中，依次选择"创建"→"几何体"→"扩展基本体"→"切角圆柱体"选项，在透视图单击并拖动鼠标创建如图 6-34 所示的倒角圆柱体。

切角圆柱体创建步骤及注意事项：
- 单击"切角圆柱体"按钮，在透视图中第一次单击并拖动鼠标，创建圆柱体的底面；第二次上下拖动鼠标，创建圆柱体的高度，再单击确定；第三次拖动鼠标，创建圆柱体的"切角"；3 个步骤完成，单击完成创建。
- 创建完成后，右击关闭"切角圆柱体"按钮。如果按钮没有关闭，则一直处于当前命令的创建状态。
- 3ds Max 中从"创建"面板创建的对象，都可以在"修改"面板进行参数修改，因此，在创建时不需要模型比例非常准确，可以先创建，再修改参数。

图 6-34　创建切角圆柱体

2）确保选中切角圆柱体，在英文输入法状态下按〈F4〉键开启"边面"显示模式，在这种模式下，构成模型表面的边线能够显示出来。在"修改"面板中，调节切角圆柱体的部分参数：半径为 20、高度为 50、圆角为 1、高度分段为 5、圆角分段为 1、边数为 13、端面分段为 2，如图 6-35 所示。

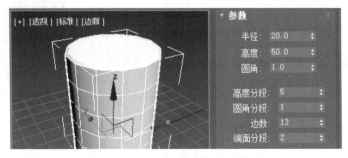

图 6-35　修改切角圆柱体参数

3）确保选中切角圆柱体，在"修改"面板中，从"修改器列表"下拉列表中选择"编辑多边形"选项，这时，"编辑多边形"修改器就处于修改器堆栈中。"修改器列表"下方的区域叫作"修改器堆栈"，为选中对象添加的所有修改器都在此堆栈中，先添加的在下方，后添加的在上方，上方修改器会影响下方修改器的结果，下方修改器的参数修改、删除会影响上方修改器甚至模型的最终结果。单击堆栈中"编辑多边形"左侧的下拉按钮，展开它的5个层级，如图6-36所示。

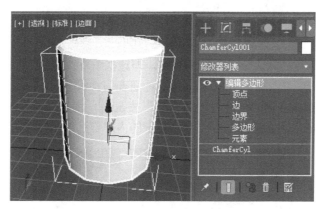

图6-36 添加"编辑多边形"修改器

4）选择"顶点"层级，在"选择"选项组中选中"忽略背面"选项，在顶视图选择切角圆柱体上顶面中间的顶点，注意不要选中外围顶点，选中的顶点显示红色，没有选中的顶点为蓝色，如图6-37所示。

"忽略背面"怎么用，何时选中，又何时取消选中？
● 在三维空间中操作对象时，所有的操作都有 3 个维度，所以，经常会同时选中多个面上的顶点，如果没有选中"忽略背面"选项，在顶视图选择顶点时，会把圆柱体上顶面和下底面的顶点都选中。
● 并不是在所有场合都需要选中"忽略背面"选项。
● 选中"忽略背面"选项：只选择朝向视图正面的顶点（或边、多边形等），不选择背面的。
● 取消选中"忽略背面"选项：需要将对象上的顶点（或边、多边形等）完全选择，包括正面和背面。

图6-37 选择圆柱体上顶面的内圈顶点

5）使用工具栏上的"移动工具"，在左视图中，沿 Y 轴将所选顶点移动到图 6-38 所示的位置。如果在透视图移动，则移动的是 Z 轴。

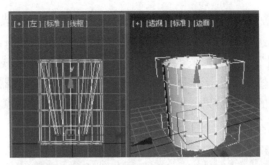

图 6-38　向下移动上顶面的内圈顶点

由于 3ds Max 软件的默认坐标系是"视图"，即透视图是"世界坐标系"，Z 轴永远垂直向上，其他视图（顶、前、左）为"视图坐标系"，不管在何种状态，Y 轴向上，X 轴向右。

6）在工具栏中单击启用"选择并均匀缩放"按钮 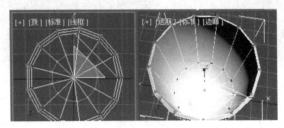，将所选顶点在 X、Y 轴上同时进行放大，如图 6-39 所示，在透视图中能看到杯子的内底部已经初具雏形。

图 6-39　放大杯子的内底部顶点

7）制作咖啡杯的手柄。选择"多边形"层级，选中"忽略背面"选项，选择如图 6-40 所示的两个面。可以按〈Ctrl〉键进行多个面的选择。

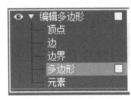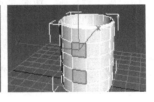

图 6-40　选择制作杯柄的两个面

8）在"修改"面板的"编辑多边形"选项组中，按照图 6-41 所示的步骤进行操作。

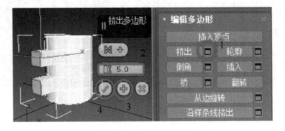

图 6-41　挤出杯柄

① 单击"挤出"选项右侧的"设置"按钮 ▢，弹出"挤出多边形"对话框。

② 在高度调节框中，输入 5 或者上下移动调整到 5.0。

③ 单击 ◉ 按钮，可以再应用一次当前挤出 5.0 高度的操作，单击两次，一共挤出 3 段。

④ 单击 ◉ 按钮，确定当前挤出 3 段的操作。

9）按〈Del〉键删掉选择的两个面，如图 6-42 所示。这是非常关键的一步，如果没有删掉面，顶点将无法塌陷。

10）切换到"顶点"层级，取消选中"忽略背面"选项。如果选中"忽略背面"选项，可能造成部分顶点无法选中，选择如图 6-43 所示的两个顶点。

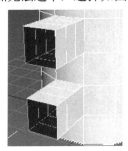 

图 6-42　删掉两个面　　　　　　　　图 6-43　选择两个顶点

11）单击"塌陷"按钮，将选中的两个顶点合并成一个，如图 6-44 所示。不能使用鼠标将两个顶点移动到一起，重合的两个顶点仍然是两个顶点，这会影响后续的其他操作，所以顶点的合并操作必须执行。

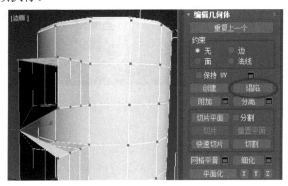

图 6-44　塌陷顶点

12）按照步骤 11）的方法，将其他 3 组顶点进行塌陷，最终结果如图 6-45 所示。

13）在前视图中，对杯柄的形状进行调节，得到如图 6-46 所示的效果。

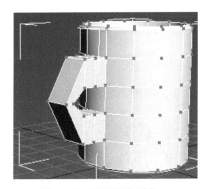 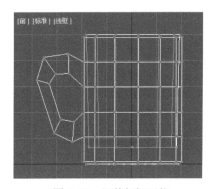

图 6-45　塌陷其他顶点　　　　　　　图 6-46　调整杯柄形状

14）退出"顶点"层级，确保选中杯子，在"修改器列表"中选择"网格平滑"修改器，"迭代次数"为2，即可得到如图6-47所示的平滑的杯子造型。

图 6-47　添加网格平滑

15）可以为杯子添加"锥化"修改器，得到不同形状的咖啡杯，如图6-48所示。

图 6-48　添加锥化修改器得到的杯子

6.5　渲染

若建模是三维动画的第一主体部分，那么渲染就是关键的第二大主体部分。整个三维作品的质量优劣，如果模型占到40%，那么渲染就至少占到50%以上。渲染是个范围非常大的概念，包括材质、贴图、灯光、摄影机……都属于渲染的范畴。三维作品的艺术风格、画面清晰度、逼真度等，都与渲染息息相关。在专业领域，渲染也是一个单独的研究方向。

6.5.1　材质与贴图

真实世界中的每个物体都有自己独有的颜色、纹理、亮度、质感、花纹、图形等信息，可以把这些信息归为"材质"和"贴图"两大类。

- "材质"：模型呈现出来的颜色、纹理、亮度、质感、质地等信息。例如，墙面粗糙的质感和丝绸光滑的质感是不同的，这就是材质的不同。哑光的橡胶和高亮的玻璃球的材质也是不同的。

● "贴图"：模型呈现出来的花纹、图形等信息。例如，T恤上的卡通图案、盒子6个面印制的图案、皮肤的肌理、高亮的不锈钢酒壶上反射的周围环境等，这些都属于贴图的范畴。

"材质编辑器"面板是进行"材质"和"贴图"设置的工具。几乎所有"材质"和"贴图"的参数都是在"材质编辑器"中进行的。

单击工具栏的"材质编辑器"按钮，或者在英文输入法状态下按〈M〉键打开"材质编辑器"面板，如图6-49所示。

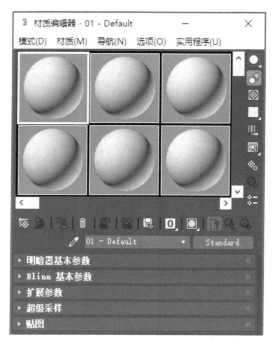

图6-49　材质编辑器（精简模式）

"材质球/示例球"：中间的6个灰色球体就是"示例球"，也叫作"材质球"，共有24个，可以在材质球上右击后在弹出的快捷菜单中选择相应选项进行设置。每个材质球对应一种用户制作的材质贴图，将材质球直接拖动到三维对象上，即可完成材质的赋予过程。也可以单击"将材质指定给选定对象"按钮，对选定的对象赋予材质。材质球和对象就建立了一一对应的关系。

3ds Max 2018的"材质编辑器"有两种模式："精简材质编辑器"和"Slate 材质编辑器"。可以在工具栏按住按钮不松，即可显示并打开"Slate 材质编辑器"。也可以在图6-49所示的精简模式的"材质编辑器"面板中，执行"模式"→"Slate 材质编辑器"命令，打开"Slate 材质编辑器"面板，如图6-50所示。这两种模式本质而言是完全相同的，得到的渲染效果也完全一样。精简模式是3ds Max传统的编辑界面，由于其在进行材质贴图嵌套时，层级不清晰，容易发生父子层次的混淆，所以在3ds Max后期的版本中新增了Slate模式。Slate模式使用"节点——连线——折叠"的方式，使材质贴图层级更加明晰，便于查看与编辑。

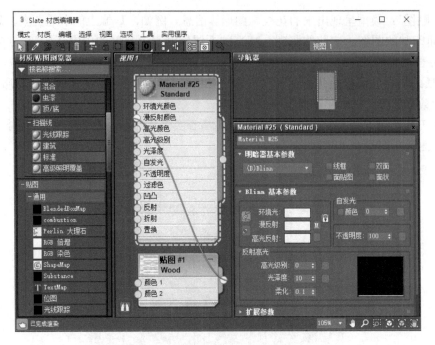

图 6-50　材质编辑器（Slate 模式）

【案例6.5】 使用"材质编辑器"为咖啡杯设置材质贴图。

操作思路：打开"材质编辑器"面板，为模型赋予一个空白材质；设置材质参数；添加贴图；添加贴图坐标并修改参数。案例材质效果如图 6-51 所示。

操作步骤：

1）赋材质：打开【案例 6.4】咖啡杯源文件，单击 按钮（或按〈M〉键）打开"材质编辑器"面板，选择第一个示例球，直接拖动到透视图中的咖啡杯上，此时示例球增加了一个实心白色四边角边框，如图 6-52 所示，代表当前材质球和咖啡杯建立了"实例"的关系，咖啡杯的材质就是第一个材质球的一个实例。因此，一个材质球可以给多个不同模型对象赋予材质，所有拥有此材质的模型对象的材质都是当前材质球的一个实例。

图 6-51　【案例 6.5】材质效果

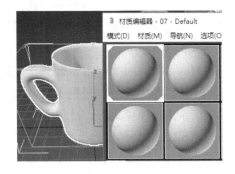

图 6-52　给咖啡杯指定一个示例球

2）设置材质参数：使用默认的"Standard"标准材质，单击"漫反射"后的色块，将漫反射颜色改为浅黄色，或者其他颜色均可。漫反射颜色代表了对象物理学上的固有颜色，也就是在日常生活中物体的固有颜色。"自发光"值修改为 10，可以适当提亮颜色。"高光级别"和"光泽度"修改为 130 和 60，让杯子表面形成小而亮的光斑。参数调整和实例效果如图 6-53 所示。

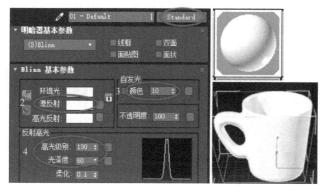

图 6-53　材质参数调整

3）添加贴图：单击"Blinn 基本参数"选项组中的"漫反射贴图通道"按钮，或者单击"贴图"选项组中漫反射颜色右侧的"贴图类型"按钮，都可以进入漫反射贴图通道，如图 6-54 所示。所有的贴图都必须放置在特定的贴图通道中，3ds Max 提供了环境光颜色、漫反射颜色、高光颜色、光泽度、不透明度、凹凸、反射、折射等多种贴图通道。

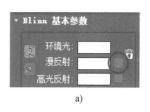

a)

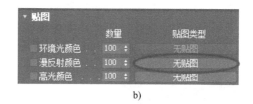

b)

图 6-54　打开漫反射颜色贴图通道的两种方法

a) 在"Blinn 基本参数"选项组打开　b) 在"贴图"选项组打开

4）添加位图：单击"漫反射贴图通道"按钮以后，会弹出"材质/贴图浏览器"对话框，如图 6-55 所示，选择"位图"选项后，单击"确定"按钮，弹出"选择位图图像文件"对话框。

5）选择位图文件：在"选择位图图像文件"对话框中，导航到存储本地位图的文件，选择"卡通.jpg"，单击"打开"按钮，应用这张位图，如图 6-56 所示。

图 6-55　材质/贴图浏览器

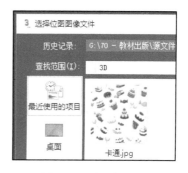

图 6-56　选择位图文件

6）显示位图：应用位图后，通常场景中的模型并没有显示出这张贴图，需要在"材质编辑器"面板中单击"视口中显示明暗处理材质"按钮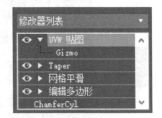，贴图就会显示在模型表面。位图效果如图 6-57 所示。

7）添加 UVW 贴图修改器：加上位图以后，贴图以默认的贴图坐标显示出来。但有时是错误的，需要为其添加贴图修改器。选中咖啡杯，在"修改"面板的"修改器列表"中选择"UVW 贴图"，如图 6-58 所示。

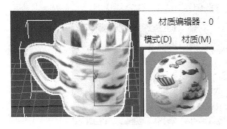

图 6-57　应用贴图

图 6-58　添加 UVW 贴图修改器

8）UVW 贴图参数修改：贴图坐标共有平面、柱形、球形、收缩包裹、长方体、面和 XYZ 到 UVW 七种，根据模型外观形状选择合适的修改器。一般杯子使用"柱形"贴图坐标，同时使用"多维/子对象"材质。由于本章没有涉及"多维/子对象"材质，因此，为了杯子贴图美观，选择"长方体"贴图坐标，如图 6-59 所示。坐标器的长度、宽度、高度等参数都可以适当修改，贴图修改器可以和模型不完全对应，还可以大于或小于模型，还可以在模型的内部或者外部。最终咖啡杯贴图效果如图 6-60 所示。

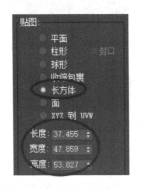

图 6-59　UVW 贴图参数修改

图 6-60　杯子贴图效果

6.5.2　灯光

灯光是渲染的灵魂，也是整个场景的灵魂，没有灯光，再精细的模型、再细腻的纹理质感也会淹没在无尽的黑暗中。和灯光相呼应的是阴影，真实的阴影能够塑造三维立体形体、表现场景基调、烘托场景氛围。

"默认灯光"与"场景灯光"：3ds Max 软件的默认灯光，在用户没有添加灯光时起作用，这就是为什么只要创建了对象，就能在对象上看到高光和阴影。可以执行"视图"→"视口按视图设置"命令，打开"视口设置和首选项"对话框对默认灯光进行设置，如图 6-61 所示，场景中的"默认灯光"为"一个默认灯光"。"默认灯光"仅供建模时参考使用，用户在场景中创建的灯光称为"场景灯光"。3ds Max 2018 的场景灯光共有"光度学""标准"和"Arnold" 3 种。

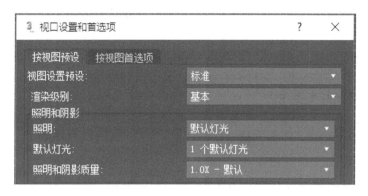

图 6-61　默认灯光设置

关闭"默认灯光"启用"场景灯光"：一旦创建了场景灯光，默认灯光即刻失效，在渲染时就会看到真实的灯光效果。但是在 3ds Max 个别版本中，软件中透视图的灯光仍然显示默认灯光，这给编辑造成不便。为此，可以在透视图左上角选择"[用户定义]"→"照明和阴影"→"用场景灯光照亮"命令，如图 6-62 所示。

图 6-62　关闭"默认灯光"启用"场景灯光"

在 3ds Max 中灯光分为标准灯光和光学度灯光两种。

● 标准灯光是软件提供的简单基础的灯光类型，3ds Max 2018 包含目标聚光灯、自由聚光灯、目标平行光、自由平行光、泛光、天光 6 种，如图 6-63 所示（从左到右依次对应）。目标灯光带有目标点，自由灯光则只有灯头，没有目标点。泛光和天光没有明确的照射目标，天光甚至和自身灯光位置都没有关系。

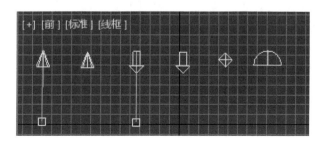

图 6-63　3ds Max 2018 标准灯光

● 光度学灯光包含"目标灯光""自由灯光"和"太阳定位器"3 种。光度学灯光比标准灯光更加精确，并且可以使用现实中的计量单位设置灯光的强度、颜色和分布方式等属性。

3ds Max 2018 内置了 Arnold 渲染器，Arnold 是基于物理算法的电影级别的渲染引擎，具有运动模糊、节点拓扑化、支持即时渲染、节省内存损耗等优点。Arnold Light 是配合 Arnold 渲染器使用的灯光系统。

在 3ds Max 中进行局部布光常采用"三点布光"法。"三点布光"法是一种区域照明布光方法，由 3 个灯光构成：主光、辅光和轮廓光。

【**案例6.6**】 使用"泛光"进行局部场景"三点布光"。

操作思路：依次使用泛光创建主光、辅光和轮廓光，调整三个灯光的位置和强弱，主光开启阴影。案例完成效果如图 6-64 所示。

案例 6.6

操作步骤：

1）创建地面接收灯光投影：打开【案例 6.5】咖啡杯材质贴图源文件，在右侧命令面板依次选择"创建"→"几何体"→"标准基本体"→"平面"选项，如图 6-65 所示。在顶视图拖拽鼠标，创建一个大于杯子的平面，并在前视图、透视图中对平面的位置进行调整，使平面正好处于杯子的正下方，两者不发生交叉，如图 6-66 所示。

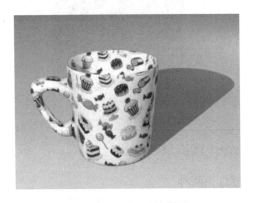

图 6-64 【案例 6.6】效果

图 6-65 创建平面

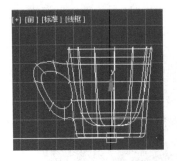

图 6-66 调整平面和杯子的位置关系

2）创建主光：在右侧命令面板依次选择"创建"→"灯光"→"标准"→"泛光"命令，如图 6-67 所示，在前视图或者顶视图单击创建一个泛光，并调整泛光与杯子的位置，确保主光在杯子的斜侧上方。

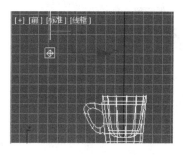

图 6-67　创建一个泛光作为主光

3）调整主光参数：选中已创建的泛光（主光），在"修改"面板的"常规参数"选项组中，选中"启用"选项启用阴影，设置阴影类型为"光线跟踪阴影"，设置阴影颜色为灰色，或者将"密度"设置为 0.8，如图 6-68 所示。

4）显示主光在物体上的投影：如果在透视图没有显示投影，可以在透视图左上方单击"[用户定义]"选项，在弹出的下拉菜单中选择"照明和阴影"→"阴影"选项，如图 6-69 所示。

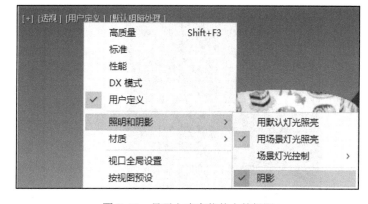

图 6-68　调整主光参数　　　　　　　图 6-69　显示主光在物体上的投影

5）创建轮廓光：按照步骤 2）创建主光的方法，在右侧命令面板依次选择"创建"→"灯光"→"标准"→"泛光"选项，在顶视图创建一个泛光，位置与主光相对，作为轮廓光。在顶视图创建的泛光，一般在栅格平面上，需要使用移动工具在左视图将灯光向上提拉。最终得到的轮廓光和主光的位置关系如图 6-70 所示。

6）调整轮廓光参数：选中轮廓光，在"修改"面板中，不启用阴影，将灯光强度"倍增"修改为 0.3，因为场景中只能接收一个灯光的阴影，一般接收主光的阴影，避免太多投影造成光线杂乱。在现实生活中打光时，轮廓光是主光的 1.5 倍，是硬光，但是在软件中，轮廓光仅仅作为背面补光使用，强度为 0.1～0.3 即可。参数设置如图 6-71 所示。

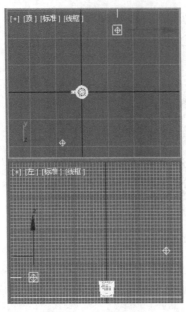

图 6-70　创建轮廓光　　　　　　　　　　　图 6-71　调整轮廓光参数

7）创建辅光：辅光就是辅助光，是用来照亮场景中暗部区域。因此，可以在主光和轮廓光照射不到的区域创建一个泛光，和轮廓光一样都是作为补光使用的，因此不开启阴影，强度为 0.3。创建辅光如图 6-72 所示，调整辅光参数如图 6-73 所示。

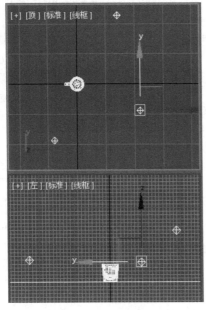

图 6-72　创建辅光　　　　　　　　　　　图 6-73　调整辅光参数

至此，完成局部场景"三点布光"。

6.5.3　摄影机

很多初学者会忽视摄影机的作用，认为只要模型和场景足够精致、材质灯光足够逼真即可。但是，三维动画、游戏、虚拟现实等都是多维度的视听体验，视听效果永远是第一位的。杂乱无序、不稳定、摇晃的镜头感是极端让人讨厌的。

摄影机就是观众（或者用户）视听体验的接口，是观众（或者用户）用以观察、感知三维世界的眼睛。在 3ds Max 中，通过摄影机来完成穿行动画，通过摄影机来完成运动模糊和景深效果。在 3ds Max 2018 命令面板中，"创建"面板下第 4 个按钮就是摄影机，如图 6-74 所示。3ds Max 2018 的摄影机分为标准摄影机和 Arnold 摄影机两类。标准摄影机是软件默认摄影机，包含物理摄影机、目标摄影机和自由摄影机三类。Arnold 摄影机包含 VR Camera，是一种虚拟摄影机。

- 物理摄影机：和光度学灯光类似，物理摄影机提供现实世界中真实摄影机的具体参数，配合真实数据的模型、场景信息，以及贴近现实的光度学灯光，物理摄影机可以有更逼真的焦距设置、景深、透视控制等。

- 目标摄像机和自由摄影机：和目标灯光一样，目标摄影机带有目标点，通过移动目标点可以快速定位取景目标位置。自由摄影机没有目标点，移动定位更加灵活。这两类摄影机都有 9 种备用镜头，如图 6-75 所示。目标摄影机和自由摄影机也可以自由切换，在类型下拉列表中进行选择。

图 6-74　摄影机类型

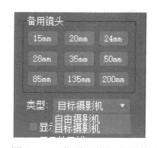
图 6-75　类型切换与备用镜头

6.6　三维动画

3ds Max 软件中动画的实现是需要一定的条件的，本节将介绍三维动画产生的条件、主要的动画控制区域，以及曲线编辑器的使用。

6.6.1　三维动画产生的条件

动画是一门系统的学问，三维动画更是如此，在完成了建模、材质、贴图、灯光、摄影机这些前期环节以后，让模型运动起来、让摄影机漫游起来，成了最难掌握的部分。

动画产生的必备条件有两个——时间的变换和画面的改变。这两个条件必须同时具备，否则不能产生动画效果。

1）时间的变换。3ds Max 软件的"时间滑块"和"时间轴"是改变时间的区域。在默认初始状态下，时间轴上的每一个刻度代表 1 帧，也即 1 幅画面，这和二维动画是一致的。在进行动画设置时，每一个关键点位置，必须改变时间，也就是必须将时间滑块拖动到新的刻度上。

2）画面的改变。包含两个方面的内容：物体自身位置的改变，摄影机镜头的运动。这两方面只要符合一条就可以构成运动的画面。

3ds Max 软件进行动画制作的主要区域有 5 个，分别是动画菜单、曲线编辑器、"运动命令"面板、动画控制区、时间轴。依据动画类型的不同，可能会用到一个或多个动画区域进行动画制作。

6.6.2 曲线编辑器及案例：弹跳小球

"曲线编辑器"可以通过单击工具栏上的 按钮打开，是"轨迹视图"的一种编辑模式，如图 6-76 所示。它可以将对象的运动变化以曲线的方式显示出来，图 6-76 就是一个小球在 X、Y、Z 三个方向的无规则运动，红、绿、蓝三条曲线分别代表 X、Y、Z 三个轴向。下方的横轴代表时间轴，与场景中的主时间轴完全同步。纵轴代表当前曲线变化的幅度，亦即小球在 X、Y、Z 三个轴向的坐标值。

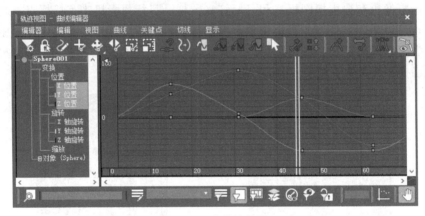

图 6-76　曲线编辑器

"摄影表"是"轨迹视图"的另一种编辑模式，如图 6-77 所示。不同于曲线编辑器的"曲线模式"，摄影表是将动画信息以"关键点"+"列表"的形式展现的，起源于传统的二维手绘动画制作时期。摄影表是"动画"产业化的标志，是"动画"得以用流水线的方式进行量化的质量保障。3ds Max 的"摄影表"对传统动画的摄影表进行改进融合，更适合软件操作。

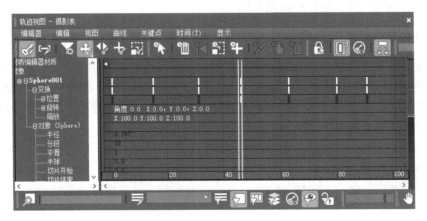

图 6-77　摄影表

【案例6.7】 使用"曲线编辑器"创建弹跳小球动画。

操作思路：创建球体；设置起始和落地关键帧；设置曲线编辑器参数；设置关键点切线速度。

案例 6.7

操作步骤：

1）创建球体：在右侧命令面板，选择"创建"→"几何体"→"标准基本体"→"球体"选项，在透视图单击并拖动鼠标创建一个球体，如图6-78所示。

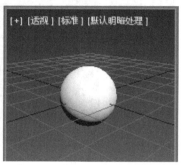

图 6-78　创建球体

2）设置起始关键帧：选中球体，单击"自动关键点"按钮，将球体的 Z 轴坐标值改为60，此时，小球位于栅格线上方60单位，处于小球弹跳的起始状态，如图6-79所示。

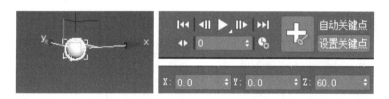

图 6-79　设置起始关键帧

3）设置落地关键帧：选中球体，确保"自动关键点"开启，将时间滑块移动到第 10 帧，将球体的 Z 轴坐标值改为 0，此时，小球位于栅格线中心，处于小球的落地状态，如图6-80所示。

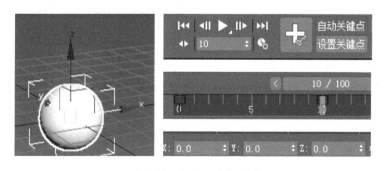

图 6-80　设置落地关键帧

4）设置曲线编辑器参数：不停改变Z的值，反复进行步骤2）和3）即可完成小球弹跳动画。但是这样重复制作比较费时费力，可以使用"曲线编辑器"模拟重复弹跳操作。

打开"曲线编辑器"，确保选中球体，单击"曲线编辑器"面板下方的 水平最大化、垂直最大化按钮，将当前 0～100 帧的 Z 轴曲线全部显示出来，如图 6-81 所示。

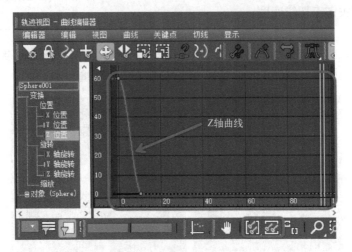

图 6-81　Z 轴曲线轨迹

在"曲线编辑器"工具栏中单击"参数曲线超出范围类型"按钮 ，打开"参数曲线超出范围类型"对话框，分别将类型的入点和出点都设置为"往复"，如图 6-82 所示。单击"往复"的入点和出点，球体在 0～100 帧已经具有了一个循环往复的曲线轨迹，如图 6-83 所示。

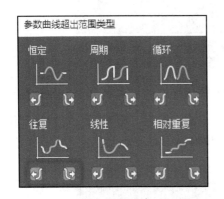

图 6-82　"参数曲线超出范围类型"对话框

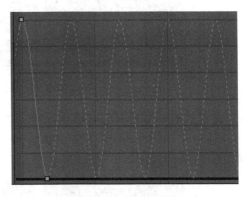

图 6-83　使用"往复"模拟的球体轨迹曲线

5）设置关键点切线速度：使用"曲线编辑器"工具栏上的"移动关键点"按钮 ，选中曲线上的第 0 帧关键点，将切线类型改为"慢速"；选中曲线上的第 10 帧关键点，将切线类型改为"快速"，如图 6-84 所示。经过修改切线速度以后，球体的弹跳就不再匀速进行，而改成落地时加速，弹起时减速，较为符合物理原理。但是这种循环往复的做法并没有考虑空气阻力和重力的影响，小球会保持原有速度在规定时间范围内一直弹跳。

6）预览动画：关闭"曲线编辑器"，再单击"自动关键点"按钮使其关闭。单击"播放动画"按钮，或者在英文输入法状态下按〈？〉键，预览动画。

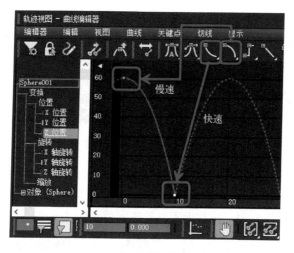

图 6-84　设置关键点切线速度

6.7　案例：画轴展开

【案例6.8】　使用"自动关键点"创建画轴展开动画。

操作思路：创建一个平面作为"画"；添加"弯曲"修改器，实现画轴卷曲效果；使用"自由关键点"记录动画信息；添加"双面"材质，实现画轴的正面和背面不同的效果；进行"三点布光"，预览动画，渲染输出。案例完成效果如图6-85所示。

案例 6.8

操作步骤：

1）创建平面：在右侧命令面板依次选择"创建"→"几何体"→"标准基本体"→"平面"选项，在顶视图拖拽鼠标创建一个平面。在"修改"面板中，修改平面的参数："长度"为439、"宽度"为1158、"长度分段"为1、"宽度分段"为60，如图6-86所示。平面长度和宽度的尺寸是为了匹配贴图，也可以改成其他任意尺寸。宽度分段数要足够高，在进行弯曲时才不会产生错误。

图 6-85　【案例 6.8】完成效果

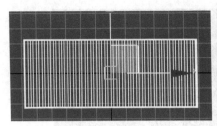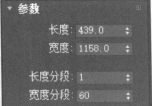

图 6-86 创建平面并设置参数

2）添加"弯曲修改器"：选中平面，在"修改"面板添加"弯曲"修改器，设置弯曲"角度"为-1390，在"弯曲轴"中选中 X 轴，选中"限制效果"选项，设置"上限"为1217.16，确保画轴从一侧弯曲，参数设置以及弯曲效果如图 6-87 所示。

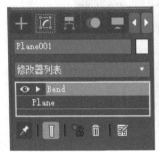

图 6-87 添加"弯曲"修改器并设置参数

3）移动"弯曲 Gizmo"：选中平面，在修改器堆栈中，单击"Bend"前面的下拉按钮，在其下拉列表中选择"Gizmo"选项。使用"移动工具"在透视图沿着 X 轴方向向左移动，将画轴向左继续弯曲卷起，如图 6-88 所示。

图 6-88 沿 X 轴移动 Gizmo

4）修改弯曲细节：弯曲后的平面完全折叠在一起，可以使用"旋转工具"进行修改。单击"旋转工具"，在透视图沿着 Y 轴旋转平面的 Gizmo，得到效果如图 6-89 所示。

5）设置动画：选中平面，单击动画控制区域的"自动关键点"按钮以打开动画记录，将时间滑块移动到 80 帧，确保选中"Gizmo"层级，使用"移动工具"沿着 X 轴对平面的Gizmo 进行移动，直至平面完全平铺开。设置方法如图 6-90所示。再单击"修改器列表"中的"Gizmo"选项退出当前层级。然后单击"自动关键点"按钮，关闭自定义动画的记

图 6-89 修改弯曲细节

录，拖动时间滑块，发现平面已经出现了由卷起到展开的动画效果。

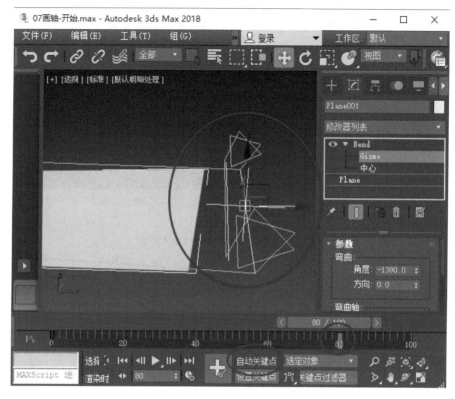

图6-90 设置动画

6）设置双面材质：打开"材质编辑器"（按〈M〉键，或者在工具栏单击相应按钮），将第一个材质球拖到平面上。单击"Standard"材质按钮，弹出"材质/贴图浏览器"对话框，选择"双面"选项，单击"确定"按钮。设置过程如图6-91所示。

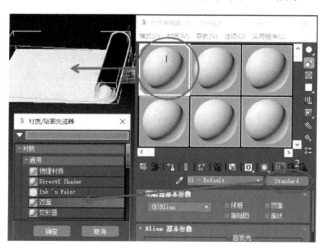

图6-91 设置双面材质

7）设置子材质：选择"双面"选项后会弹出"替换材质"对话框，询问如何处理旧材质，如图 6-92a 所示，本例中原有材质是起始材质类型，没有做任何处理，所以可以任意选择一项，并单击"确定"按钮。这时，标准材质的参数列表就变成了"双面基本参数"，如图 6-92b 所示。可以依次单击"正面材质""背面材质"右侧的材质按钮，分别为其添加"漫反射"贴图。

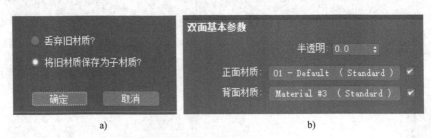

图 6-92　设置子材质

a)　"替换材质"对话框　b) 双面基本参数

8）添加底面，进行"三点布光"：按照【案例 6.6】的步骤在当前场景中，为卷轴制作平面用以接收投影，创建主光、辅光、轮廓光三个灯光。最终完成效果截图如图 6-85 所示。

9）预览动画：单击"播放动画"按钮，或者在英文输入法状态下按〈? 〉键，预览动画。

6.8　本章小结

本章讲解了使用 3ds Max 2018 进行三维动画制作，主要侧重三维建模部分，是多媒体技术中比较重要的内容。目前多媒体技术中的视频、虚拟等内容，都需要用到三维动画。3ds Max 2018 内容较多，本章以案例为基础节选最为典型的 8 个案例进行讲解，能够帮助用户进行多媒体相关内容的设计与制作。

基础建模部分讲解了修改器建模和复合建模方法。以三维立体字为例，讲解"挤出"修改器的使用方法；以酒杯为例，讲解"车削"修改器的使用方法；以公路为例，讲解"放样"复合命令的使用方法。基础建模方法很多，这 3 种方法最为常用。

高级建模有多边形建模和网格建模等，可以创建较为复杂的模型，目前"编辑多边形"修改器使用更为频繁。以"咖啡杯"为例，讲解"编辑多边形"修改器的使用方法。使用"编辑多边形"可以创建更为复杂的人物、建筑、场景等模型对象，是最为重要的建模方法。

渲染部分主要讲解了材质、贴图、灯光和摄影机，由于篇幅限制，本章没有讲解渲染器，学有余力的爱好者可以尝试学习一下"Arnold"渲染器。Arnold 目前已经内置到 3ds Max 2018，替代了 Mental Ray 渲染器，是一款高级的、跨平台的、基于物理算法的电影级别的渲染引擎。

动画部分主要介绍了"自动关键点/设置关键点"和"曲线编辑器"动画。这两种动画类型使用最为频繁，在动作捕捉还没有普及时，几乎所有的三维动画都要使用这两种类型实现。

多媒体技术能满足 5G 时代人们的感官感受，能提供更多的人机互动方式。三维技术无疑是 5G 时代最为突出的技术手段之一。5G 时代对人工智能、大数据、虚拟仿真、增强现实等技术的支持，将增加人们对三维技术的需求。

6.9 练习与实践

1．选择题

（1）3ds Max 是一种运行于 Windows 操作平台的_____系统。

    A．文字处理   B．图像处理

    C．三维造型与动画制作   D．数据处理

（2）"文件"→"保存"命令可以保存_____类型的文件。

    A．MAX 格式   B．DXF 格式   C．DWG 格式   D．3DS 格式

（3）3ds Max 工作界面的主要特点是在界面上以_____的形式表示各个常用功能。

    A．图形   B．图形按钮   C．按钮   D．以上说法都不确切

（4）在 3ds Max 中，_____是用来切换各个模块的区域。

    A．视图   B．工具栏   C．命令面板   D．标题栏

（5）在标准几何体中，唯一没有高度的物体是_____。

    A．长方体   B．圆锥体   C．四棱锥   D．平面

（6）用"车削"命令生成旋转物体时，可以使顶盖和底盖平整的参数选项是_____。

    A．对齐   B．焊接内核   C．翻转法线   D．分段

（7）关于放样，下面说法错误的是_____。

    A．可以在"修改器"面板下拉列表添加"放样"命令

    B．可以绘制多个截面图形

    C．不同的截面图形可以占据不同的路径百分比

    D．只能在"创建"面板的复合对象中选择"放样"命令

（8）图 6-93 和图 6-94 使用的操作是_____。

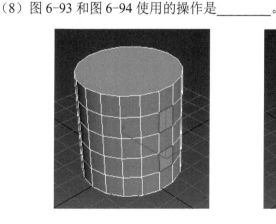 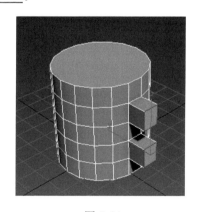

图 6-93   图 6-94

    A．选择"顶点"，执行"断开"命令

    B．选择"边界"，执行"封口"命令

    C．选择"元素"，执行"翻转"命令

    D．选择"多边形"，执行"挤出"命令

（9）下列关于"材质编辑器"的说法，错误的是_____。

    A．3ds Max 2018 的"材质编辑器"有 4 种模式

    B．3ds Max 2018 的"材质编辑器"有两种模式

    C．"Slate 材质编辑器"使用起来更加方便、直观

    D．"Slate 材质编辑器"是一种基于"节点"链接式的显示方式

（10）"自动关键点"动画的主要步骤如下，正确的排序是_____。

    a 移动时间滑块到其他帧，改变时间

    b 选择对象，单击"自动关键点"按钮

    c 修改对象的位置或者其他参数

    d 关闭"自动关键点"按钮

    A．b a c d   B．a b c d

    C．c d b a   D．a b d c

2．操作题

（1）使用"车削"命令，制作一个"碗"模型，效果如图 6-95 所示。

（2）利用网络资源，查找"倒角"修改器的使用方法，并结合"多边形建模"等创建一个"玩具车"模型，效果如图 6-96 所示。

图 6-95

图 6-96

第7章　综合案例：三维建筑漫游动画

漫游动画多用于建筑领域，是对建筑物外观、周围环境、室内装饰等内容的全景展示，分为动画演示、虚拟漫游演示、体感模拟等方面。

本章将结合前面章节所讲内容，进行"三维建筑漫游动画"案例的综合分析。通过对案例的需求分析、制作流程的分析、模型的创建、材质与贴图、动画与环境创建、后期合成、产品输出等环节，进行三维建筑漫游动画的制作。进而理解并掌握多媒体产品的设计与开发过程。

教学目标

● 理解多媒体产品的制作过程
● 能够进行多媒体产品的需求分析
● 能够使用三维软件 3ds Max 进行产品的模型创建
● 能够使用平面设计软件 Photoshop 进行产品贴图的绘制
● 能够使用后期编辑软件 Premiere 进行多场景镜头的剪辑
● 能够进行产品的合成与输出

7.1　任务分析

在案例开始之初，需要对任务进行分解，确定作品风格、制定作品初步的呈现方式，并对作品制作的流程进行分析。

7.1.1　作品风格与呈现形式

本章着重展示一个二层建筑模型外观的模型创建、贴图绘制、环境搭建、渲染输出、视频合成等内容。最终模型如图 7-1 所示，完成模型的外观部分，不制作内部构造。漫游作品是 MP4 视频格式，表现风格为三维动画。作品简洁明快，画面清晰。

图 7-1　产品最终呈现效果图

7.1.2　制作流程分析

漫游动画的制作分为前期策划、中期模型创建和后期制作三大模块。在本章中，将分为 4 个小节对制作流程进行详细分析，如图 7-2 所示。"模型创建"主要对建筑主体部分的建模过程进行详细讲解，主要包括墙体的创建、窗户与推拉门的创建、二楼及屋顶的创建、楼梯和阳台的创建等内容。"贴图绘制与贴图坐标"中使用 Photoshop 软件对创建的模型进行贴图的绘制，在 3ds Max 软件中添加 UVW 贴图坐标；模型和贴图完成之后，建筑初具雏形，"环境与动画"为场景添加灯光，添加树木、草地和球形天空，然后创建摄影机漫游动画；最后，使用 Premiere 软件对 3ds Max 软件中生成的序列图文件进行合成、剪辑、字幕添加、导出动画文件。

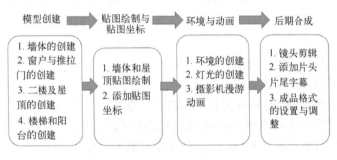

图 7-2　流程图

7.2　模型创建

产品最终效果的主体对象是一栋建筑造型，该综合案例的重点和难点也是三维模型的创建过程。本节对建筑模型的墙体、窗户、大门、栏杆等对象的创建过程进行详细的讲解。

7.2.1　墙体的创建

操作思路：创建二维样条线，作为墙体的地基；窗口位置使用顶点优化、删除线段的方式挖空；使用"轮廓化"命令，添加墙体厚度；使用"挤出"命令挤出墙体高度。

案例效果如图 7-3 所示。

7.2.1 墙体的创建

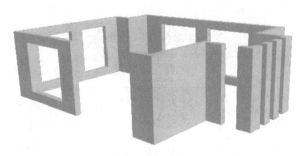

图 7-3　墙体效果

操作步骤：

1）打开 3ds Max 2018 中文版，在命令面板中，选择"创建"→"图形"→"线"选项，在顶视图依次单击创建闭合图形，如图 7-4 所示，这个闭合图形作为墙体的地基。绘制时，可以打开捕捉开关，并使用捕捉栅格点来进行辅助对齐。也可以在绘制时按住〈Shift〉键，将操作约束在水平或垂直方向。

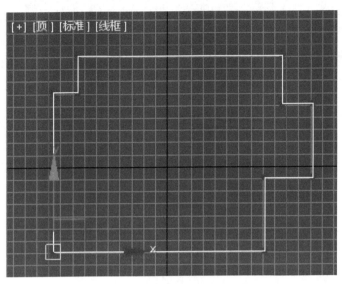

图 7-4　绘制墙体地基

2）在"修改"面板的"修改器列表"选项组中，选择"Line"的"顶点"层级，使用"优化"命令，在样条线上合适的位置单击，标记窗口和大门的位置，如图 7-5 和图 7-6 所示。两个顶点之间为一个窗口或门口，位置可以自行确定，不必和图 7-6 保持一致。创建完成之后在空白位置右击，结束"优化"命令，或者再次单击"优化"按钮，取消按钮操作。

图 7-5　选择优化命令

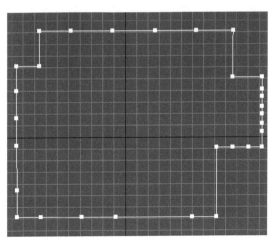

图 7-6　标记窗口位置

3）在"修改"面板的"修改器列表"选项组中，选择"Line"的"线段"层级，选择窗口位置的线段，按〈Delete〉键进行删除，得到如图 7-7 所示的效果。选择"样条线"层级，全选所有样条线，选择"轮廓"命令，适当调整轮廓的值，得到如图 7-8 所示的轮廓化效果，从而得到墙体的厚度。

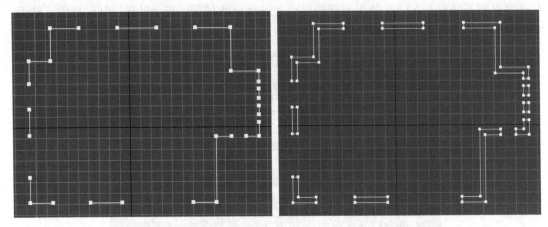

图 7-7　删除窗口、门口线段　　　　　　　　　图 7-8　添加轮廓化命令

　　4）退出"Line"的"样条线"层级，单击"修改器列表"，为其添加"挤出"修改器。适当调整挤出的数量，得到墙体高度，如图 7-9 所示。

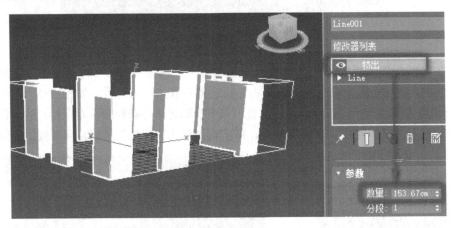

图 7-9　挤出墙体高度

　　5）在修改器堆栈右击，在弹出的快捷菜单中选择"塌陷全部"选项，然后在弹出的"警告：塌陷全部"对话框中单击"暂存/是"或者"是"按钮，对修改器进行塌陷。之所以要进行塌陷，是要对挤出的墙体进行下一步修改操作，除了塌陷，也可以直接添加"编辑多边形"修改器进行下一步操作。

　　进行了塌陷之后，修改器堆栈中所有的修改器会合并成"可编辑网格"修改器，如果熟悉该修改器，可以在此基础上继续以下操作。在此，我们在"可编辑网格"修改器上右击，选择"可编辑多边形"，使用更常用的"可编辑多边形"修改器进行之后的操作。

　　6）选择"可编辑多边形"修改器的"边"层级，并按〈F4〉快捷键打开"边面显示"，以便能够看到墙体的各个边线。按住〈Ctrl〉键加选四条窗洞周围的边线并右击，在弹出的快捷菜单中单击"连接"左侧的"设置"按钮，打开"连接边"对话框，如图 7-10 所示。

7）在"连接边"对话框中，将分段设置为 2，适当调整收缩的数值（可能与图 7-11 所示数值不同），使得两条新增加的边分别向上下靠拢。设置完成以后单击 ✓ 按钮。

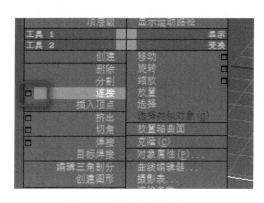

图 7-10　边线的连接命令

图 7-11　增加两条边线

8）在"修改"面板的"修改器列表"选项组中，选择"Line"的"多边形"层级，分别选择窗洞对应的面，然后在"编辑多边形"选项组中单击"桥"命令，将对应的面连接起来，如图 7-12 所示。

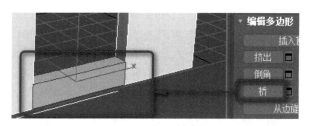

图 7-12　桥接对应的面

9）使用同样的方法，将所有的窗洞都增加边线，并进行连接，并对窗洞的位置、大门的位置进行微调，得到如图 7-13 所示的墙体效果。

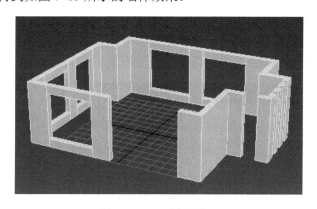

图 7-13　一层墙体效果

7.2.2 窗户与大门的创建

操作思路：创建矩形，作为窗户的边框；将矩形转换为可编辑状态，使用"插入"命令创建内插面作为玻璃；再使用"挤出"命令挤出窗框的厚度；为窗户设置"多维/子对象"材质，再分别为玻璃和窗框设定材质；复制窗户制作入户大门。

案例效果如图 7-14 所示。

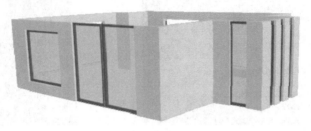

图 7-14　窗户与大门效果

操作步骤：

1）选择 7.2.1 小节创建的墙体并右击，在弹出的快捷菜单中选择"冻结当前选择"选项，将墙体冻结。在命令面板中，选择"创建"→"图形"→"矩形"选项，在前视图沿窗洞大小绘制一个矩形，如图 7-15 所示。

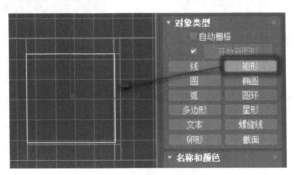

图 7-15　绘制窗户轮廓

2）在修改器堆栈中右击，在弹出的快捷菜单中选择"可编辑多边形"选项，将矩形转换为可编辑状态。此时，在透视图就能看到矩形转换成了一个面片，如图 7-16 所示。

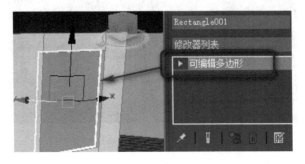

图 7-16　转换为可编辑状态

3）选择窗户面片并右击，在弹出的快捷菜单中选择"孤立当前选择"选项，使窗户处于孤立状态。在修改器堆栈中选择"多边形"层级，使用"插入"命令，在窗户面片上向内插入一个新的面，作为玻璃，外围作为窗框，如图 7-17 所示。使用"挤出"命令，将新产生的平面向内挤出，得到如图 7-18 所示的效果。

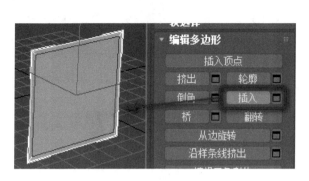

图 7-17　插入新的面　　　　　　　　　　　　　图 7-18　挤出玻璃

4）右击结束挤出操作。再次右击，在弹出的快捷菜单中选择"结束隔离"选项，退出孤立效果。在透视图中检查窗户的对齐位置，如有穿插或者缝隙，可以在对象的"顶点"层级下进行修改。

5）在进行其他窗户的复制之前，可以先设置窗户的材质。因为所有窗户和推拉门的材质是完全一样的，如果在模型全部完成之后再指定，需要对每个窗户和推拉门逐一进行多维子材质的设定，这一过程比较烦琐，所以可以在建模时直接赋予材质，再进行复制。

在"多边形"层级，选择中间的玻璃，设置 ID 为 1；然后按〈Ctrl+I〉快捷键进行反选，将窗框的材质 ID 设为 2。退出"多边形"层级。

按〈M〉键打开"材质编辑器"，选择"模式"→"精简材质编辑器"命令（使用 Slate 编辑器也可）。选中第一个示例球，拖动给窗户。将第一个示例球的材质，赋给窗户。此时窗户显示和示例球一致。

单击"Standard"按钮，打开"材质/贴图浏览器"对话框，将材质改为"多维/子对象"并单击"确定"按钮，此时会弹出"替换材质"对话框，因为此时并没有旧材质，所以不管选择哪一项都可以，如图 7-19 所示。选择"丢弃旧材质"选项，并单击"确定"按钮。

6）此时进入"多维/子对象基本参数"设置区域。单击"设置数量"按钮，将"材质数量"设定为 2。这一步操作必不可少，否则多余的材质通道会在对象上以空材质类型呈现。将 ID 为 1 的"名称"修改为"玻璃"，ID 为 2 的"名称"改为"窗框"，如图 7-20 所示。

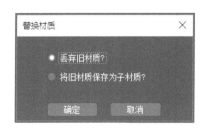

图 7-19　丢弃旧材质　　　　　　　　　图 7-20　设置子材质数量和 ID 名称

分别单击 ID 为 1 和 ID 为 2 的"子材质"通道按钮，如图 7-20 所示，将子材质都设定为"标准"。再单击 ID 为 1 的"子材质"通道按钮，进入 ID 为 1 的子材质编辑区域，设置"漫反射"为浅蓝色（也可设定为白色或者浅绿色），"不透明度"设置为 60，用以模拟透明玻璃效果，如图 7-21 所示。

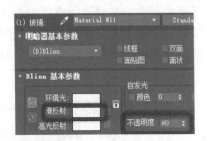

图 7-21 玻璃子材质

然后单击"转到下一个同级项"，进入 ID 为 2 的"窗框"子材质编辑区域，设置"漫反射"颜色为蓝色、灰色或者黑色均可，用以模拟窗框颜色，如图 7-22 所示。最终玻璃窗户效果如图 7-23 所示。

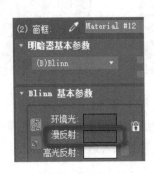

图 7-22 窗框子材质

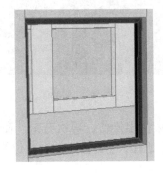

图 7-23 窗户最终效果

7）将已经完成的窗户复制多个，放置在各个窗洞上，如果窗户和窗洞不匹配，可以在"顶点"层级下进行微调。最终将所有的窗户都放置正确。

8）将窗户复制两个，进行入户大门的制作。调整顶点，以匹配门洞大小。所有门窗最终效果如图 7-14 所示。

7.2.3 二楼及屋顶的创建

操作思路：将一楼的墙体和门窗进行整体复制，并向上移动，得到二楼；屋顶使用两个立方体创建，一个立方体旋转倾斜得到正面屋顶效果，另一个立方体通过倒角和挤出命令，得到基础屋顶效果。

> 7.2.3 二楼及屋顶的创建

案例效果如图 7-24 所示。

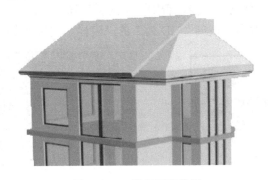

图 7-24 二楼及屋顶效果

238

操作步骤:

1) 创建一楼地板和楼顶。首先全选场景中的所有对象,并冻结。在命令面板中,选择"创建"→"图形"→"线"选项,在顶视图沿着墙体外轮廓绘制轮廓线,如图7-25所示。添加"挤出"修改器,并调整合适的挤出数量,放置在墙体的下方作为地板。按住〈Shift〉键,将地板沿Z轴向上复制一个,并放置到合适位置,作为一楼的楼顶,如图7-26所示。

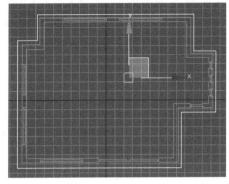

图7-25　一楼屋顶轮廓

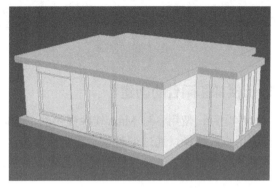

图7-26　一楼地板和楼顶

2) 创建二楼模型。在视图中右击,在弹出的快捷菜单中选择"全部解冻"选项,将一楼墙体和门窗解冻。然后选择楼顶和地板,将其冻结。选择一楼墙体和门窗,按住〈Shift〉键,将其沿Z轴向上复制,并放置到合适位置,作为二楼的墙体和门窗,如图7-27所示。

3) 创建屋顶。在顶视图,依据别墅外墙轮廓创建一个长方体,并放置在屋顶位置。再创建另一个长方体,旋转倾斜,放置在如图7-28所示位置。

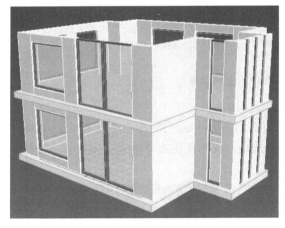

图7-27　复制出二楼

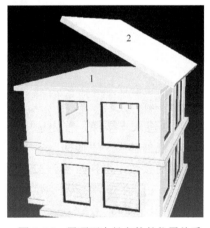

图7-28　屋顶两个长方体的位置关系

4) 选择图7-28标注的长方体1并右击,在弹出的快捷菜单中选择"孤立当前选择"选项,此时,视图中只有立方体一个对象,方便对其进行操作。在修改器堆栈中右击,在弹出的快捷菜单中选择"可编辑多边形",在"可编辑多边形"下拉列表中选择"多边形"层级,再选择长方体的上顶面,使用"倒角"命令进行上顶面的挤出和倒角,做出如图7-29所示的屋顶造型。

在视图空白位置右击,在弹出的快捷菜单中选择"结束隔离"选项,退出孤立模式。选择屋顶,在"顶点"层级下,对屋顶进行顶点的移动,得到如图7-30所示的屋顶形状。

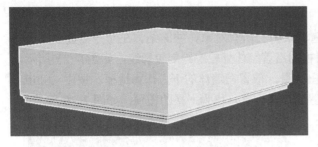

图 7-29　屋顶

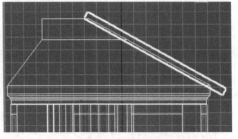

图 7-30　最终屋顶形状

7.2.4　楼梯和阳台的创建

操作思路：使用 3ds Max 软件提供的工具创建楼梯和栏杆。楼梯使用直线楼梯，通过调整总高和竖板数得到；栏杆使用 AEC 扩展中的栏杆命令，结合栏杆路径，创建一个弧形栏杆。

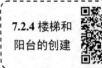

7.2.4 楼梯和阳台的创建

案例效果如图 7-31 所示。

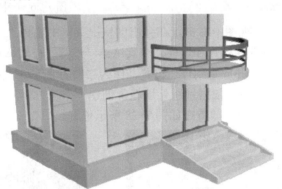

图 7-31　楼梯和阳台最终效果

操作步骤：

1）创建入户楼梯。首先选中场景中的所有对象，并冻结。在命令面板中，选择"创建"→"几何体"→"楼梯"→"直线楼梯"选项，在顶视图或者透视图创建一个楼梯，并调整楼梯的参数，得到如图 7-32 所示的效果。

图 7-32　入户楼梯及参数设置

此时发现一楼的地板厚度不够，可以全部解冻，然后对其进行调整。选择一楼地板，该地板是由"Line"挤出得到，需要转化为"可编辑多边形"来进行调整。在修改器堆栈右击，在弹出的快捷菜单中选择"塌陷全部"选项，在弹出的"警告：塌陷全部"对话框中单击"暂存/是"或者"是"按钮，将修改器塌陷为"可编辑网格"，再次右击，在弹出的快捷菜单中选择"可编辑多边形"选项，将其再次转换。

选择"多边形"层级，选择地板的下底面，在左视图中向下移动下底面，使其和楼梯的下底面保持一致，得到如图 7-33 所示的效果。完成之后再次单击"多边形"层级，以确保退出当前次层级。

为什么必须退出"可编辑多边形"的子层级？
- 可编辑多边形一共有 5 个子层级，分别是顶点、边、边界、多边形、元素。
- 可编辑多边形主要通过对其 5 个子层级的修改操作实现对模型的塑造。
- 在对子层级进行操作时，一次只能操作一个子层级，在当前子层级状态下，只能对当前对象的当前层级进行操作，不能对其他对象进行操作。
- 一旦当前操作完成，就要立即退出当前层级，否则其他对象无法被选中。

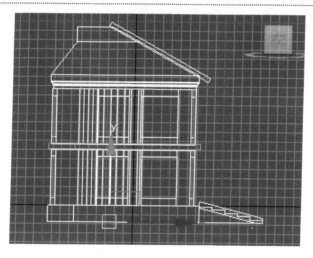

图 7-33　调整一楼地板高度

2）创建二楼弧形阳台。全选场景中的所有对象，并冻结。在命令面板中，选择"创建"→"几何体"→"标准基本体"→"圆柱体"选项，在顶视图别墅的二楼位置创建一个圆柱体。调整圆柱体的高度和楼板厚度一致，"边数"为 26，选中"启用切片"选项，设置"切片起始位置"，使阳台形状为半圆，效果如图 7-34 所示。

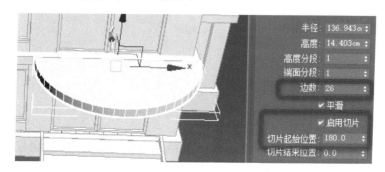

图 7-34　创建弧形阳台

3）创建弧形栏杆。冻结弧形阳台，在命令面板中，选择"创建"→"图形"→"样条线"→"弧"选项，在顶视图绘制一个略小于阳台的弧形，如图 7-35 所示，作为弧形栏杆的路径线。

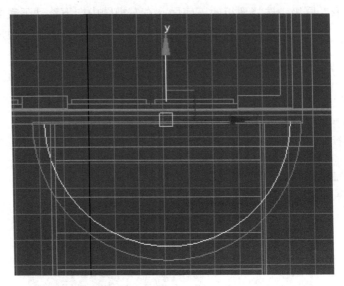

图 7-35　绘制栏杆弧形路径线

在命令面板中，选择"创建"→"几何体"→"AEC 扩展"→"栏杆"选项，在顶视图创建一个栏杆。选择此栏杆，打开"修改"面板，单击"拾取栏杆路径"按钮，再单击并拾取绘制的弧形路径线，设置"分段"为 15，如图 7-36 所示，并对上围栏剖面、立柱等参数根据需要进行设置，得到如图 7-37 所示的栏杆效果。

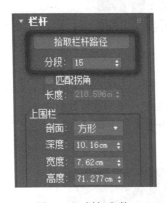

图 7-36　栏杆参数

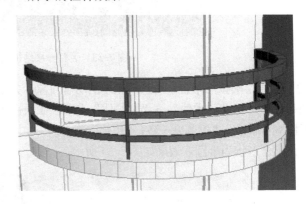

图 7-37　栏杆效果

7.3　贴图绘制与贴图坐标

本节着重讲解别墅模型的贴图处理，包括贴图的绘制和贴图坐标的设置。使用 Photoshop 软件进行建筑墙体和房顶所需贴图的绘制。三维模型的贴图来源非常广泛，可以使用相机拍摄实物并进行后期的裁剪拼接得到贴图素材，也可以使用二维平面软件进行贴图的绘制。在 3ds Max 中对模型进行贴图坐标的设定，再使用在 Photoshop 中绘制的贴图素材。

7.3.1 墙体和屋顶贴图绘制

7.3.1 墙体和屋顶贴图绘制

操作思路：使用 Photoshop 软件进行贴图的绘制。绘制砖墙局部图形并设置为图案；新建空白文档，填充图案；保存为位图格式，形成砖墙墙体贴图。

案例效果如图 7-38 所示。

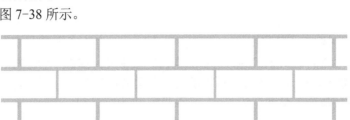

图 7-38　墙体贴图绘制效果

操作步骤：

1）打开 Photoshop CC，执行"文件"→"新建"命令，或者按〈Ctrl+N〉组合键，新建一个 16 厘米×12 厘米（尺寸可任意）的文档。

2）选择"矩形工具"，设置填充色为浅绿色，灰色描边，边框为 3 像素。具体设置如图 7-39 和图 7-40 所示。

图 7-39　填充浅绿色

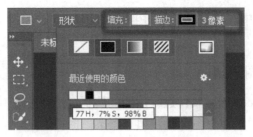

图 7-40 设置矩形的填充和描边

3）在画布上绘制一个砖块形矩形，并按〈Ctrl+Alt+T〉组合键，将矩形分别向右和向下复制，得到如图 7-41 所示的图案。

4）使用矩形选区，选择图 7-41 所示图案的中心部分，如图 7-42 所示。执行"编辑"→"定义图案"命令，打开如图 7-43 所示的"图案名称"对话框，将名称修改为"浅绿色砖墙图案"，单击"确定"按钮。

图 7-41　绘制图案　　　　　　　　　　　图 7-42　矩形选区

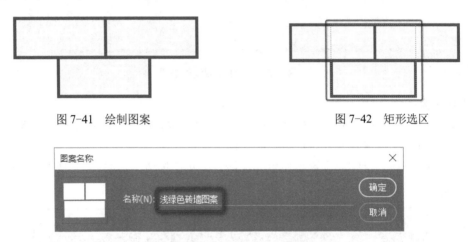

图 7-43　"图案名称"对话框

5）使用图案绘制整个砖墙。再次新建一个空白画布，大小任意。执行"编辑"→"填充"命令，或者按〈Shift+F5〉组合键，打开如图 7-44 所示的"填充"对话框。在"内容"下拉列表中选择"图案"选项，在"选项"下拉列表中选择"浅绿色砖墙图案"，选择完以后单击"确定"按钮。此时，砖墙贴图效果如图 7-38 所示。

6）存储贴图。执行"文件"→"存储为"命令，或者按〈Shift+Ctrl+S〉组合键，打开如图 7-45 所示的"另存为"对话框。保

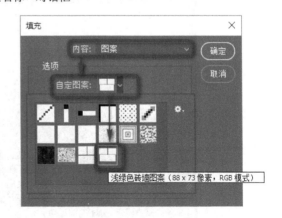

图 7-44　"填充"对话框

存类型可以设置为 PNG 或者 JPEG 等图片格式，文件名为"外墙"，单击"保存"按钮，将贴图放置在"别墅"模型的创建路径下方。单击"保存"按钮以后会弹出"PNG 选项"对话框（图 7-46）或者"JPEG 选项"对话框（图 7-47），保持默认设置即可。

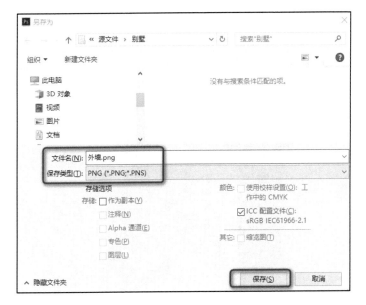

图 7-45 "另存为"对话框

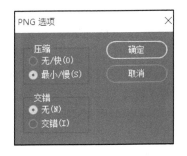

图 7-46 "PNG 选项"对话框

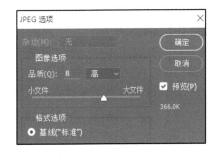

图 7-47 "JPEG 选项"对话框

7）屋顶贴图绘制。和墙体绘制方法一样，绘制屋顶贴图效果，如图 7-48 所示。存储为 PNG 或者 JPEG 等图片格式备用，文件名为"屋顶"。

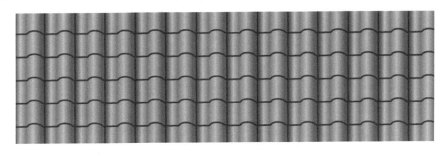

图 7-48 屋顶贴图绘制效果

7.3.2 添加贴图坐标

操作思路：为建筑模型添加贴图，并设置正确的贴图坐标。先为对象添加漫反射贴图，类型为位图，图片为 7.3.1 节使用

7.3.2 添加贴图坐标

Photoshop 绘制的贴图素材；再在"修改器"面板中添加"UVW 贴图"修改器，并选择"长方体"贴图坐标；调整参数，得到正确的贴图形式；为其他对象设置简单的材质。

案例效果如图 7-49 所示。

图 7-49　模型贴图效果

操作步骤：

1）添加墙体贴图。在 3ds Max 2018 中文版中打开 7.2 节创建好的别墅模型。选择一楼墙体并右击，在弹出的快捷菜单中选择"孤立当前选择"选项，将墙体单独孤立，方便添加和查看贴图。按〈M〉键打开"材质编辑器"（使用"精简模式"），选择一个空白材质球，拖拽到一楼墙体上，为当前墙体赋材质，并将当前材质球的名称改为"墙体"。展开"贴图"选项，单击"漫反射颜色"后方的"无贴图"贴图通道按钮，在打开的"材质/贴图浏览器"对话框中，选择"贴图"选项，并单击"确定"按钮，打开"选择位图图像文件"对话框，导航到 7.3.1 节中绘制的墙体贴图路径，并选择外墙贴图。过程如图 7-50 和图 7-51 所示。

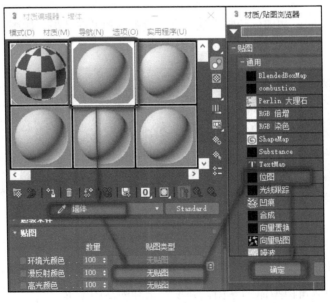

图 7-50　赋材质

2）此时模型缺少贴图坐标，并未显示贴图。在视口中选择墙体，在"修改"面板中，为其添加"UVW 贴图"修改器，并将贴图坐标修改为"长方体"，调整贴图坐标参数和 Gizmo 的位置，得到如图 7-52 所示的外墙效果。完成之后退出 UVW 贴图的"Gizmo"层级。在 UVW 贴图修改器上右击，在弹出的快捷菜单中选择"复制"选项。复制当前修改器参数，如图 7-53 所示。

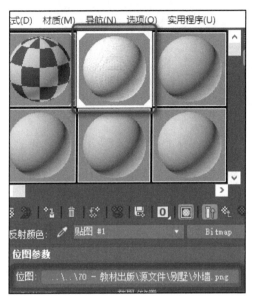

图 7-51　添加外墙贴图

图 7-52　添加 UVW 贴图坐标

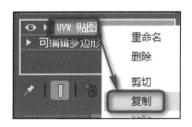

图 7-53　复制修改器

3）将贴图坐标复制给二楼墙体。在视口中右击，在弹出的快捷菜单中选择"结束隔离"选项，再选择二楼墙体，打开"材质编辑器"，将"墙体"材质球，拖拽到二楼墙体上。选择二楼墙体，在修改器堆栈空白位置右击，在弹出的快捷菜单中选择"粘贴"选项，将一楼墙体设置好的 UVW 贴图修改器及参数复制过来。

4）以同样的方法添加屋顶贴图。设置贴图坐标为"长方体"，如果贴图显示不正确，可以尝试调整 U 向、V 向或者 W 向翻转，效果如图 7-54 所示。

5）分别给其他对象赋予材质，指定贴图或者设置材质，最终模型材质贴图如图 7-49 所示。

图 7-54　屋顶贴图

7.4　环境与动画

本节主要对别墅的环境进行构造。在 7.2 节与 7.3 节的基础上，创建地面和树木；再创建多个摄影机，并使用路径约束制作摄影机漫游动画，最后对场景灯光进行简单的设置。

7.4.1　环境的创建

操作思路：创建平面作为地面；使用 AEC 扩展中的植物添加树木；创建半球体并贴图制作球形天空。

案例效果如图 7-55 所示。

7.4.1 环境的
创建

图 7-55　别墅的环境

操作步骤：

1）创建地面。选择"创建"→"几何体"→"标准基本体"→"平面"选项，在透视图创建一个平面作为地面，修改平面长度和宽度的分段数为 1，并调整平面的大小和位置，使其在别墅的下方。打开"材质编辑器"，为地面贴一张草地贴图，如图 7-56 所示。

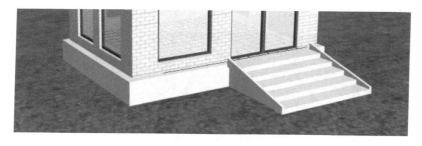

图 7-56　创建地面

2）创建树木。选择"创建"→"几何体"→"AEC 扩展"→"植物"选项，选择一种植物，以列表最后的"一般的橡树"为例，选择橡树，并在视图中单击创建橡树。在"修改"面板中修改橡树的高度，调整橡树的位置如图 7-57 所示。

图 7-57　创建橡树

3）创建球天。选择"创建"→"几何体"→"标准基本体"→"球体"选项，在顶视图创建一个球体。在"修改"面板，将球体的"半球"参数改为 0.5，设置成半球状态。使用"缩放工具"，将球体的高度适当缩小，如图 7-58 所示。

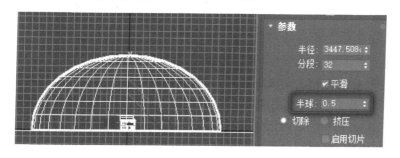

图 7-58　创建半球

选择半球，在"修改器列表"右击，在弹出的快捷菜单中选择"可编辑多边形"选项，将其转换为"可编辑多边形"，选择"元素"层级，再选中半球。单击"翻转"命令，将半球的法线进行翻转，如图7-59所示。设置完成之后退出"元素"层级。

打开"材质编辑器"，为球天添加一个天空贴图，并设置贴图坐标为球形，用来实现天空贴图，最终效果如图7-55所示。

图7-59 翻转半球法线

7.4.2 灯光的创建

操作思路：使用"三点布光"模拟简单的环境光（也可以使用球形布光法模拟日光，该法比较复杂，本例不用）；使用目标平行光模拟日光；使用泛光模拟环境光。

7.4.2 灯光的创建

案例效果如图7-60所示。

图7-60 三点布光

操作步骤：

1）创建日光（主光源）。全选场景中所有对象并右击，在弹出的快捷菜单中选择"对象属性"选项，在打开的"对象属性"对话框中，取消选中"以灰色显示冻结对象"选项，再单击"确定"按钮。然后全选所有对象并右击，在弹出的快捷菜单中选择"冻结当前选择"选项，冻结所有对象，此时冻结对象时就以正常颜色显示。在命令面板中，选择"创建"→"灯光"→"标准"→"目标平行光"选项，在前视图创建目标平行光。

启用阴影，并设置为"光线跟踪阴影"。在"平行光参数"选项组中，增大聚光区和衰减区的值，使平行光照射范围足够照亮整个场景。灯光创建效果和参数设置如图7-61所示。

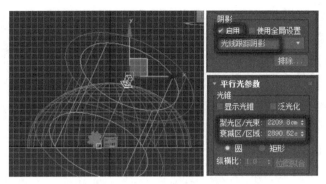

图 7-61　平行光设置

如果在透视图没有看到灯光和阴影效果，可以单击透视图左上角"[标准]"选项，在弹出的下拉菜单中选择"照明和阴影"→"用场景灯光照亮"选项，如图 7-62 所示，将场景中默认灯光照明关掉，开启场景灯光。

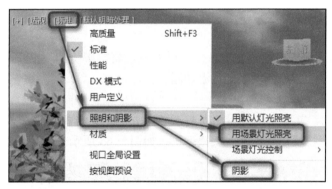

图 7-62　开启场景灯光

2）创建背景光。在命令面板中，选择"创建"→"灯光"→"标准"→"泛光"选项，在顶视图与平行光（日光）相对的位置单击，创建背景光。背景光在顶视图和前视图的位置如图7-63所示。在"修改"面板中，修改背景光强度的"倍增"为0.3。

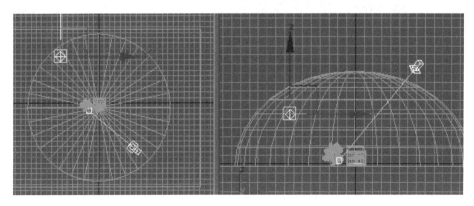

图 7-63　背景光位置

3）创建辅助光。在顶视图再创建一个泛光，"倍增"为 0.3，放置在日光的一侧，用以补充光照，位置如图 7-64 所示。

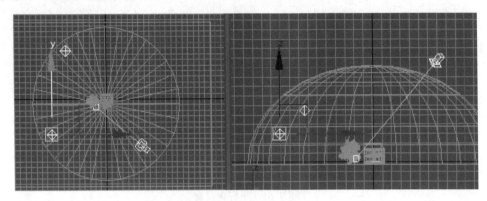

图 7-64　辅助光位置

所有灯光创建完成以后，可以根据需要适当修正灯光位置和参数，最终渲染效果如图 7-60 所示。

7.4.3　摄影机漫游动画

操作思路：创建摄影机，再创建漫游动画路径，将摄影机约束到路径线上；生成连续序列图格式漫游动画。

操作步骤：

1）创建摄影机。首先全选场景中所有对象，并冻结。选择透视图，按〈Ctrl+C〉组合键，以透视图为摄影机视角，创建一架摄影机，如图 7-65 所示。

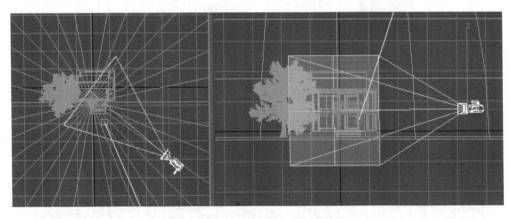

图 7-65　创建摄影机

2）创建路径线。在命令面板中，选择"创建"→"图形"→"线"选项，在顶视图绘制一条路径线，作为摄影机的运动路径。将路径线的顶点设置为"Bezier"模式，并调整其弯曲程度，得到如图 7-66 所示的效果。完成之后退出"Line"的"顶点"层级。

3）制作路径约束动画。选择摄影机，执行"动画"→"约束"→"路径约束"命令，会拖出一条虚线，如图 7-67 所示，在路径线上单击，此时将摄影机约束到路径线上。单击动画控制区域的"播放"按钮，能看到摄影机沿着路径线运动。

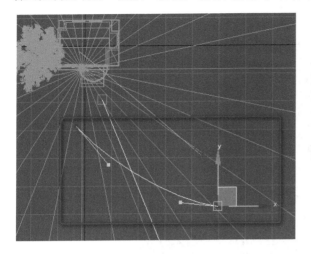

图 7-66　创建路径线

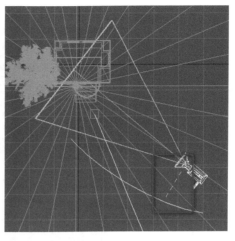

图 7-67　将摄影机约束到路径线上

4）预览并调整动画。返回到四视图模式，同时观察前视图和透视图，会发现摄影机的位置可能偏高或者偏低，也可能摄影机的目标点不够准确。此时可以调整路径线的位置，以提高或者降低摄影机位置（因为摄影机是约束在路径线上的）。如果摄影机目标点不够准确，也可以选中目标点，单独移动目标点到聚焦对象上。调整结果如图 7-68 所示。

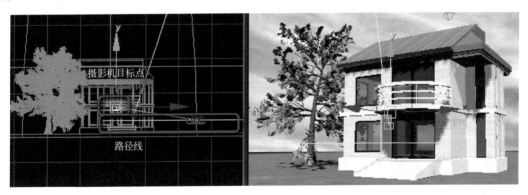

图 7-68　调整摄影机和路径线

5）生成动画文件。选择透视图，在创建了摄影机以后，透视图会自动切换到摄影机视图，目前视图名称为"[PhysCamera001]"（其他版本可能略有不同）。在工具栏中单击"渲染设置"按钮，打开"渲染设置：扫描线渲染器"对话框，将"目标"更改为"产品级渲染模式"，渲染器使用"扫描线渲染器"，在"公用参数"选项组中，设置"时间输出"为"活动时间段：0 到 100"，"输出大小"设置为"640×480"（其他尺寸也可以，代表分辨率，值越大，输出尺寸也越大）。在"渲染输出"选项组中，单击"文件"按钮，打开"渲染输出文件"对话框，选择一个空白文件夹（动画输出为 101 张序列图，不能放在类似桌面等有大量文件的地方），输入一个文件名，保存类型设置为"PNG"或者"JPEG"均可，单击"保存"按钮，如图 7-69 所示。所有设置完成之后，单击"渲染设置：扫描线渲染器"右上角的"渲染"按钮，进入序列图渲染状态，需要几分钟时间。渲染完成之后会得到 101 张序号连续的图片，如图 7-70 所示。

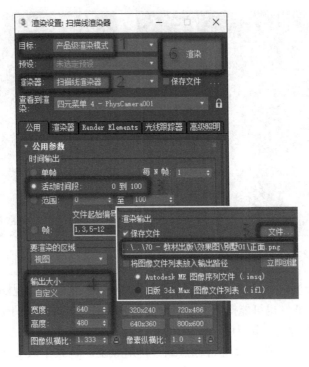

图 7-69 动画渲染设置

图 7-70 生成 101 张序列图

6）以同样的方法再创建 2～3 个摄像机约束动画，用来模拟其他镜头画面，以便于在 7.5 节中进行画面剪接。

7.5 后期合成

本节将使用 Premiere CC 软件对动画片段进行剪辑处理，添加片头和片尾，并进行动画文件的渲染输出，得到一个完整的建筑漫游动画作品。

7.5.1　镜头剪辑

1）打开 Premiere CC（以下简称 PR）软件。单击"新建项目"选项，在弹出的"新建项目"对话框中，设置 PR 项目工程的存储路径，设置项目的"名称"为"漫游动画"，如图 7-71 所示，其他选项默认即可，单击"确定"按钮，建立一个新的 PR 工程文件。

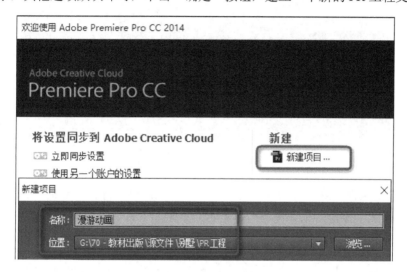

图 7-71　新建 PR 项目工程

2）在项目窗口空白位置双击，打开"导入"对话框，如图 7-72 所示，导航到 7.4.3 节生成的序列图文件夹下，选择第一张图片，选中"图像序列"选项，单击"打开"按钮，此时将 101 张图片以动态序列（视频）的形式导入到 PR 工程中。

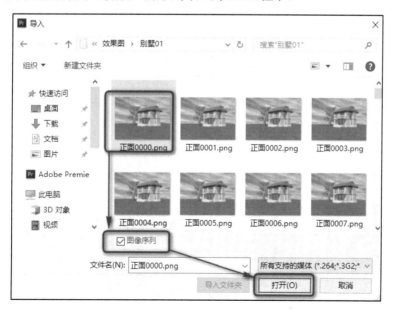

图 7-72　导入序列图

以同样的方式，将其他两段序列图也导入进来，可以双击素材，在"源"窗口中查看视频，如图 7-73 所示。

图 7-73　导入所有序列图并预览视频片段

3）将三段视频拖拽到"时间线"窗口，生成新的时间线序列。新时间线序列会根据源素材格式自动匹配，操作效果如图 7-74 所示。单击"节目"窗口的"播放"按钮，能看到三段素材连续播放。

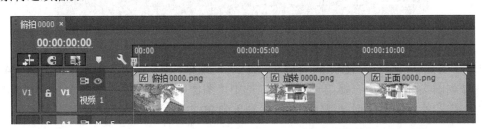

图 7-74　生成时间线序列

4）剪辑素材。在"节目"窗口预览素材，如果有需要剪掉的素材，可以选择工具栏中的"剃刀工具"，在"视频 1"轨道中的素材上单击，将素材进行裁剪。右击裁剪的素材，在弹出的快捷菜单中选择"波纹删除"选项，如图 7-75 所示，可以将删除素材以后的视频片段紧贴前一段素材，不留空隙。

图 7-75　剪辑素材

5）设置静帧画面作为"起幅"和"落幅"。所谓"起幅"和"落幅"，是指运动镜头在开始和结束时静止的时间。在 3ds Max 软件中制作动画时，如果没有单独创建关键帧来制作"起幅""落幅"动画，可以在 PR 软件中使用静帧画面实现（也可以单独导入第一帧或者最后一帧画面）。选择"视频 1"轨道上最后一段素材，在"节目"窗口单击"转到下一个编辑点"按钮，可以跳转到该素材的最后一帧，然后单击"导出帧"按钮，如图 7-76 和图 7-77所示。在弹出的"导出帧"对话框中，设置静止帧的名称，选中"导入到项目中"选项，单击"确定"按钮。此时该静止帧就会出现在"项目"窗口中，如图 7-78 所示。把生成的静止帧图片拖放到"时间轴"窗口的素材最末端，修剪其时长。

图 7-76　导出帧

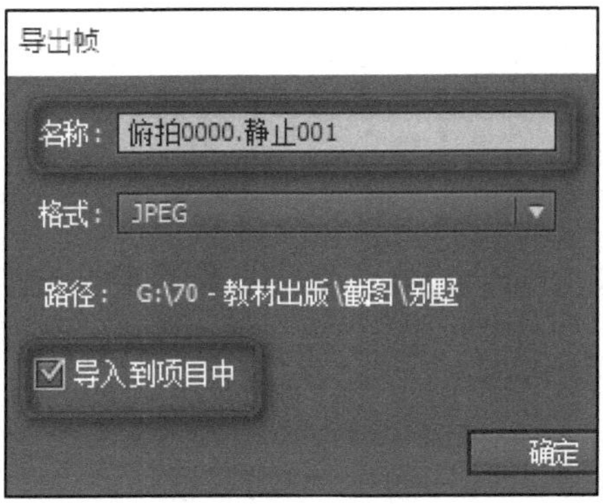

图 7-77　导出帧

图 7-78　导入到项目中

6）为素材之间添加过渡效果。如图 7-79 所示，在"效果"面板中展开"视频过渡"（也叫视频转场），任意选择一种过渡效果，以"交叉溶解"为例，拖拽到两段素材的相邻位置。此时可能弹出"过渡"对话框，提示"媒体不足。此过渡将包含重复的帧"，直接单击"确定"按钮进行重复帧的补充。

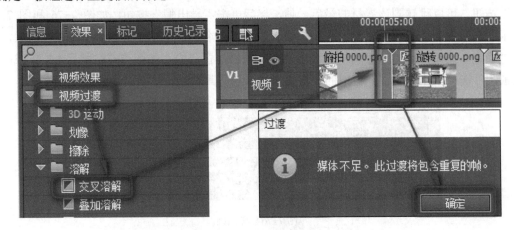

图 7-79　添加视频过渡效果

按照此方法为时间线上所有的视频片段添加转场效果，如图 7-80 所示。

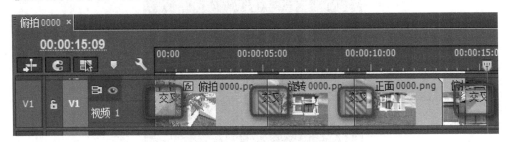

图 7-80　添加所有视频转场

7.5.2　添加片头片尾字幕

1）执行"字幕"→"新建字幕"→"默认静态字幕"命令，打开"新建字幕"对话框，如图 7-81 和图 7-82 所示。新字幕文件的大小和源素材大小保持一致，按照默认设置即可，时基和像素长宽比也按默认设置，修改字幕"名称"为"片头字幕"，单击"确定"按钮弹出字幕编辑窗口。

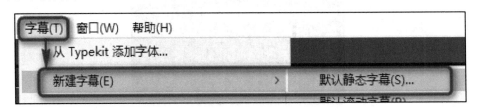

图 7-81　新建字幕

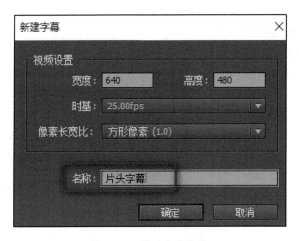

图 7-82 修改字幕名称

2）在"字幕"窗口中，选择"文本工具"，在字幕编辑区域单击并输入文本"乡村小屋"，然后选中文本，选择并应用下方的"字幕样式"，然后在右侧"字幕属性"面板，设置字体为中文字体，字体的样式、大小、行距等属性可以自定义设置，参数设置如图 7-83 所示。

3）设置游动字幕。在"字幕"窗口，单击"游动/滚动选项"按钮，如图 7-84 所示，弹出"游动/滚动选项"对话框，选择"字幕类型"为"向右游动"，选中"开始于屏幕外"选项，设置"缓入"和"缓出"的值为 10，设置"过卷"为 50。

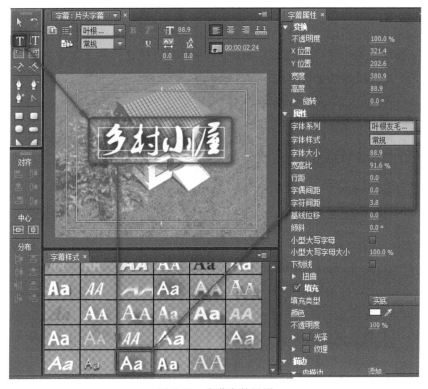

图 7-83 字幕字体设置

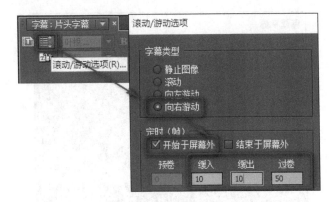

图 7-84　设置游动字幕

4）将游动字幕添加到时间轴。游动字幕设置完成之后，关闭"字幕"窗口，该字幕显示在"项目"窗口中。将该字幕拖动到"时间轴"窗口的视频 2 轨道上开始位置，如图 7-85所示。在"节目"窗口中预览该视频，字幕已经叠加到视频上，并且字幕由左至右运动。

图 7-85　将游动字幕添加到时间轴

5）添加片尾字幕。依照片头字幕的制作方法，新建并设置片尾字幕为"滚动字幕"，具体参数设置如图 7-86 所示。设置完成之后将片尾字幕从"项目"窗口中拖放到"时间轴"窗口的视频 2 轨道结束位置，和视频 1 轨道上的素材结束位置对齐，如图 7-87 所示。

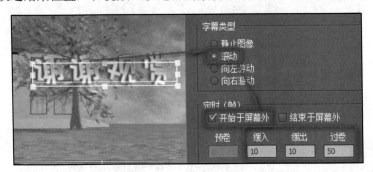

图 7-86　添加片尾字幕

图 7-87　将片尾字幕添加到时间轴

7.5.3 成品格式的设置与调整

本节将对时间轴的素材进行输出设置。选择"时间轴"面板，执行"文件"→"导出"→"媒体"命令，打开"导出设置"对话框，如图 7-88 所示。设置输出格式为"H.264"，这种格式可以导出在多种设备比较通用的 MP4 视频格式，单击"输出名称"后面的虚线文本，可以设置输出的路径和输出文件的名称，检查"导出视频"和"导出音频"选项是否被选中。在本例中，尚未添加背景音乐，读者可自行添加音乐。

图 7-88　导出设置

在"视频"选项卡中，可以调整"目标比特率"和"最大比特率"的数值，得到合适的文件大小。这两个数值越大，文件越清晰，文件也越大。当前显示"估计文件大小：18 MB"。完成设置之后单击"导出"按钮即可导出视频，弹出导出进度对话框，如图 7-89 所示。等待几分钟以后，会在目标位置生成一个后缀为".mp4"，大小为 17.3 MB 的视频文件。图 7-90 所示为截取了不同时间的片段。

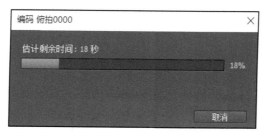

图 7-89　渲染进度

图 7-90　生成最终视频片段

7.6　本章小结

本章是综合练习章节，将前面关于三维制作软件 3ds Max、平面软件 Photoshop、后期编辑软件 Premiere 的内容进行整合使用，结合目前应用较为广泛的建筑漫游动画，设计制作了一个《乡村小屋》的三维建筑漫游动画案例。本案例贯穿了从任务分析、作品设计、制作流程分析，到主体模型创建、贴图绘制、贴图坐标的添加和调整，再到环境与灯光的创建、摄影机动画的制作，最后在后期软件中合成输出的全部流程。

模型创建主要使用 3ds Max 2018 软件来完成，结合前面章节学习的样条线、挤出修改器、可编辑多边形、移动复制、楼梯、阳台等操作和命令，分别创建出建筑模型的墙体、门窗、屋顶、楼梯、阳台等。这部分内容是对前面关于三维动画章节内容的复习与巩固，综合与提升。

贴图使用 Photoshop CC 进行绘制，主要回顾了平面软件的使用。使用"矩形工具"绘制墙体砖块，制作局部砖墙图案，并将此图案转成图案预设，进行图案平铺得到外墙位图。使用钢笔工具绘制屋顶瓦当轮廓，填充渐变颜色，和砖墙一样，转成图案预设，平铺预设得到屋顶贴图位图。贴图坐标在 3ds Max 中通过添加 UVW 贴图修改器得到。

环境与动画主要在 3ds Max 软件中完成，添加树木和地面，创建球形天空，模拟建筑的周围环境；以"三点布光"的方式为环境提供简单照明；最后创建多个摄影机，并绘制调整路径线，使用约束动画，将摄影机绑定到路径线上，得到不同的运动画面。

后期合成部分在 Premiere CC 软件中实现。首先导入摄影机动画片段，进行简单的画面剪辑；然后创建字幕文件，编辑字幕文本、设置字体样式、字号、颜色、运动方式等属性；最后进行视频的格式设置与导出。

当今时代是多媒体的时代，是融媒体时代，在实际应用中，仅使用一种媒体介质可能已经无法满足需要，多种媒体形式的结合使用更为频繁。

7.7　练习与实践

1. 选择题

（1）3ds Max 中，将"Line"转变为墙体，使用的修改器命令是_____。

    A. 图形合并　　　　B. 旋转　　　　　　C. 挤出　　　　　　D. UVW 贴图

（2）在墙体上产生窗洞边线，可以使用_____命令。

    A. 连接　　　　　　B. 分割　　　　　　C. 删除　　　　　　D. 切角

（3）如图 7-91 所示，使用的命令是_____。

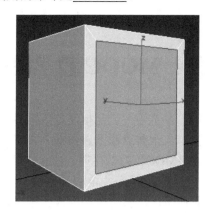

图 7-91　练习题图

　　A．删除　　　　　　B．移动　　　　　　　C．挤出　　　　　　　D．插入

（4）在 Photoshop 中绘制墙体贴图时，使用_____组合键可以向右复制图形。

　　A．〈Shift〉　　　　B．〈Ctrl+Alt+T〉　　C．〈Ctrl+S〉　　　　D．〈Alt+C〉

（5）在 3ds Max 中，球形天空模型上应用"翻转"命令的作用是_____。

　　A．修改模型表面的法线方向，显示球体内部球面贴图

　　B．旋转球体

　　C．旋转球体贴图

　　D．删除球体贴图

2．操作题

仿照本章制作方法，完成中国传统古建筑模型漫游动画的制作。要求包含三维模型创建、贴图绘制、后期编辑等。

第 8 章　综合案例：MOOC 教学视频的策划与制作

短视频（微视频，又称视频分享类短片）是指通过数码摄像机、照相机、手机、个人计算机的摄像头等多种类型设备摄录、上传互联网进而播放共享的短则几十秒，长则 20 分钟左右的视频短片，内容包括微课、MOOC 教学视频、技能分享、幽默搞怪、时尚潮流、社会热点、街头采访、公益宣传、广告创意、商业定制等主题。视频题材形式多样，涵盖小电影、纪录短片、DV 短片、视频剪辑、广告片段等的视频短片的统称。"短、快、活"、大众参与性、随时随地随意性是短视频的最大特点。随着移动互联网的普及，短视频这种媒介形式因其去中心化、进入门槛低等特点，天时、地利、人和同时具备，已经成为当今新一代媒介之王。

本章将综合前面章节所讲解内容，通过对 MOOC 教学视频制作流程的分析、素材的准备与拍摄、片头片尾制作、视频剪辑与艺术效果、后期合成发布等环节的介绍，实现教学类短视频的制作与编辑。

教学目标
- 了解短视频的特点及技术要点
- 了解 MOOC 教学视频的制作过程
- 了解教学短视频制作的技术标准
- 能够综合应用音频、视频编辑软件制作视频素材
- 能够使用后期编辑软件 Premiere 进行多场景镜头的剪辑及特效处理
- 能够进行产品的合成与发布

8.1　任务分析与策划

2012 年以来，"大规模在线开放课程"（Massive Open Online Courses，MOOC）在全球迅速兴起，犹如一场海啸，给传统教育带来巨大的震动。互联网、人工智能、多媒体信息处理、云计算等信息技术的快速发展给在线教育的发展提供了坚实的支撑，特别是基于社交网络的师生间、学生间的互动技术和基于大数据分析的学习效果测评技术的应用，使在线教育让全球各国不同人群共享优质教育资源成为可能，也使得大规模并且个性化的学习成为可能。

视频作为一种教学资源，能在较短的时间内呈现出较为丰富的内容，具有一定的视觉冲击力，并且能够生动形象地呈现教学内容，能极大地提高了学习者的注意力。因此，更多的教学资源会选择视频这种呈现方式。

要设计和制作出优质的 MOOC 视频，要求课程开发者具有较高的视频设计和组织制作能力，紧紧抓住教学视频的特点，即以充分调动学习者的学习兴趣和探索知识能力为首要目标，促使学习者主动式学习和探究式学习。

8.1.1　MOOC 教学视频的特点

在线开放课程凭借其不受时间和地点的约束，无论是谁无论在什么时间都可以学习，受众范围广、传播速度快的特点，已经受到了广泛的应用。这样的学习模式既方便又高效，可以将生活中琐碎的时间用来学习，学习过程中可以反复观看教学视频，与传统的学习方式相比，在线开放课程学习方式更加的灵活和便利。

目前 MOOC 教学视频的呈现模式分为有讲师模式、无讲师模式和混合模式 3 种。讲师模式又有演播室和实体课堂模式两种模式：演播室模式视频里一般是教师中景图像，通过在演播室录制后，后期将绿幕抠除，然后通过编辑软件进行剪辑，并添加场景、特效等，进行知识讲解；实体课堂模式里的视频一般为教室实景拍摄，学习者仿佛置身在真实的课堂中。无讲师模式有屏幕录像模式和电子黑板模式两种模式。屏幕录制模式简单地说就是可以记录计算机上所有的操作过程，包括光标的移动、打字和其他在屏幕上看得见的所有内容；电子黑板模式即老师讲课时使用一块触控面板，一边讲课一边在面板上书写，计算机相应的软件可以记录老师在触控面板上书写的东西和语音讲解内容，进而生成课程视频。混合模式就是将有讲师模式、无讲师模式通过后期编辑混合到一起。

MOOC 视频资源与以往的精品课程、微课程、网络公开课等网络视频资源不同，开放、自主、交互等特点决定了其视频资源在长度的把握、内容的选择等方面都需要更加合理的设计。

为满足移动互联背景下人们碎片化的微型学习需求，教师应根据目标对教学内容进行细致、科学的知识点分解，进行课程内容的微单元化设计，录制成短小、精炼的视频。根据国内外主流 MOOC 平台学习数据统计研究表明，6 分钟左右的短视频往往更受学习者的欢迎，因此，通常 MOOC 教学视频在 10 分钟以内，最好不要超过 15 分钟。

8.1.2　微课、MOOC 教学视频的技术指标

依据最新制定的《教育部精品视频公开课拍摄制作技术标准（修订版）》，通常规范的教学视频技术指标要求如下。

1．视频信号源

1）稳定性：全片图像同步性能稳定，无失步现象，CTL 同步控制信号必须连续；图像无抖动跳跃，色彩无突变，编辑点处图像稳定。

2）信噪比：图像信噪比不低于 55 dB，无明显杂波。

3）色调：白平衡正确，无明显偏色，多机拍摄的镜头衔接处无明显色差。

4）视频电平：视频全信号幅度为 $1V_{p-p}$，最大不超过 $1.1V_{p-p}$。其中，消隐电平为 0 V 时，白电平幅度 $0.7V_{p-p}$，同步信号-0.3 V，色同步信号幅度 $0.3V_{p-p}$（以消隐线上下对称），全片一致。

2．音频信号源

1）声道：中文内容音频信号记录于第 1 声道，音乐、音效、同期声记录于第 2 声道，若有其他文字解说记录于第 3 声道（如录音设备无第 3 声道，则录于第 2 声道）。

2）电平指标：-2 dB～-8 dB 声音应无明显失真，放音过冲、过弱。

3）音频信噪比不低于 48 dB。

4）声音和画面要求同步，无交流声或其他杂音等缺陷。

5）伴音清晰、饱满、圆润，无失真、噪声杂音干扰、音量忽大忽小现象。解说声与现场声无明显比例失调，解说声与背景音乐无明显比例失调。

3．视频压缩格式及技术参数

视频压缩采用 H.264/AVC（MPEG-4 Part10）编码、使用二次编码、不包含字幕的 MP4 格式。

视频码流率：动态码流的最高码率不高于 2500 kbit/s，最低码率不得低于 1024 kbit/s。

视频分辨率的要求如下。

1）前期采用标清 4：3 拍摄时，应设定为 720×576。

2）前期采用高清 16：9 拍摄时，应设定为 1024×576。

视频帧率为 25 帧/秒，扫描方式采用逐行扫描。

4．音频压缩格式及技术参数

1）音频压缩采用 AAC（MPEG4 Part3）格式。

2）采样率 48 kHz。

3）音频码流率 128 kbit/s（恒定）。

4）必须是双声道，必须做混音处理。

5．封装

采用 MP4 封装。

8.1.3　制作任务策划

在视频课程的开发过程中，知识的编排要符合逻辑，可采用由浅入深、由易到难的循序渐进式展开课程内容，引起学生对知识学习的渴望。MOOC 视频面向的是镜头前的学习者，学习者通过视频可以直接看到授课教师的眼神和面部表情，如同教师正在给自己上课一般，师生间的交互是通过视频播放器来传递的，因此这就要求在视频设计过程中，主讲教师的仪态和语言充分考虑交互性的原则。教师可采用抛错、问题引领、反思和案例讲解等教学策略引起学生的思考。通过设置弹题、章节作业、章节测试等来实现学习过程的交互，这些测试和作业会纳入到学习者的平时成绩中，作为过程性学习评价的重要依据。

"三维动画制作"在线课程制作，借鉴了传统的课程模式，以总分总的结构进行教学内容的讲解。每节课讲师首先带领大家初步了解每节课的内容，这部分前期内容通过在演播室录制，后期进行绿幕抠图；然后以录屏的方式把操作步骤和技术实现过程呈现出来，将所讲的重点部分局部放大；最后是讲师将所学重点理论知识呈现出来，这部分也是前期通过在演播室录制，后期进行绿幕抠图。这样可以让学习者清楚地学到自己所需要的内容，条例清晰，提高学习的效率。

每节课课程开头的简介，以及课尾对所讲课程的总结，都选择以讲师实景的课程模式，讲师实景的讲解对课程的讲述更加的生动，而对于学习者来说，有实景讲师的讲解更加容易去集中精神，聚精会神地去学习。视频的表现形式也更加活泼、自然。

在讲述三维动画的建模案例和操作时，三维动画制作讲解的主要内容有模型和场景的创建和材质贴图、灯光和摄像机的布置和使用方法等内容，因为这些内容多是复杂的操作命令，有时需要反复细致地观看，在学习时，学生需要多动手去跟着讲师一块制作才能真正地学会。所以在讲解这些内容时，大多选择讲师录制讲解的内容，方便学生学习。

8.1.4　MOOC 教学视频的模式设计

在视频教学设计中，教学策略扮演着很重要的角色，是有效提高在线学习环境中学习效果的重要途径，也是支持在线学习发挥其功效的要素之一。根据北京邮电大学教育技术研究所薛巧玲老师有关的研究，可以对教学模式进行如下设计。

1. 情境创设

教学情境是一种能够主动构建学习背景的教学环境，是教师在教学过程中创设的具有一定情感氛围的教学活动。在教学视频中教学情境的创设包括教师授课地点的场景陈设与布置、教学内容的呈现形式等，旨在增强教学效果和学习效果。情境认知理论认为，知识与一定的情境相联系才有意义，学习应当在实际情境下进行才更有效。精心创设的教学情境能够使教学内容形象化，加深学习者对知识的理解和记忆。采用合理的情境创设的教学策略是提高教学效果和实现教学目标的重要途径。

在设计 MOOC 教学视频时可以通过教师授课场景的布置、模拟生动形象的互动情境、穿插相关视频片段和图像来达到情境创设的目的。MOOC 视频中常见的教师授课场景有普通课堂、虚拟演播厅、大舞台、办公室等。授课场景的合理设置对教学内容的讲解有着很大帮助，学习者的学习体验也是不同的。另外，合理穿插视频片段或者相关图像，可以帮助学习者深入理解教学内容，也是情境创设的一种手段。同时，针对某一个特定知识点，与学习者进行互动，设置生动形象的情境，模拟现实生活中真实发生的场景，帮助学习者深入理解学习内容，并了解知识点如何运用，引导学习者积极思考，能够提升学生者对知识探索的兴趣和能力。

精心创设的教学情境，能够将听觉和视觉同时作用于学习者，多方面刺激学习者的感官，使学习者产生浓厚的求知兴趣，使被动接受知识的学习过程转变为积极主动的求知过程。

2. 画中画

画中画是一种使两个视频画面叠加在一起的视频呈现方式，被广泛应用于视频录像、监控、演示、视频录像设备。这里定义的画中画通常有两种表现形式：一种是使用一大一小两个视频画面叠加的方式，同时呈现两个视频信号，这种画中画的表现形式的作用在于欣赏主画面的同时，可以监控其他的信号；另一种是两个视频画面以相同的比例呈现在整个视频画面中，同时输出两路视频信号。

大量的教学视频中出现大面积的文字内容和 PPT 全屏页面，讲师镜头不能很好地配合文字的表述进度，会导致整个视频质量枯燥无趣，影响学习者的学习积极性。因此教学视频设计过程中，对课程内容的编排上应充分考虑在线学习者的学习需求，避免大段文字信息的堆积，可以考虑将讲师的镜头放在相应的文字页面或 PPT 页面中。讲师镜头小面积出现在 PPT 全屏页面中的小块区域内或者讲师镜头与文字内容画面以等比的形式出现在视频画面中。选择哪种画中画表现形式取决于教学内容主要侧重哪个画面，就将这个画面设为主画面。

8.2　素材的拍摄

前期视频素材的拍摄自然是影响视频效果的重要因素。在不同的教学条件下，应当因地制宜，精心选择适当的拍摄场地和拍摄设备，以保障获得高质量的视频素材。本节针对大多数学校可以达到的拍摄条件和环境为例，提出了单一拍摄机位的基本要求和技术要点。

8.2.1 拍摄设备与场景

在课程开始拍摄之前要充分做好拍摄的准备工作，这样才能确保开始拍摄后能够流畅和顺利地完成。首先是准备好拍摄所需要的辅助设备以及拍摄场景布置，需要了解辅助设备的功能，并能够熟练地使用，还需要对拍摄场景进行合理的灯光布控。

1. 拍摄设备

在前期拍摄时首先要将所需要的设备整理齐全，在拍摄时需要用到很多辅助的设备，如三脚架、提词器、无线麦克风等，下面将一一进行介绍。

1）三脚架是摄影摄像最基础也是最常用的辅助装备，它起到的作用就是可以将相机固定起来，保障摄像师拍出稳定的画面（画面的稳定是摄像最基本的要求），所以三脚架是必须使用的器材之一。在拍摄课程时，因为讲师的位置通常是相对固定的，只需要将相机主机位固定到正前方即可，不需要拍摄移动的动态镜头。将三脚架放置到合适的位置，将其展开，这时要确定将三脚架固定好，因为相机是有一定重量的，如果没固定，可能导致摔倒，将相机损坏。固定完成后，调节高度和水平。

2）提词器，如图 8-1 所示，提词器通过用一台高清的显示器显示讲稿的内容，并将显示器内容反射到摄像机镜头前一块呈 45°的专用镀膜玻璃上，把讲稿反射出来，使得演讲者在看演讲词的同时，也能面对摄像机；使得讲师、提词器、单反镜头在同一轴线上，从而产生讲师始终面向屏幕的真实感。同时由于课程内容较多，使用提词器可方便讲师看到讲稿，在录制时不容易出错，提高录制的效率和质量。

3）无线麦克风，如图 8-2 所示，无线麦克风的作用是近距离地将讲师发出的声音录制。在录制的时候相机是与讲师有一段距离的，如果用相机自带的无线麦克风，会导致音量太小，而且容易有杂音和电流音，这些都是后期很难弥补的，所以用专业的无线麦克风可以大大提升声音的清晰度和音量。将接收器端连接到单反上，并固定到单反的热靴上，发射端固定到讲师身上，就可以进行录音了。

图 8-1　提词器实景图

图 8-2　无线麦克风

2. 演播厅布光

拍摄在线开放课程，虽然镜头都是对现实教学的真实反映，但是光线的强弱会直接决定画面的主题和教学效果的呈现。不同情况下的光线各不相同，在实际拍摄时要根据实际的条件去布控灯光。

在演播厅中录制，虽然不会受到自然光源的干扰，但为了得到更好的画面效果，仍然需要布控灯光，如图 8-3 所示。主灯光光源是正对着讲师的光源，放置在讲师的前上方，用来控制整个场景的明暗程度；侧灯光光源是在讲师的左前和右前方，对讲师的面部进行补光；轮廓光光源是在讲师身后，有较高高度照射讲师全身，使讲师与绿幕背景分离开来；背景光源，即对身后蓝绿幕布在拍摄时进行补光，主要作用是与讲师分离，方便后期抠图。

图 8-3　演播厅布光

8.2.2　拍摄过程及技术要点

在线开放课程制作包括前期拍摄和后期剪辑包装这两部分。在前期拍摄部分，首先要熟练地使用摄录设备，其次要注意布光，因为在后期制作时是需要绿幕抠图的，如果布光不得当，会使拍摄主题有大面积阴影，直接导致人物边缘的绿幕扣不干净；或者讲师身体有阴影，严重影响视觉效果。最后单反要完整地录制下来每一节课的内容。

在拍摄的技巧方面，在拍摄时要合适的构图和正确的曝光，构图和曝光在后期处理时能够进行补救，但是补救的基础在于构图和曝光有小范围的误差，而且补救的效果质量低，所以在拍摄时要正确地操作构图和曝光。

教师拍摄微课时，请将目光尽量锁定摄像机镜头，眼神不要游离。不要穿绿色系的衣服，最好不要戴框架眼镜（可佩戴隐形眼镜），以免影响后期抠图效果。在讲课过程中，如果出现口误、忘词等情况，无须中断视频的拍摄，请从当前页开始处，重新开讲。教师可以使用手势指引，需保持在同一方向，切勿有过多的小动作和走动。正式拍摄前相互做好沟通，以便视频拍摄以及后期制作的顺利进行。

正式拍摄时，需要使用场记板记录拍摄当次拍摄信息，拍摄场地需保持绝对的安静，摄像师需确认设备的运行情况，及时更换电池、储存卡，注意观察讲师的问题并及时反馈解决，录制完成第一个视频时，及时用播放器观看录制情况，看视频参数是否正常。

在录制时，有可能有噪声或者电流声，这些噪声都会影响到课程的讲解声音，所以在降噪时，要尽量将噪声处理干净。在实景录制和屏幕录像连接处，因为录音设备的不同，所以声音的音调和音量都会都较大差距，在剪接时要将音量进行处理。

在进行后期处理时，Photoshop 在制作背景时要注意长宽的比例，预留讲师放置的位置。After Effects 用于片头和特效的制作，Premiere 用于抠出绿幕时细节的处理，并对视频进行排版剪辑。

8.3 视频的编辑与发布

前期视频素材拍摄完成后，就可以开始后期音频、视频的编辑和处理工作。本节将介绍 MOOC 教学案例中音频的降噪、视频的剪辑和效果特效制作等过程。

8.3.1 音频降噪处理

8.3.1 音频降噪处理

声音的降噪能够使讲师讲解的内容更加清晰，较好地消除电子设备的交流声和环境的杂音。在 Adobe Audition CC 2018 软件中可以完成音频的降噪，首先需要将录制好的视频导入到软件中，然后进行降噪的操作，如图 8-4 所示。

图 8-4　导入文件示意

导入文件完成后，在收藏夹中选择"标准化为-3 dB"，然后找到一段讲师没有发出声音的音频，放大可以发现，有很多底噪，所以需要降噪将这些底噪去除，使音频更加清晰，如图 8-5 所示。

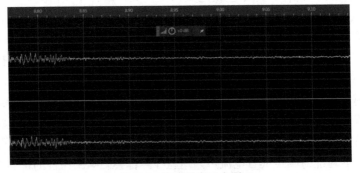

图 8-5　底噪放大示意图

在放大底噪后，选取一段较明显的噪声后右击，在弹出的快捷菜单中选择"捕捉噪声样本"选项，如图 8-6 所示。该操作是将需要降噪的部分选中并且让系统记录下来，还可以处理任何相同的噪声，而不仅仅是在去除底噪时使用。

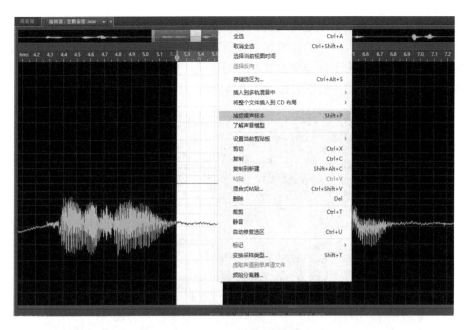

图 8-6　捕捉噪声操作

捕捉噪声完成后，执行"效果"→"降噪/恢复"→"降噪"命令，弹出"效果-降噪"对话框。在对话框中单击"选择完整文件"按钮，然后单击"播放"按钮试听所选噪声样本，如图 8-7 所示。

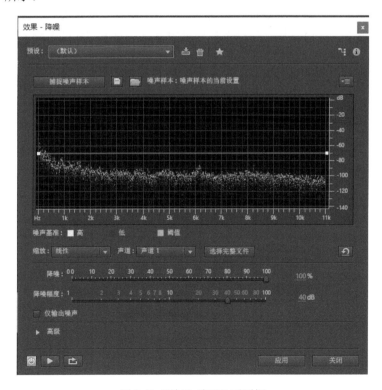

图 8-7　"效果-降噪"对话框

先进行试听，看降噪的效果是否明显，如果发现还是有较大的噪声，那么就需要增大降噪的强度和幅度。如若增大降噪的强度和幅度后，噪声还是无法去除，那么重复降噪操作即可。特别需要注意的是，由于降噪会改变声音的音调，所以在降噪时，要保证讲师的声音没有发生变声，在不会变声的前提下去最大限度地降噪，降噪完成后如图 8-8 所示。

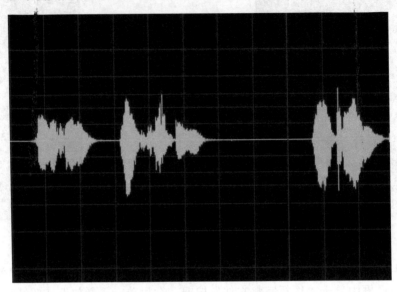

图 8-8　降噪完成后示意图

降噪工作完成之后，需要将降噪完成的音频导出。执行"文件"→"导出"→"文件"命令，弹出"导出文件"对话框，然后选择导出的位置，导出完成的音频就降噪完成了，如图 8-9 所示。

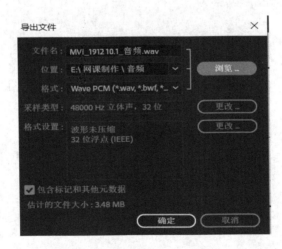

图 8-9　"导出文件"对话框

8.3.2　视频剪辑

8.3.2 视频剪辑

本案例视频的剪辑在 Adobe Premiere Pro CC 2018 中完成，操

作步骤如下。

1）打开 Adobe Premiere 软件，执行"文件"→"导入"命令，打开"导入"对话框，选择 8.3.1 节降噪后的音频文件和录制的授课视频。

2）按〈Ctrl+N〉组合键，打开"新建序列"对话框，选择"Canon XF MPEG2 1080p30"选项，如图 8-10 所示，单击"确定"按钮。然后将拍摄的素材与经过降噪的音频进行匹配、整理。在"项目"窗口中选中已导入的素材，拖入到"时间轴"窗口中，将视频和音频的时间轴对齐。

图 8-10 "新建序列"对话框

3）将视频的首尾部分进行剪辑。按〈Alt〉键滚动鼠标滑轮将时间轴放大，将视频播放线移动到剪辑的位置，大概在 6 秒处，单击"剃刀工具"，在播放线的位置剪切，将多余的部分选中并删除，如图 8-11 所示。片尾的剪切操作同片头剪切操作同理。

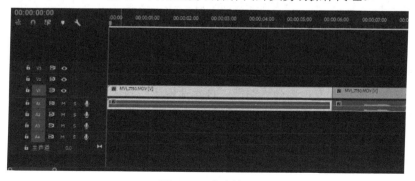

图 8-11 片头剪切

4）将视频录制过程中讲师出错的位置裁剪。播放视频找到讲师出错的位置，将播放线移动到剪切的位置，单击"剃刀工具"，剪切完成后单击需要删除的片段，然后右击，在弹出的快捷菜单中选择"波纹删除"选项，这样自动将空白处删除，使两段视频拼接，如图 8-12 所示。

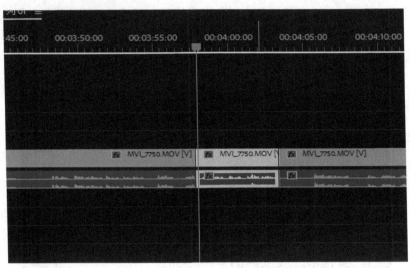

图 8-12　波纹删除

找出视频素材中所有需要裁剪的位置，全部按照上述的步骤进行操作，并将视频素材移动至 V2 时间轴，完成后如图 8-13 所示。"时间轴"窗口中的视频线是以图层顺序显示的，所以在 V1 时间轴放置背景，在 V2 时间轴放置视频。

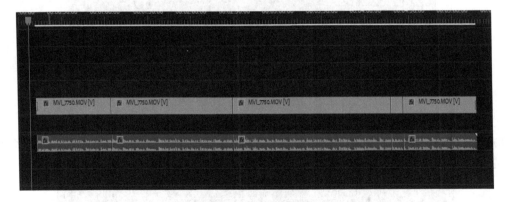

图 8-13　剪接移动完成

5）将视频中间剪切后，会形成跳帧，影响视觉效果。通常可以利用交叉溶解的效果，调整位置，减小跳帧的幅度，提高流畅性。首先在效果中搜索"交叉溶解"，然后选中该选项并将效果移动到两个视频条接口处，这样就使两段视频由过渡效果连接起来，然后将播放线移动到接口正中心，如图 8-14 所示。选中后边一段视频，在效果空间中移动位置，将讲师最大限度地重叠，然后快速双击交叉溶解效果，将效果时间设置为 4 帧。

图 8-14　交叉溶解效果

8.3.3　视频效果添加

　　"超级键"是 PR 中一个很常用的效果命令，添加"超级键"效果，可以将视频中的某一色彩改变成透明通道。在影视制作中，需要经常使用"超级键"替换背景。

8.3.3 视频效果添加

　　1）剪辑部分完成后，要将视频绿幕抠除。在效果中搜索"超级键"，选择该选项并移动到第一段素材上，在"效果控件"选项卡的"超级键"效果中找到"主要颜色"选项，单击"主要颜色"中的吸管，然后在显示框中单击绿色背景，此时绿色背景会变化成黑色，如图 8-15 所示。

图 8-15　绿幕抠除

　　2）经过初步的绿幕抠除，背景已经变成透明通道，此时调整抠除绿幕的细节时，由于透明通道呈黑色，调整参数后无法观察效果，所以先将背景素材黑板导入到软件中，并将黑板素材放置在 V1 轨道，并将黑板素材延长至与视频时间长度一致，完成后如图 8-16 所示。

图 8-16　背景示意图

3）导入背景后，会发现讲师身体周围会有绿幕抠除的瑕疵，需要进一步调整"超级键"的参数，在"效果控件"选项卡"超级键"效果的"遮罩生成"选项中，将"透明度"降低至 33，"高光"降低至 8，"阴影"降低至 21、"容差"为 70、"基值"为 100，此时是瑕疵影响较小的参数，调整完成后如图 8-17 所示。

图 8-17　超级键参数

4）调整讲师的位置，要通过"效果控件"选项卡中"运动"效果的"位置"选项来调节。讲师的位置设计在黑板的右侧，将参数大致调整为（1592.0，532.0），调整后讲师位置固定，其他时间段讲师位置与此相同，如图 8-18 所示。

图 8-18　调整讲师位置

8.3.4　添加视频素材

8.3.4 添加
视频素材

讲师在视频开头是介绍三维动画影视作品，所以在设计时，将与之相关影视素材精彩片段作为动态背景，配合讲师的讲解。这种动态的背景可以吸引学习者的注意力，提升学习的兴趣。

添加影视素材的操作步骤如下。

1）首先是电影《2012》的精彩片段，将电影素材导入到软件中，并覆盖黑板背景放置在 V1 轨道，然后将素材时长剪切为 7 秒，在效果空间中，将素材的大小调整为完全显示，完成后如图 8-19 所示。

图 8-19　添加动态背景

2）添加影视素材的名称。视频中运用到的素材，需要表明来源。通过字幕添加素材的名称，执行"文件"→"新建"→"旧版标题"命令，打开"新建字幕"对话框，单击"确定"按钮，打开"字幕"窗口。在字幕框中输入"电影《2012》片段"，设置字幕位置在视频左上角适当位置，"字体系列"为黑体，"字体大小"为 50，完成后如图 8-20 所示。

图 8-20　字幕框参数

3）其他的 3 个电影片段操作同上，时间段分别是《功夫熊猫》7～15 s，《冰雪奇缘》15～24 s，《熊出没》24～32 s。完成后加上字幕，添加字幕操作同上，结果如图 8-21 所示。

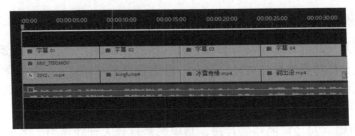

图 8-21　影视素材示意图

4）添加影视《佳人》视频素材。在 44 s～1 min 22 s 处全屏添加视频素材，将《佳人》片段导入到软件中并放置 V3 轨道，添加字幕说明素材的来源，如图 8-22 所示。

图 8-22　全屏播放

除全屏显示视频素材外，还可以显示在指定位置和大小的地方，如本例中的黑板框中显示。例如，讲师在讲解时需要插入相应的视频，那么可以设计将视频素材恰好在黑板框中显示，操作步骤如下。

1）在 2 min 17 s～2 min 39 s 将数据素材视频显示在黑板框。将素材导入到 V2 轨道，在"效果"面板中搜索"边角定位"，选中"边角定位"选项并将该效果添加到视频素材上，在"效果控件"选项卡中选中"边角定位"效果，此时在"节目"窗口中视频的 4 个角出现十字形，通过调整每个角的位置，将视频恰好放置到黑板框中，然后添加字幕标明素材的来源，完成后如图 8-23 所示。

图 8-23　添加框内视频

2）在影视素材添加完成后，可通过字幕对本节课进行介绍。在影视素材与黑板背景连接处添加"交叉溶解"过渡效果，过渡效果时长为 1 s。在 32～34 s 处添加字幕，介绍本章和本节课的课程名称，"字体系列"为宋体，"字体大小"为 75，添加实底填充，"颜色"为白色，添加边缘外描边，大小为 10，颜色为白色，完成后如图 8-24 所示。

图 8-24　课程名称字幕

3）添加线性擦除字幕。执行"文件"→"新建"→"旧版标题"命令，打开"字幕"窗口，并在该窗口输入字幕，调整"字体系列"为宋体，"字体大小"为 50，"填充颜色"为白色。完成后返回"时间轴"窗口，在"效果"面板中搜索"线性擦除"，将该效果添加到字幕时间轴上。通过在"效果控件"选项卡中调整参数，完成线性擦除字幕效果，将播放线移动到字幕时间轴的首部，在此处线性擦出过渡完成添加关键帧，调整过渡完成的百分比，使其刚好覆盖文字，大致为 69%。两秒后添加关键帧，调整过渡完成的百分比，使其刚好将文字全部呈现，大致为 42%，完成后如图 8-25 所示。

图 8-25　线性擦出字幕

4）添加嵌套序列字幕。在讲师讲解时，字幕同步出现所讲解的内容，做同步字幕时需要先将讲解内容重点出现的时间记录下来，然后将字幕出现的时间起点对准时间线。每一条字幕都是单独的一个字幕条，字体的设置全都一致，调整好字幕之间的间距，完成后如图 8-26 所示。

图 8-26 嵌套序列

5）添加图片素材，将讲解时所需要的图片素材导入到 V2 轨道，并按照讲解的内容和时间点，将图片的顺序和时间段排列完成。图片需要添加到黑板框内，所以需要使用"边角定位"效果来完成。找到已添加"边角定位"效果的素材片段并复制，再选中需要添加效果的几张图片，然后进行粘贴即可，如图 8-27 所示。

图 8-27 添加黑板框内图片

6）黑板框内图片之间的过渡。在给图片添加过渡效果时，可以选择"效果"面板中的过渡效果，如交叉溶解、百叶窗等，将效果添加到两张图片的过渡处即可。但是"交叉缩放"等效果会使背景缩放，所以需要自己制作。以"交叉缩放"效果为例，在前一张图片的末尾 1 s 处，添加缩放关键帧，不修改参数，在图片的末尾处，添加关键帧，将缩放缩小到 5；在后一张图片的开始处添加关键帧，添加关键帧，将"缩放"设置为 5，然后在 1 s 后添加关键帧，将"缩放"设置为 100，这样就完成了交叉缩放的过渡效果，如图 8-28 所示。

图 8-28　交叉缩放

7）在视频的 4 min 30 s 之后，添加的字幕还有一些简单的过渡，操作过程在以上的步骤中都有讲解，这里就不再重复说明。最终完成后，需要多次检查有无瑕疵或者错误的地方，将错误的地方进行改正，课程的视频制作部分完成，最终的时间轴如图 8-29 所示。

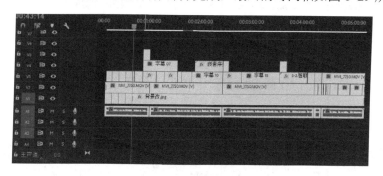

图 8-29　完成后时间轴

8.4　视频素材的包装与发布

MOOC 教学视频的主题内容编辑完成后，还要为其添加精心设计的片头和片尾，这是增加视频效果的一个重要环节。本节将介绍 MOOC 教学案例中片头、片尾的设计制作，以及视频最终合成发布的过程。

8.4.1　片头的制作

在进行在线开放课程的学习时，学习者首先看到的就是片头，一个优秀的片头，既可以瞬间吸引学习者的注意力，还可以大幅度地提高视频的观赏度，有了可观赏性，学习者才有继续学习的欲望。

在设计和搜集片头的素材时，主要考虑的问题是，如何使片头的动画内容与课程内容相关联，制作课程的内容是《三维动画制作》，所以在设计时，片头应该是三维立体的小动画，画面应该接近课堂教学内容。根据这个设计思路去搜集素材，将收集到的素材重新制作。在搜集和制作的流程中，可以分为两部分：一部分是动画课堂；另一部分是三维桌面动画。下面是制作的过程。

案例效果如图 8-30 所示。

图 8-30　片头

1）动画课堂片头。在 Adobe After Effects CC 2018 中，打开已经下载的片头课堂素材（该素材来自 newcger 网），在弹出的窗口中单击"转换"，就可以打开课堂动画素材模板了，如图 8-31 所示。

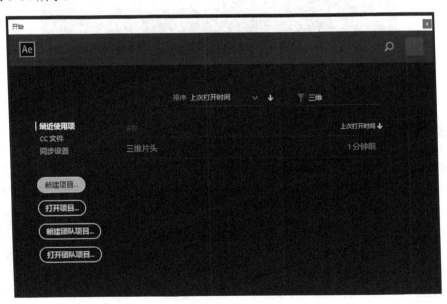

图 8-31　打开片头素材

2）打开课堂素材后，先渲染视频，观看视频效果后选择需要的时间段。将此时的画面清晰度设置为二分之一，可以加快渲染的速度，渲染完成后开始播放，画面是一个逐渐放大的动画课堂视频，放大后定格，然后显示出课程的名称和讲师的名称，之后的动画是在黑板上书写想要呈现的信息，如图 8-32 所示。

图 8-32　渲染播放完成

3）课程的名称和讲师的姓名在课堂素材中呈现。将播放线移动到素材自身字体呈现的时间，然后在图层轨道中找到包含文字的图层 T，双击打开图层 T，然后在 T 图层中找到标题和副标题的文字图层。将标题的文字替换为"三维动画制作"，"字体"设置为华文行楷，"字号"设置为 24 像素；将副标题的文字替换成"山笑珂"，"字体"设置为宋体，"字号"为 15 像素，完成后如图 8-33 所示。

图 8-33　标题替换完成示意图

4）导出渲染。在设计片头时，选取的是课堂素材的前 7 s，所以渲染时为了节省时间，只需要选中前 7 s。按〈Ctrl+M〉组合键，然后在打开的"渲染队列"面板中选择 AVI 格式，选中位置后开始渲染，如图 8-34 所示。

图 8-34　渲染设置框

完成了动画课堂部分的视频效果，下面是三维动画开头视频的制作，操作步骤如下。

1）将三维动画片头素材（素材来自 newcger 数字视觉分享平台）导入到 After Effects 中，打开后渲染播放素材，如图 8-35 所示。

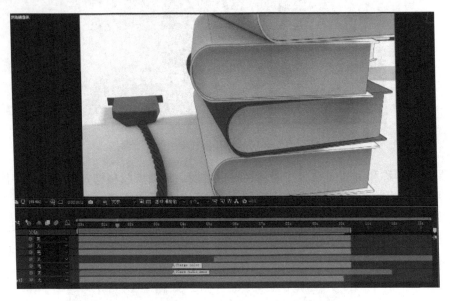

图 8-35　渲染播放完成

本节仅截取此素材的前面动画部分。在动画中计算机显示的部分，是用前面已经做好的课堂视频素材将其替换。

2）找到替换的时间点，大概是在 5 s 时，找到 Logo 图层，双击打开图层。

3）将渲染完成为 AVI 的课堂视频素材导入到 After Effects 中，将课堂视频素材拖入 Logo 图层的最上层，然后将 Logo 图层中的文字图层关闭显示，只显示导入的课堂视频素材，如图 8-36 所示。

图 8-36　关闭文字图层

4）返回三维动画素材图层，重新渲染播放视频，检查替换的素材有无错误显示和瑕疵，检查完成后，按〈Ctrl+M〉组合键，然后在打开的"渲染队列"面板中选择 AVI 格式，选中位置后开始渲染。至此，《三维动画制作》片头的制作完成，如图 8-37 所示。

5）制作完成后需要将工程文件打包保存，方便以后修改。执行"文件"→"整理文件"→"收集文件"命令，在打开的"收集文件"对话框中单击"收集"按钮，如图 8-38 所示，选择保存的位置。收集文件并保存是将整个工程中所需要的素材都复制到一个文件夹，这样以后在打开时不会丢失文件。

图 8-37　片头制作完成

图 8-38　"收集文件"对话框

8.4.2　片尾的制作

片尾的作用是让整个视频更完整，提升视频的观赏度，同时片尾还可以显示视频的相关信息和预告下一节课程的信息。本视频片尾的设计思路与片头相同，与视频内容相照应，通过一段 MG 动画引出需要展示的文字信息。

> 8.4.2 片尾的制作

案例效果如图 8-39 所示。

图 8-39　片尾效果图

1）在 Adobe After Effects CC 2018 中，打开下载好的素材（该素材来自摄图网），找到合成 2，按〈Space〉键播放，视频开始缓冲渲染。素材的序列如图 8-40 所示。

图 8-40　序列示意

2）将片尾中不需要显示的文字关闭显示，既将合成 2 中的第 5、第 6 个图层关闭显示。找到合成 2 中的第 5、第 6 个图层，单击图层前端的眼睛标志即可关闭。同理将合成 1 中的第 2 个图层关闭显示，关闭后如图 8-41 所示。

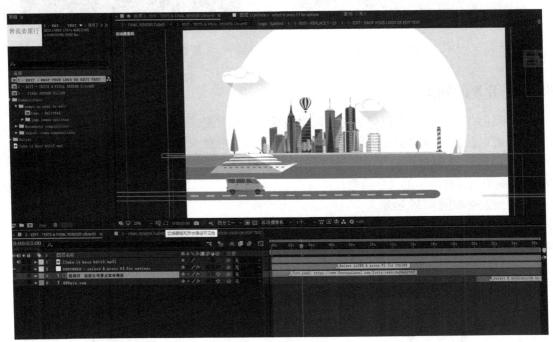

图 8-41　关闭图层显示

3）将无须出现的图层关闭后，修改素材中的文字信息，将所展示的信息替换素材文字，打开合成 1，双击图层 1 的文字部分，将文字修改为"MOOC 视频案例"，"字体大小"调整为 400 像素，"字体"为黑体，完成后如图 8-42 所示。

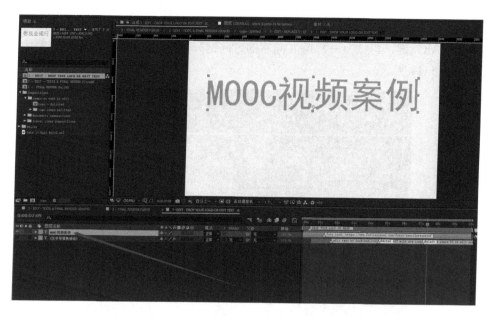

图 8-42　修改文字

4）视频导出渲染。打开合成 2，将视频的 14 s 和 26 s 设置为入点和出点，如图 8-43 所示。按〈Ctrl+M〉组合键，然后在"渲染队列"面板中选择 AVI 格式，选中位置后开始渲染。

图 8-43　修改入点和出点

8.4.3　视频的合成与发布

课程的片头、片尾及课程视频都制作完成之后，需要将片头、片尾与课程视频进行整合。

1）将制作好的片头导入到课程视频时间轴之前。波纹删除之间的空白，全部选中课程视频，按住〈Alt〉键，再按〈→〉键（向右的方向键），即可将课程视频时间轴整体向后移动5帧，如图8-44所示。

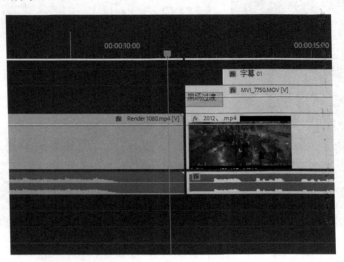

图8-44　片头时间轴位置

2）在片头和课程之间添加黑场过渡。制作片头时，片头结束的位置已经添加渐变为黑色的效果，所以不需要进行修改，只需要在课程素材的片头添加黑场过渡的效果，在"效果"面板中搜索"黑场过渡"，将该效果添加到课程视频的3个轨道上，这样片头与课程的过渡就完成了，如图8-45所示。

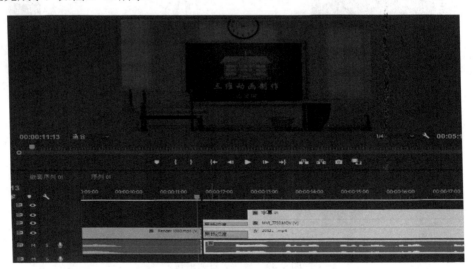

图8-45　添加片头示意图

3）片尾在AE中导出后，需要用PR进行剪辑加速，提升片尾的节奏。选中片尾的时间轴并右击，在弹出的快捷菜单中选择"取消链接"选项，如图8-46所示。取消链接后，音频和视频不再链接，可以错位剪辑拖动。

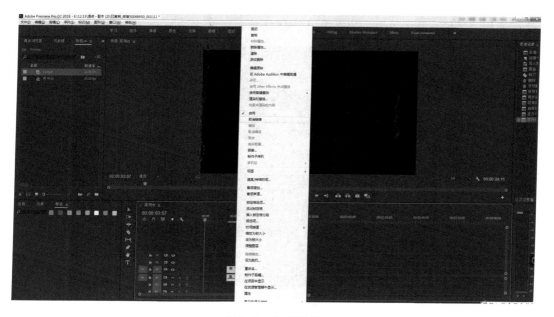

图 8-46 取消链接

4）再次选中片尾时间轴并右击，在弹出的快捷菜单中选择"速度"选项，在弹出的"剪辑速度/持续时间"对话框中将"速度"设置为 200%，如图 8-47 所示，单击"确定"按钮。拖动片尾视频时间轴，将其与音频时间轴的尾端对齐，用"剃刀工具"剪切首端多余的音频，使视频时间轴与音频时间轴长度保持一致。

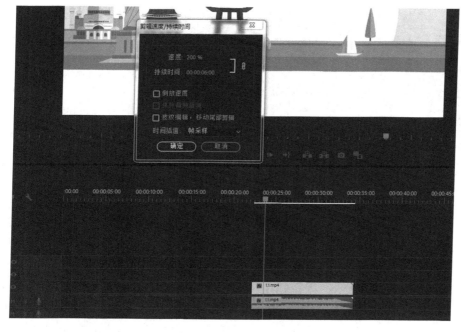

图 8-47 调整视频速度

5）片尾处理完成后，选中片尾的时间轴，拖动到课程视频的尾部，并在两个视频时间轴之间添加"黑场过渡"效果，效果如图 8-48 所示。

图 8-48　黑场过渡

6）课程视频渲染。执行"文件"→"导出"→"媒体"命令，在弹出的"导出设置"对话框中，"格式"设置为 H.264（MP4），"预设"为"匹配源-高比特率"，单击"输出名称"选项，打开"另存为"对话框，选择输出的位置和名称，单击"确定"按钮，返回"导出设置"对话框，单击"导出"按钮，视频就开始导出发布了，如图 8-49 所示。

图 8-49　"导出设置"对话框

7）渲染完成后，需要将本节课程所有的素材都进行打包保存，留档方便以后修改。执行"文件"→"项目管理"命令，打开"项目管理器"对话框，在"序列"列表框中将序列全选，将"目标路径"修改为保存的位置，如图 8-50 所示。至此，课程的教学视频全部制作完成。

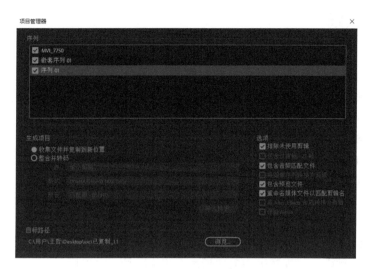

图 8-50　"项目管理器"对话框

8.5　本章小结

本章是案例的综合性实际操作，通过拍摄、编辑制作、包装发布这 3 个环节，介绍了目前 MOOC 教学中讲师出境的教学视频呈现方式，制作出了一节优质的教学短视频。本案例贯穿了策划、场景设计布光、摄影辅助器材的使用、绿幕场景拍摄等前期拍摄工作，以及教学短视频的后期音频降噪、视频编辑制作、视频包装发布等综合性操作。

短视频前期拍摄时，需要在以绿幕为背景的演播厅里进行录制，用三脚架将单反固定，选择好讲师的构图，录制完成后分档以便后期处理。

本案例视频的声音处理，录制过程中的杂音，都是利用 Adobe Audition CC 2018 来处理的。声音是不容忽视的，因为需要通过声音来了解学习的内容和重点，音频有杂音和单声道都会影响到课程的学习，所以必须用 Audition 进行降噪和双声道处理，才能使声音更加清晰。

课程的剪辑、编辑都是利用 Adobe Premiere Pro CC 2018 来完成的，将片头放到录制视频的前方，加入"淡入淡出"效果，然后将录制的绿幕部分抠除，添加相应的背景和所需的动画，使其不但美观，而且主题突出。将讲课所需的录屏进行适当的调节，放到合适的位置，当重点讲述视频的内容时，可以将录频全屏播放，最后是讲师概述本节课的重点知识，将本节课的知识点呈现在黑板上，便于学习者观看和记录。

最后利用 Adobe After Effects CC 2018 来完成片头、片尾的制作。案例的片头制作选择的是与三维动画制作这门课程相关的主题，三维立体的建筑和动画来引导出课程的名称及讲师的名字，通过简单而有趣的三维动画视频片头，在介绍课题的同时，还具有可欣赏性；片尾的作用是让整个视频更完整，提升视频的观赏度，同时片尾还可以显示视频的相关信息和预告下一节课程的信息。

8.6 练习与实践

1．选择题

（1）在前期拍摄教学视频时，不需要使用的器材是＿＿＿＿＿。

  A．三脚架   B．提词器   C．无线麦克风 D．摇臂

（2）在使用 Audition 降噪时，导入文件完成后，在收藏夹中选择"标准化为＿＿＿＿＿"。

  A．-3 dB   B．3 dB   C．4 dB   D．-4 dB

（3）在使用 Premiere 剪辑时，"剃刀工具"默认的快捷键是＿＿＿＿＿。

  A．〈V〉   B．〈C〉   C．〈A〉   D．〈L〉

（4）在使用 Premiere 剪辑时，添加两段视频之间的过渡效果，可以在＿＿＿＿＿面板中查找。

  A．效果控件 B．库   C．效果   D．标记

（5）在剪辑过程中，将视频中间剪切后，会形成跳帧，可以用＿＿＿＿＿效果弥补跳帧。

  A．交叉溶解 B．百叶窗 C．翻页   D．交叉缩放

（6）在视频制作时，将绿幕扣除替换背景的效果是＿＿＿＿＿。

  A．超级键   B．亮度键

  C．图像遮罩键   D．非红色键

（7）在使用 After Effects 时，导出视频的快捷键是＿＿＿＿＿。

  A．〈Ctrl+C〉 B．〈Ctrl+M〉 C．〈M〉   D．〈C〉

2．操作题

仿照本章制作方法，完成一个教学短视频的策划与制作，包括拍摄、剪辑制作、片头片尾设计和包装发布等。